设计师的材料清单

DESIGNERS' MATERIAL LIST

室内篇

INTERIOR

朱小斌 林之昊 编著

出品

国内首个设计师材料互联网新媒体

图书在版编目（CIP）数据

设计师的材料清单 . 室内篇 / 朱小斌，林之昊编著 .
— —上海：同济大学出版社 , 2017.10
ISBN 978-7-5608-7450-0

Ⅰ . ①设… Ⅱ . ①朱… ②林… Ⅲ . ①建筑材料一介绍 Ⅳ . ① TU5

中国版本图书馆 CIP 数据核字 (2017) 第 252283 号

设计师的材料清单：室内篇

朱小斌　林之昊　编著

出 品 人：华春荣
责任编辑：吕　炜　胡　毅
责任校对：徐春莲
装帧设计：完　颖

出版发行：同济大学出版社 www.tongjipress.com.cn
（上海市四平路 1239 号 邮编：200092 电话：021-65985622）
经　　销：全国各地新华书店、建筑书店、网络书店
印　　刷：上海丽佳制版印刷有限公司
开　　本：889mm×1 194 mm　1/16
印　　张：18
字　　数：576000
版　　次：2017 年 11 月第 1 版　2017 年 12 月第 2 次印刷
书　　号：ISBN 978-7-5608-7450-0
定　　价：158.00 元

读者寄语 | Readers' Message

我是一名建筑工程师，却一直对设计情有独钟，“材料在线”给了我践行理想的动力。材料是联系设计与施工的纽带，也是联通我理想与现实的桥梁。

——NEXT

只有把握好材料的性格才能更好地赋予作品独特的个性，一本设计师必备的材料工具书。

——周炫焯

我的语录：“我是一名设计师，做设计我们是认真的。”

——汗

看到材料在线出书，毫不犹豫就定了两套！

——Char

作为初入建筑行业的新手，在参与过一系列 DDF 之后，深深感受到学习材料对于实际方案的重要性，希望此书能助各位新老设计师们更进一步 。

——糖糖喵

如果书是路，那一本好书就是一条捷径。希望这本书能让学生走得更远。

——Exptord

20 年后有人翻起这本书看到我这句话，感叹原来当年大师也买了啊！

——骆梦杰

首先感谢本书给予我参加内评团的机会，通过在团内的积极讨论和学习，使我深深感到自己在材料知识上的不足，体会到材料在设计工作中的重要性，希望自己在今后的设计之路上坚持学习，不忘初心！

——湖南省岳阳市 室内设计师 琪威

方案就是为了能让材质的灵性在空间不断地释放和碰撞！材料在线能让设计师的灵感迸发火光。

——陆辉

如果占有它们，请不要冷落它们。让它们触动你的设计灵魂，而非只是记忆中的初见。

——我想干嘛

我是一名建筑方案设计师，对于材料一直缺乏足够的认知，也缺少一个优质的了解材料的途经，直到我遇到了材料在线。感谢材料在线的辛勤努力和付出，希望材料在线越做越好。

——李松

欲把材料比化妆，淡抹浓妆总相宜！

——吴翔子

虽然在室内装饰领域工作有一段时间了，但对材料缺乏系统性的认知，一直想有什么好的途径去熟悉五花八门的材料。幸而关注了材料在线这个平台，希望这本材料工具书不负期待，越来越专业。

——朱金

买了建筑篇和室内篇两本材料书，希望这两本材料书可以帮助更多的人。买书我是认真的。

——谢炜宁

这是一本参考书，就像软件之于设计师一样必要。重要的是将这些质感去满足你对空间的所有想象。

——S- 泽基

材料在线是所有业内专业公众号中最独特的一个。材料知识是国内建筑师需补充专业知识中最重要的一环！

——玉树临风

材料知识的掌握对每一位建筑行业的从业人员都非常重要，掌握相关的材料知识才能更好地支撑你的工作。

——陌枫陌语

室内设计有别于其他纯艺术作品的之处在于：可实现性和可操作性。本书将引领你实现你的设计梦想。

——应剑明

材料工艺是第一设计力！

——子桥

设计师通过材料与工艺实现其设计思维与理念。随着社会与科技的进步，新的材料、新的工艺和新的技术推动着艺术设计走向新的高潮。一直关注着材料在线，等同于一直关注着材料领域新趋势，相信在不断学习与掌握的过程中，设计也因此开创出更多的可能性。

——程倩虹

只谈情怀，不谈造价；只谈形式，不谈实现；只谈效果，不谈材料，这是国内建筑设计行业普遍的现状。我相信这本书能改变一些行业的陋习，也能让这个行业走得更远更健康。

——朱博

建筑由若干个材料单元组成、许多时候却在考验一个设计师对于材料的了解以及运用。本书凝聚了多位奋斗在一线的设计师同仁的建议，最终必将回到实际工作运用的起点！

——李牧

材料在线是设计师的淘宝和京东，效果直观，选择方便，使用有底！

——沈阳都市设计 顾全衡

吃透材料应用之事就是设计力出神入化自由发挥之时！

——张新路

建筑不只是二次元内的天马星空，还有三次元内的步步为营。希望《设计师的材料清单》能够带领设计人进入更广阔的天地！

——曾波

期待这样一本书，它能启蒙入行者对材料的系统认识，也能让经验丰富的设计师们方便快捷地进行材料检索。

——优隅空间 潘泽光

晚来没关系，值得等待，从此有你一路相伴！

——夏可艺术设计 毛郡晨

材料是设计的基础，材料也是功能的承载体，形式是各种材料间相互组合的表达。感谢这本书能让广大设计同仁对当前材料有一个系统的了解和学习。

——云设建筑 刘遐杰

"工艺至上，材料为王"，对建筑材料的认知是深化设计、实施落地、物联智联的基础。学习的路途很远很长，一路走来又是一片天空。

——立羽

通过一篇文章结识了材料在线，通过材料在线学习了很多建筑材料方面的知识，已经越来越离不开它了。现在材料在线出书了，这对广大建筑同行来说无疑又增添了一把利器。希望它能成为建筑同行们的案头书，常翻常新，在缺乏灵感的时候提供助力；同时也预祝此书取得好的销量。

——尼塔景观 刘杨

《设计师的材料清单》之于设计师，就像《新华字典》之于中小学生，是我们设计师在材料方面查漏补缺最好的工具。

——Gao

一个优秀的设计师一手拿笔，一手拿材料，本书的出现完全解决了设计师对材料应用的困惑，是一本值得放在桌边常常拿出来研究的读物。

——裴刚

优秀的设计依托于高明的设计手法和巧妙的材料运用，希望《设计师的材料清单》能成为设计师手里的神兵利器，所向披靡。

——路北平

材料通过其自身特质，汇成空间独特的语言形式，从而唤醒人们内心深处最美好的感官意识。

——苏州宏观致造设计工作室 周磊

原先我只做木结构设计，选用的材料也就局限的几种，感谢材料在线的分享学习，让我认识到不被材料局限的自由，勇于在自己的设计中尝试小创新。

——王艳

建筑师抑或设计师都承担着一份责任：改变生活常态，创造更好的生活品质和质感。对于材料，当有自己敏锐的洞察力后，对于材料之间的运用和搭配，得了如指掌。新书发行，如是行业的一盏指明灯，悄然引领着同行人昂然向前，但愿这条路没有终点，能促使人越走越远，去迎来每个人心中的灿烂前程！

——室内深海

材料之于建筑，正如食材之于佳肴，是所有美味的前提与基础。希望自己能熟识更多的材料，创作出更多的建筑佳肴。

——彭麒麟

只有了解材料的个性，设计才能赋予其生命。只有作品有了灵魂，我们才能不辱使命。

——回凌凯

作为一名设计师，学习从没停止过，材料及工艺的合理性、可靠性一直都是最值得关注的问题，很高兴终于等到了这套书籍，等了好久不负所望！

——吴昌书

（以上内容来自材料在线《设计师的材料清单》内评团成员寄语，对于大家的支持和期待在此表示衷心感谢！）

编者寄语 | Editor's Words

材料是什么？材料是人类赖以生存和发展的物质基础。没有材料一切都是在空谈。没有材料知识的支撑，一切设计都是空想，无法落地。本次参与此书收获颇多，也希望各位设计师在今后的路上可以更多地了解材料，运用好材料，体现材料之美。

——林之昊

搜集、整理、编辑材料知识的过程让我看到了材料之美，同种材料通过设计、搭配可以呈现出丰富多彩的变化，了解材料能更好地运用材料，创造建筑之美，细节之美。

——猫比

很欣慰能参与这次材料整理活动，收获颇丰，深深体会到材料是建筑工程实体的物质基础，很多设计师都不缺乏创意天分，真正缺乏的是对材料的理解和应用，运用好材料，做想不到的设计。用材不在多，也不在新，重在适当，尤其在建筑方面，用普通的材料设计出经典的作品，才叫真功夫。

——无痕

如果说材料是建筑的外衣，那么《设计师的材料清单》便是材料的外衣。希望设计师们能看穿层层外衣，选择适合自己建筑的材料并细心为它穿上。一个设计师这么做，两个设计师这么做，三个……慢慢地，建筑便不再只是钢筋混凝土森林了。

——孙晓艳

在这次建筑材料的整理过程中，材料中的图片素材也是很重要的一部分，一张好的图片胜过一大堆文字，所以在挑选的时候用哪一张图都斟酌了许久。其实材质本身并无高低，需要的是设计师们用巧妙的构思进行区别选择，而我们做的就是把材料在设计中最真实的一面呈现给小伙伴们。

——郭歌

有幸参与此次材料的编辑工作，感恩材料在线让我检验了三年的工作积累与成效，过程中屡次删减修改校订，望能形成简洁精准的材料定位供大家迅速获取材料的知识，不足之处也请反馈，共同追求设计巅峰！

——王晓茹

刚刚进入装饰行业的我第一次编辑整理材料知识，初衷当然是为了稿费，别说我俗气，第一次不断地出现错误有粗心也有自己的松懈，后面渐渐地觉得这是一件很有意义的事，自己能学习还能分享给他人，所以后面我是真的用心地修改整理一遍又一遍，只求读者阅读的时候能默默地点个赞，而不是留言小编傻 X，嘿嘿……最后希望小编的努力让小伙伴们更加地了解材料。

——王鑫

都说建筑是“凝固的艺术”，在编写不同材料、寻找案例的过程中，我更感觉到建筑是“材料运用的美学”。世界上材料丰富多彩，不同的材料以不同的方式赋予了建筑不同的美感和强大的生命力。

——杨夏

初入职场，因不懂材料被嘲讽不如包工头？装点新家，因不懂材料被装修公司坑？尝遍人生百味不如踏实前行，在这里，我们不再是外行。

——小涌

机缘巧合有幸遇到了材料在线和优秀的小编们，能接触编辑、接触各种材料、接触更多的品牌厂家以及优秀的案例，让我能更认真地学习，努力地找资料，一步步充实自己。感谢这份独特经历给了我工作、设计、交流更多的底气，期待今后材料在线和我们各位共同成长，比心。

——约莫姑娘

有幸参与了这次材料整理活动，通过此次活动受益良多，也很感谢材料在线平台。在这里学到了两件事：一是扩充了对材料的眼界，二是从他人身上学到了认真的态度。书中每一篇材料从收集到成文凝聚了不少的心思，反复的删减修改都是为了更贴近使用。文章中也有不完善的地方，希望小伙伴们能踊跃提出，一起去完善它，让它变成最适合我们的材料宝典 。

——温宇辰

近一年时间，与材料在线的相识，亲历了从一个想法到成书落地的过程。打第一眼我就觉得这事差不多能成，而第一次与其合伙人深夜寒暄时的躁动依旧历历在目。是网络上开阔的思维让我们敢于尝试，也是这样好的环境让我们值得更深入地去探索特色而多元的价值。希望材料在线作为一个范本，激发起更多有创意的设计师们新的思维，新的开始。

——袁溜溜

（以上内容来自材料在线《设计师的材料清单》编辑组成员寄语，对大家在本书中承担的大量初稿内容资料收集整理工作表示衷心感谢！）

微信扫一扫，使用小程序

材料在线“小材宝”是材料在线考虑设计师实际需求而开发的随书小程序，书电子版及最新内容更新均会在此同步收录。小程序同时收录众多国内外优秀材料品牌及案例，方便设计师查阅咨询。小程序目前处于起步阶段，欢迎设计师朋友提出宝贵意见，帮助我们持续改进！

前言 | Foreword

首先要感谢那些对我们如此寄予厚望的读者和粉丝朋友们，没有他们，就没有我们出书的起因和动力。还要感谢为这本书辛苦付出的团队小伙伴们，虽然大家分隔在世界各地网络的一端，但通过我们的共同努力，却完成了一件看似不可能却意义非凡的事情。最后，还要感谢我们身后最坚实的支撑力量，我们最专业的材料供应商、施工方、设计院的朋友们，没有你们的技术支持，就没有这本书的专业性。

此书的编撰集合了材料在线数十名编辑的心血 ，近百家国内外优秀品牌的鼎力相助，同时得到数位业内资深专家人士的倾情斧正 ，可谓动用材料在线所能企及的所有资源，也基本涵盖建筑行业所有国内外材料顶级品牌。同时它也是少有地依托网络组织“众编”，同时高度结合市场，具有行业自下而上意义的一本行业书。在过去短短的一年多时间，通过“材料在线”的平台汇聚到数以几万计的设计师朋友，以及国内外数以百计的顶尖材料品牌。在出书想法发布的第一时间，我们就得到了众多设计师和材料品牌的高度支持和热心参与，我们表示衷心的感谢！这么多人能够聚到一起，一方面反映出当下行业中大家对于材料认知的不足和渴求，另一方面也反映出大家对追求更好质量建筑装饰设计作品的追求。

材料在线是一个年轻的网络新媒体，启始于 2016 年 1 月。我们和众多的新媒体一样，以当下最流行的公众号形式发声。在这个遍地公众号的年代，我们的不同之处在于，我们专注于关注设计领域的建筑装饰材料问题。这是一个极其细分但同时具有一定专业门槛的领域。因为建筑领域内大多的媒体均致力于报道优秀的设计师、优秀的设计作品以及各种优秀的设计理念。而我们认为，在这个信息过载的年代，资讯已经不再是设计师的必需品，过多甚至会成为一种负担。我们忙于应接各种新奇的形式，忙于追逐各种设计背后的花边，却无暇理解作品背后的意义和探寻如何实现的各种秘密。所以，我们决定——我们不传播信息，我们传播知识！这是我们作为媒体属性的当时第一想法。

其次，材料是一个具有一定专业门槛的问题。材料本身就是一门内容极其庞杂的科学，建筑装饰材料作为设计师的重要复杂工具，归根结底都落实为物质搭建的基本问题。而遗憾的是，我们大部分设计师对此知之甚少。这一方面与我们的教育本身有关。大学教育或多或少会有对材料的介绍，但是大多偏于基础工程材料和理论的教授，而对于工程实践中面对的大量装饰性材料，我们的教育大多没有触及，这导致了理论和实践的脱节，工程与市场的脱节。我们众多走上工作岗位的年轻设计师不得不依靠自我寻找和逐渐积累的方式慢慢加深对各种材料的了解。而这又是一个极其漫长而不可复制的过程，只有少数执着又幸运的设计师可以完成。纵观我们的媒体、学术团体，都对材料的关注少之又少。媒体的项目介绍对材料部分大多一语带过或者不痛不痒，国内众多的建筑网站也没有一个以介绍材料为主。设计师不管是学习了解材料还是在工作中寻找材料，都没有一个相对充分的渠道。究其背后的深层原因，一方面是因为缺乏关注，另一方面是因为材料核心知识不掌握在设计师手里，而是真正掌握在材料企业的手里。这正是我们想说的第三个问题，我们应该向谁学习？

纵观国内外建筑大师和优秀设计师，每一位优秀的设计师首先都是材料应用的大师。不一定是越贵的材料就越好，甚至有一些材料经过设计师的手，会呈现出意想不到的效果。他们对材料都有深刻认知，他们都不止一次地提到材料的重要性，以及与材料企业配合的重要性，因为很多时候，他们的创意和解决方案均来自材料企业的启发和帮助。但遗憾的是，只有少数设计师能意识到这点。传统的材料商作为建筑产业链里众多的环节之一，长期处于中下游的位置，这并不是由材料企业的实力强弱所决定，而是由行业的生态链顺序所决定。从一定程度上说是材料推动行业的发展并不为过。材料领域也存在着众多的千亿元级的伟大企业，他们创造了各种广泛的物质基础，掌握了最顶尖的研发技术，但他们不得不奔波于各大设计院，无偿服务于众多的设计师朋友，因为他们必须把产品知识推广给设计师，他们才是最天然最专业的材料老师。试想我们有多少人能比材料企业的人员更加熟悉自己的产品，所以我们理应向他们学习，向不同领域学习，向不同环节学习，所以我们的平台立足于各行各业不同的最优秀的材料专业品牌。但遗憾的是，材料商的传授知识缺乏系统性，缺乏生动性，缺乏共鸣。我们的材料朋友大多难以理解设计师的思维，不同思维下的表达导致传授结果并不令人满意，而这是天然的专业背景产生的鸿沟。所以材料在线迎来了另外一个重要的理念，帮助设计师学习，帮助材料朋友表达。我们归纳起来叫做——帮设计师看，帮材料商说！

所以，我们需要澄清，我们不是知识的生产者，我们是知识的传递者，我们都站在前人的积累之上而来。有人问：你们的内容很多转译于网络，这有什么意义？没错，但是我们的转译经历了大量的比对和筛选以及考证，最终提炼出更有价值的内容。也许一篇文章的意义不大，但是当放大囊括到各种材料的时候，它就能够帮助设计师节约大量的时间和精力，这在这个信息年代是尤为宝贵的。所以，结合我们说到的设计师的实际情况，我们有了做这本书的想法：能不能创造一本简洁易懂，同时结合市场，相对系统的设计师材料书，它能帮助设计师或者初学者迅速地建立起一个对当今建筑市场各种常用装饰材料的认识框架，同时能够便捷地解决工作中的实际需求。本书应运而生，我们把它命名为《设计师的材料清单・室内篇》。

一方面因为我们是一个基于网络、信赖网络力量的团体，我们相信网络提升效率和改变传统格局的能力，所以我们引用了当下一个比较流行的“清单”的说法。另一方面，我们这本书内容采用了清单的模式，因为这更具条理和更加清晰。每种材料采用标准的格式成为一个子项，方便设计师最迅速地查阅。这种标准方式可以保证内容的清晰和有条理，避免单本著作写作带来的不确定性，也方便未来新旧材料的更替。最后，我们之所以称之为“清单”，是因为我们希望提供给设计师一个自我学习成长的目录。因为每个子项内容若单独拆离来看，都可以成为一个庞大的材料分支领域，还需要设计师朋友的自我探索、研究学习，此处只是为大家提供一个学习的目录清单。

所以，首要的难题是列出这个相对系统的庞大清单。经过反复研究，结合国内外相关经验，确定出以材料成分为第一依据的分类标准，首先设置了包括：涂料、石材、陶瓷、玻璃、木材、石膏 6 个基本大类。同时考虑行业习惯和使用情况，增添了非成分命名的地材、吊顶、板材、墙纸窗帘、布艺皮革、隔断、五金 7 个大类。此外，我们针对室内装饰行业高端订制设计业务的需求，增加稀有材料 1 类。全书共计 14 个大类。即使是这样，因为材料的成分和使用情况极其复杂，现代建筑装饰材料多为复合材料，一种材料可能包含多种主要材料成分，同时一种材料的使用也千差万别，不同的产品可能被应用到各种不同情况，所以要找到一个放之四海而皆准的标准是极其困难的，你可能会发现一种材料可以被归到不同类别的情况。因此我们确立了一个以“符合常规，便于理解”的辅助原则，作为指导补充。设计本身就鼓励大家创造性地使用材料，所以各位读者朋友不必过于纠结于某种材料属于哪个类别，关注材料本身是我们的第一目的。

确立好大类之后，我们进一步工作就是确立具体材料子项。这个阶段我们主要结合设计师的工作情况，明确以材料产品形式、表现效果和不同工艺为分类标准，因为对于设计师而言，产品形式和表现效果是直接的选择对象。为了设置相对全面的材料子项，我们咨询了众多不同领域的材料厂商和资深人士，多方考察了市场上不同材料的主流产品，在相对全面的前提下，挑选了目前相对常用、装饰效果较强以及设计师较为关注的部分新材料，总共设置近 60 余材料子项。其中对于部分虽然属于某大类，但因为设计师特别关心，我们也单独成立了子项。针对部分虽然形式不同但原理类似或者效果接近的产品，我们做了合并子项设置，以节省篇幅。对于部分新材料，我们有意做了比例控制，因为在该材料不是特别成熟的情况下应避免误导读者求新求异。同时需要补充的是，书中的材料名称均为材料行业名称，并非单个商家的品牌名称。每个子项材料实际包含多个材料细分门类，所以我们的内容实际涵盖的材料远远超过 60 种。全书涵盖了市场上 80% ~ 90% 主流产品，应能满足设计师的日常工作需求。

再次则具体到每个材料子项内容的编写。所有的子项编写均由我们独立完成。我们曾经有过邀请不同材料厂商编写、我们汇总的想法，但出于公正性、客观性及统一性的要求，最终决定必须由我们独立完成。要在有限的四个版面之下表述清楚一种材料是极其困难的，所以我们只能挑选对设计师最为重要和关心的内容来表述。结合设计师的工作习惯，我们将单个子项设置为 9 个标准内容板块，分别是“材料简介”“材料性能及特征”“产品工艺及分类”“常用参数”“施工及安装要点”“价格区间”“设计注意事项”“经典案例”“品牌推荐”。“材料简介”树立简单的材料概念和讨论范畴；“材料性能及特征”以列表形式做到清晰明了；“产品工艺及分类”帮助设计师了解材料的加工过程以及市场上的同类衍生产品；“常用参数”提供给设计师重要数据；“施工及安装要点”以图文配合的方式，方便设计师直观理解；“价格区间”描述主流产品市场价格区间，方便设计师对造价做到心中有数便于比选；“设计注意事项”则提示该材料运用中设计师应该注意的问题；“经典案例”则精心挑选国内外体现该材料运用特色的优秀案例，帮助设计师了解材料的可能性，我们尽力做到两个国外案例以开拓视野，两个国内案例注重该材料在国内运用的落地性，也更具参考价值。但限于篇幅，我们无法罗列更多优秀案例，所以在“品牌索引”部分用案例加图片的方式，目的是给设计师更多优秀案例参考。我们结合设计师关心的核心问题，推荐国内外该材料的优秀品牌 2 ~ 3 家，以方便设计师在实际需要时可以全面咨询。对厂家的选择我们也经过严格甄选，它们大多是国内外最顶级的材料供应商，在业界都有着极高的声誉和极广的口碑，值得设计师信赖，也应作为设计常识加以了解。值得大家注意的是，大型的材料品牌通常拥有多种材料，甚至是不同领域的不同材料，所以我们在“品牌推荐”中，挑选其相对最有特色的材料子项作为对应，请设计师注意区分。希望这一系列的设置能够切实解决设计师在工作中的实际需求。

工作小组成员们参与完成了大量材料子项内容的初期资料收集与整理工作，然后交由编审人员针对每篇逐一审核修正，进行不同子项间的关系梳理与调整。在这个过程中， 我们大量参考了来自市场不同厂家的资料，也做了大量的专业咨询工作， 最终得以初步完成各个子项内容。在此基础上，我们又将所有完成的稿件逐一邀请业内优秀厂家再次审核，大部分子项均得到过 2 个及以上不同厂家的斧正，其中更是得到很多业内资深人士的大力支持和宝贵意见。所以，这是一个看似简单但实际上循环推敲、不断完善的过程，团队成员尽最大努力去做得更好一些更准确一些。但是由于时间有限和水平所限，书中一定存在着某些纰漏和不足，也请读者包涵，并希望专业人士再次指正。

建筑装饰材料是一个无比庞大的系统，而且每年都在更新和迭代。没有一本材料书可以包罗万象，可以永久正确，这本材料清单是我们的起步之作，接下去会和更多的专业朋友发生链接，持续去挖掘各种材料的专业知识，帮助设计师节约时间，做出更多高质量的设计作品，帮助材料商节约时间，有精力做更多产品研发和迭代，能给设计师更多的专业支持。

朱小斌　刘华江
2017 年 9 月

目录 | Contents

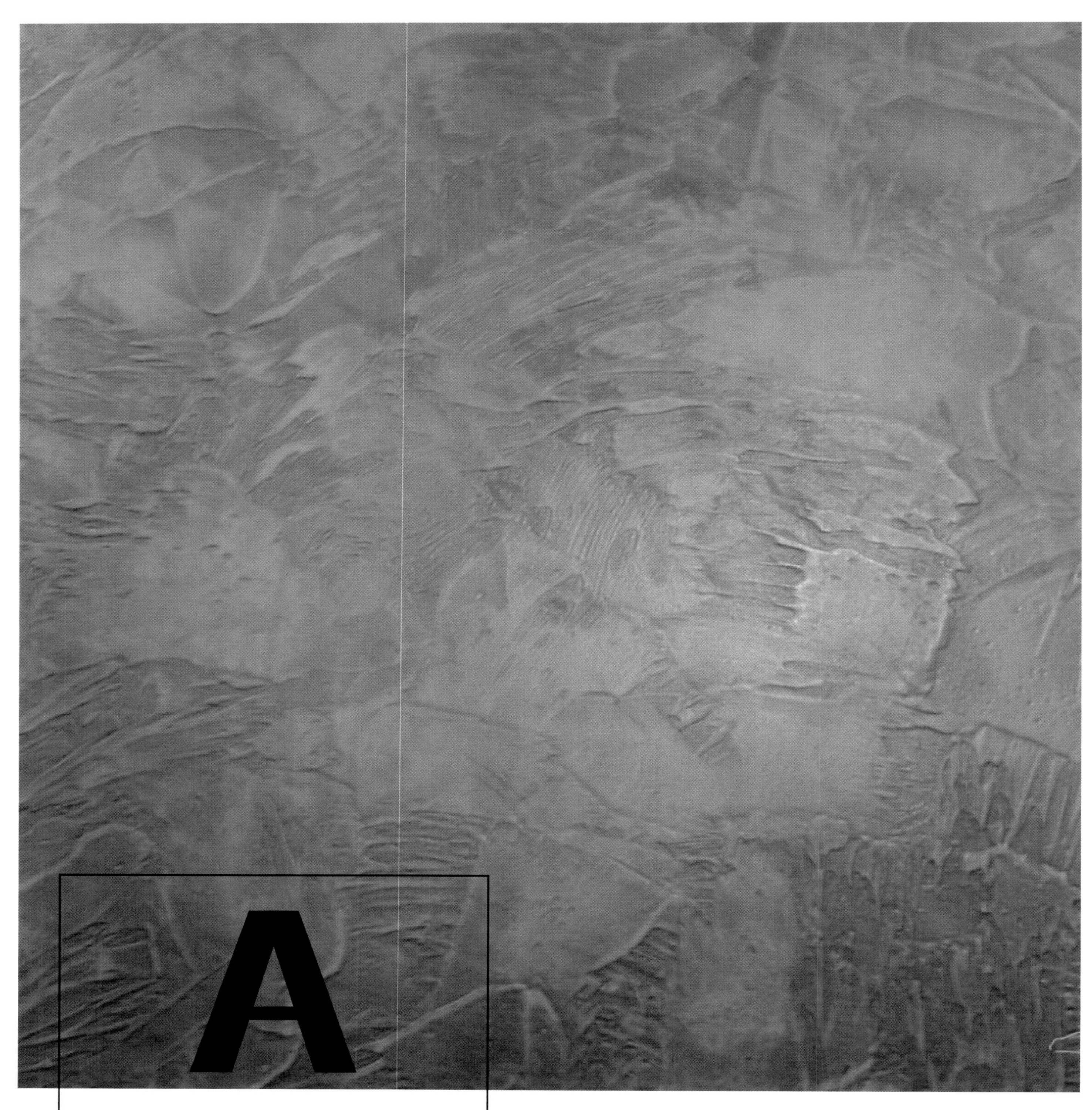

A

涂料
PAINT

在我国，传统上把涂料称为油漆，涂料行业为石油和化工行业的细分领域。目前，全球涂料前十大企业均在亚太、欧洲和北美三个地区，中国目前是全球最大的涂料生产国。国家标准（GB 5206.1）将涂料定义为：涂于物体表面能形成具有保护、装饰或特殊性能（如绝缘、防腐、标志等）的固态涂膜的一类液体或固体材料之总称。涂料一般由成膜物质、颜料 / 填料、分散介质和助剂四大类物质经过一定工艺生产加工而成。涂料可分为建筑涂料、工业涂料和辅助材料三大类，其中建筑涂料又包括防水涂料、地坪涂料、墙面涂料和功能性建筑涂料。

涂料作为一种表面装饰材料，因其施工相对简单，容易翻新，成本低廉，所以使用非常广泛。有各种涂料类型可以满足不同的使用场景和使用部位的需求。涂料在应用场景及功能需求方面呈现以下三种特点：

一是在基础涂料方面，越是大品牌及规模的企业越会占领更多的市场，相对比较成熟。比如使用最多的乳胶漆，在环保及质量方面会不断提升，在色彩的研究方面也会更加专业。

二是一些有特色的企业会选择从另外两个方面突破，一是从原材料更环保方面入手，比如近年来比较流行的硅藻泥、石粉涂料等。还有一个更大的突破点是从丰富的肌理和图案表现入手，从而满足设计师们更多的艺术风格表现追求，比如各种类型的艺术涂料，目前被设计师应用于更多的场景，未来在这个领域还会有更多的创新产品出现。

三是一些满足特殊需求或空间的功能性涂料，比如防水、防腐、耐高温涂料，荧光涂料，书写涂料等等。这些解决特殊功能的涂料和技术研发突破有很大的关系。

艺术涂料近年来快速增长，品类越来越多，背后原因是艺术涂料把传统乳胶漆的单色时代带进了个性化的质感、纹理及色彩涂装的新时代，而且还克服了墙纸有接缝、易翘边、寿命短及不易个性化订制的缺点，迎合了设计师喜欢求新、求变以及订制的需求。但艺术涂料是一个宽泛的叫法，在业界公认的表面涂层低于 3mm 并作出视觉效果的就算是艺术涂料。回归本质，艺术涂料还是需要以产品本身的质量、环保等作为基础，加上特殊的施工工艺所能创造出丰富的效果才能受到市场青睐。

图片来源：ARMOURCOAT

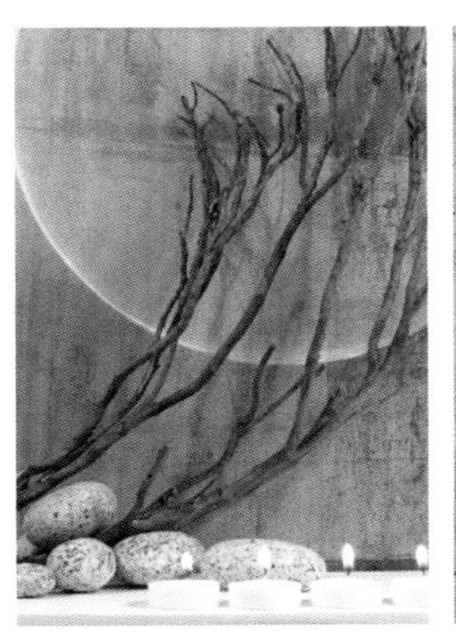
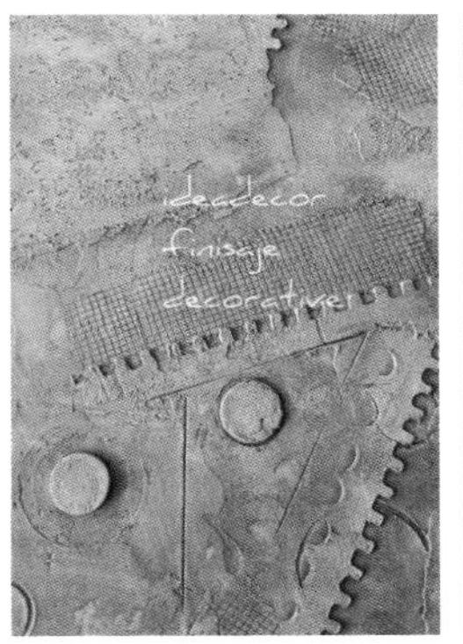

图片来源：LITHOS DESIGN

乳胶漆 / 油漆 | Latex Paint / oil paint

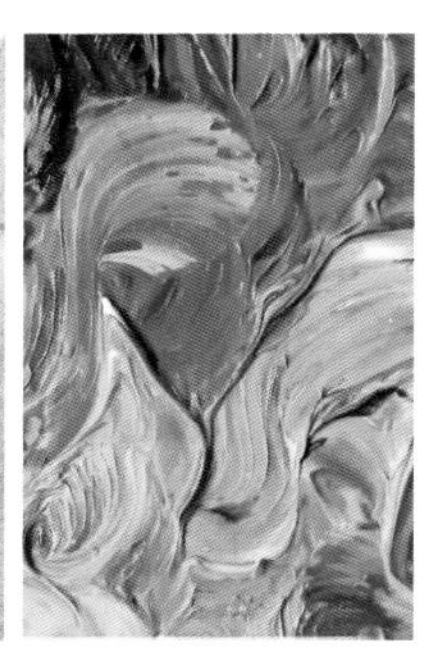

材料简介 | INTRODUCTION

乳胶漆是乳胶涂料的俗称，是以丙烯酸酯共聚乳液为代表的一大类合成树脂乳液涂料。乳胶漆是水性涂料，它们的漆膜性能比溶剂型涂料要好得多，占溶剂型涂料一半的有机溶剂在这里被水代替了，因此有机溶剂的毒性问题，在乳胶漆中彻底被解决。

油漆是一种能牢固覆盖在物体表面，起保护、装饰、标志和其他特殊用途的化学混合物涂料，是以有机溶剂为介质或高固体、无溶剂的油性漆。2016 年 6 月，国家出台相关规定，在木制品的油漆使用上，溶剂型涂料（油性漆）将逐步被水性漆取代。

材料性能及特征 | PERFORMANCE & CHARACTER

乳胶漆是以一些聚合物水溶液做成膜物质的，除水和安全无害的不同类型聚合物或聚合物之外，还含有少量乳化剂和微量未聚合的游离单体。游离单体是一些能挥发的小分子物质，存在不同程度的毒性问题，环保漆游离单体的浓度控制在 0.1% 以下。其基本特征如下：

（1）干燥速度快，在 25° C 时，30min 内表面即可干燥，120min 左右就可以完全干燥；

（2）耐碱性好，涂于呈碱性的新抹灰墙面、天棚及混凝土墙面，不返粘，不易变色；

（3）可在新施工完的湿墙面上施工，允许湿度可达 8%~10%，而且不影响水泥继续干燥。调制方便，易于施工，可以用水稀释，用毛刷或排笔施工，工具用完后可用清水清洗，十分便利。无毒，即使在通风条件差的房间内施工，也不会给施工工人带来危害。

各种油漆都是由成膜物质（各种树脂）、溶剂、颜料、干燥剂、添加剂组成的。普通油漆通常用汽油作溶剂，环氧铁红底漆含少量二甲苯，浸漆主要含甲苯。喷漆（硝基漆）以及稀释剂（香蕉水）中含多量苯或甲苯、二甲苯。其基本特征如下：

（1）保护性能好，防腐、防水、防油、耐化学品、耐光、耐温、防污、绝缘等；

（2）危害性：油漆生产的主要职业危害是因吸入有机溶剂蒸气，使得患再生障碍性贫血、白血病、结核、胸膜炎等严重疾病的比例相当高。

产品工艺及分类 | TECHNIC & CATEGORY

依照特点及适用范围，乳胶漆分为内墙乳胶漆、外墙乳胶漆、其他特种漆等。它们都包含哑光漆、丝光漆、有光漆和高光漆等系列。

（1）哑光漆：无毒、无味、较高遮盖力、良好耐洗刷性、附着力强、耐碱性好，同时安全、环保、施工方便，流平性好。哑光漆适用于工矿企业、机关学校、安居工程、民用住房等场所。

（2）丝光漆：涂膜平整光滑、质感细腻，具有丝绸光泽，高遮盖力、强附着力，极佳抗菌及防霉功用，优良的耐水耐碱功用，涂膜可洗刷，光泽持久。此类乳胶漆商品适用于医院、学校、宾馆、饭店、住宅楼、写字楼、等民用建筑场所。

（3）有光漆：具有色泽纯正、光泽柔和、漆膜坚韧、附着力强、干燥快、防霉耐水，耐候性好、遮盖力高等特点。

（4）高光漆：卓越遮盖力，坚固美观，光亮如瓷，有很高的附着力，高防霉抗菌用，耐洗刷，涂膜耐久且不易剥落，坚韧结实等优良功用。高光漆适用于高档豪华宾馆、寺庙、公寓、住宅楼、写字楼等内外墙的装饰。

油漆涂料分三类：天然漆（又名国漆、大漆）、 油科类油漆涂料和树脂类油漆涂料。

（1）天然漆：有生漆、熟漆之分。天然漆漆膜坚韧、耐久性好、耐酸耐热、光泽度好，主要应用于涂饰建筑物与木器。

（2）油科类油漆涂料：分清油（俗名熟油、鱼油），油性厚漆，油性调和漆。由精制的干性油加入催干剂制成，常用作防水或防潮涂层以及用来调制原漆与调和漆等。

（3）树脂类油漆涂料：分为清漆（树脂漆），磁漆，光漆（俗名腊克），喷漆（硝基漆），调和漆。由干性油料、颜料、溶剂、催干剂等调和而成。

哑光漆

丝光漆

有光漆

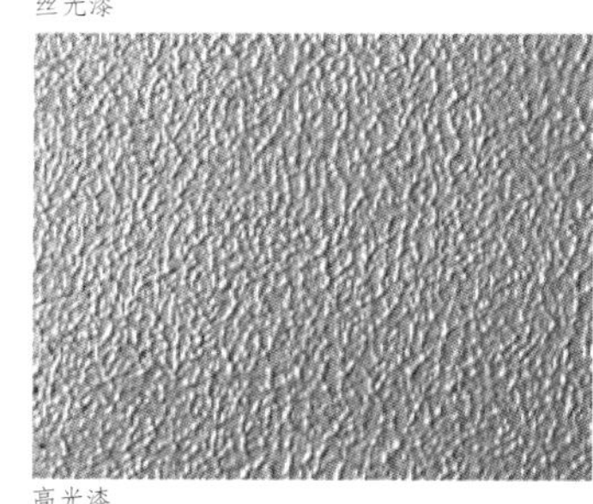

高光漆

天然漆

树脂类油漆涂料

常用参数 | COMMON PARAMETERS

乳胶漆：

耐水性：48；耐洗擦性：一等品 ≥ 1000 次，优等品 ≥ 5 000 次；

断裂伸长率：280%；拉伸强度：1.6MPa；

固体含量：42%~50%；表干时间：2h。

油漆：

密度：0.95~1.05kg/m^3；

理论用量：150~180g/m^2；干膜厚度：20~25μm；

干燥时间：表干 0.5h；实干 24h；完全固化 7d。

（以上数据为市场部分厂家产品参数，不同厂家各有差别，仅供参考）

价格区间 | PRICE RANGE

10~100 元 /m^2

乳胶漆的费用主要包括人工费和材料费，不同地区价格不一，人工费根据施工方法的不同、墙面处理方法的不同，价格也不同。

（以上价格仅为市场普通中端产品价格，材料价格会因不同项目、不同品牌以及订制等多方原因有较大浮动，仅供参考）

设计注意事项 | DESIGN KEY POINTS

环保性乳胶漆是最为平常的一种装修材料，它的环保性能不错，虽然仍含有少量污染物和易挥发的物质，但是经过室内自然通风基本安全。对于医疗及特殊空间，应采用高标准环保零 TVOC 挥发的产品。

乳胶漆不耐脏，脏了以后不宜清洗，根据需要，选择可擦洗和不可擦洗产品。

对挑高区域及不利于翻新区域，建议用耐黄病的优质乳胶漆产品；对砖墙及混凝土基层，要用配套底漆封底再做乳胶漆；对高人流量、易污染的环境选用耐擦洗系数高的乳胶漆产品。

为了环保及质量要求，使用相配套的腻子和胶水。

因为环保问题，油性漆已逐步被水性漆取代。目前成品木门及家具制造行业正在进行洗牌，可以选择行业前列的厂家来进行选购。

品牌推荐 | BRAND RECOMMENDATION

相关厂商详细信息，请参见附录品牌索引：

多乐士、立邦、大师、本杰明、都芬、舒尔茨

（以上推荐仅为市场少数优秀品牌，供设计师参考学习。同一品牌实际可能涉及多种产品，更多详细内容可登录随书小程序）

施工及安装要点 | CONSTRUCTION INTRO

乳胶漆施工工艺流程：基层处理 → 满刮腻子 2 遍 → 底层涂料 → 中层涂料 2 遍 → 乳胶漆面层喷涂 → 清扫。

（1）基层处理：先将装饰基层上的灰块，浮渣等杂物用开刀铲除，如表面有油污，应用清洗剂和清水洗净，干燥后再用棕刷将表面灰尘清扫干净；

（2）满刮 2 遍腻子：第一遍应用胶皮刮板满刮，要求横向刮抹平整、均匀、光滑，密实平整，线角及边棱整齐为度；第二遍满刮腻子方法同第一遍，但刮抹方向与前腻子相垂直；

（3）底层涂料：施工应在干燥、清洁、牢固的层表面上进行，喷涂 1 遍，涂层需均匀，不得漏涂；

（4）中层涂料施工：涂刷第一遍中层涂料前如发现有不平整之处，用腻子补平磨光；

（5）乳胶漆面层喷涂：由于基层材质、齿期、碱性、干燥程度不同，应预先在局部墙面上进行试喷，以确定基层与涂料的相容情况，并同时确定合适的涂布量；

（6）清扫：清除遮挡物，清扫飞溅物料。

作业环境：墙面涂刷对温度、湿度、光线、风力、卫生条件等有要求

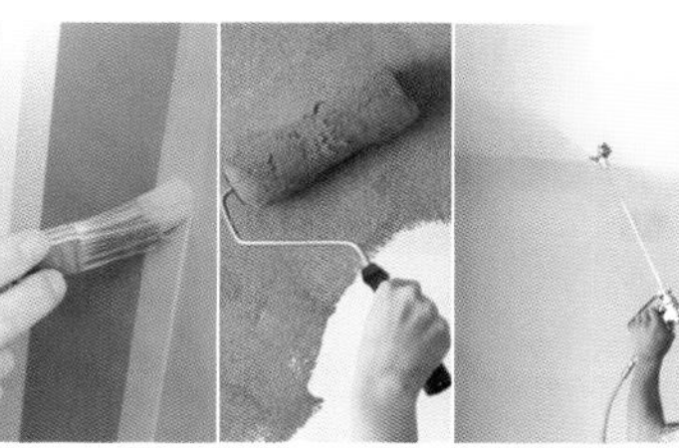

涂刷方法：主要由刷涂、滚涂、喷涂三种

油漆施工工艺流程：处理基层→封底漆→磨砂纸→润油粉→基层着色、修补→满批色腻子→打磨→刷油色→刷第一道清漆→复补腻子→修色→磨砂纸→刷第二道清漆→刷罩面漆。

油漆施工因为环保问题，目前都在工厂加工为成品，再到现场安装。

墙面找平：墙面不平影响墙面涂刷，可利用靠尺或墨线等工具找平

经典案例 | APPLICATION PROJECTS

大兴工厂改造

设计：Nie Yong + Yoshimasa Tsutsumi

材料概况：在北京郊外的工厂被改造为家具厂家的办公室，设计后呈现出多种高度的白色空间。

深圳七星湾游艇会白帆会馆酒店

设计：朗联设计

材料概况：白色乳胶漆涂饰的空间，让身处其中的人远离城市的喧嚣与嘈杂，回归纯净，寻找真实的自我。

南非 Mad Giant 精酿啤酒室内设计

设计：Haldane Martin

材料概况：以暖色调油漆为主装饰的室内。

Knowhere 联合办公空间

设计：Wanna One

材料概况：这是一个开敞的大空间，深蓝色油漆饰面的体块如同鱼缸一般插入空间之中。

艺术涂料 | Textural Art Paint

材料简介 | INTRODUCTION

艺术涂料是一种新型的墙面装饰艺术漆，是以各种高品质的具有艺术表现功能的涂料为材料，结合一些特殊工具和施工工艺，制造出各种纹理图案的装饰材料。艺术涂料与传统涂料之间最大的区别在于艺术涂料质感肌理表现力更强，可直接涂在墙面，产生粗糙或细腻立体艺术效果。另外，可通过不同的施工工艺和技巧，制作出更为丰富和独特的装饰效果。

材料性能及特征 | PERFORMANCE & CHARACTER

艺术涂料集乳胶漆和墙纸的优点于一体，不仅拥有优异的理化性能，又具有极强的艺术性，再加上现代高科技的处理工艺，使产品环保的同时还具有防水、防尘、阻燃等功能。优质艺术涂料可洗刷，耐摩擦，色彩历久常新。艺术涂料不仅克服了乳胶漆无层次感的缺乏及墙纸易变色、翘边、起泡，有接缝，寿命短的缺点，又具有乳胶漆易施工、寿命长、图案精美、装饰效果好等特征，是集乳胶漆与墙纸优点于一身的新型装饰涂料产品。其特点如下：

（1）艺术涂料是水性涂料，涂料中不含苯及其化合物，无毒、环保；

（2）艺术涂料内外墙通用，墙纸仅限内墙；

（3）艺术涂料图案精美，色彩丰富，有层次感和立体感，可任意调配色彩，图案可以自行设计，选择多样，装饰效果好；

（4）艺术涂料效果自然，贴合墙面，无缝连接；

（5）艺术涂料正常情况下不起皮，不开裂，不变黄，不褪色，易于清理，其优异品质确保使用 10 年以上；

（6）艺术涂料防霉，防止墙面霉菌滋生，安全卫生并且易于清理，方便二次装修；

（7）艺术涂料在光线下会产生不同折光效果。

产品工艺及分类 | TECHNIC & CATEGORY

艺术涂料根据风格不同可分为：仿大理石漆（真石漆）、板岩漆、壁纸漆（液体壁纸）、浮雕漆、幻影漆、肌理漆、金属漆、裂纹漆、马来漆、砂岩漆等。

（1）仿大理石漆是一种装饰效果酷似大理石、花岗岩的涂料；主要采用各种颜色的天然石粉配制而成。

（2）板岩漆采用独特材料，其色彩鲜明，具有板岩石的质感，可创作出艺术造型。通过艺术施工的手法，能呈现各类自然岩石的装饰效果，具有天然石材的表现力，同时又具有保温、降噪的特性。

（3）壁纸漆也称为液体壁纸、幻图漆或印花涂料，属于一种新型内墙装饰水性涂料。

（4）浮雕漆是一种立体质感逼真的彩色墙面涂装艺术质感涂料，装饰后的墙面呈现出浮雕般观感效果，所以称之为浮雕漆。

（5）幻影漆通是过专用漆刷和特殊工艺，制造各种纹理效果的特种水性涂料。幻影漆实如其名，能使墙面变得如影如幻。

（6）肌理漆可以做出肌理效果，使用肌理漆装饰的墙面拥有肌肤般的触感。

（7）金属金箔漆是由高分子乳液、纳米金属光材料、纳米助剂等优质原材料采用高科技生产技术合成的新产品，适合于各种内外场合的装修，具有金箔闪闪发光的效果，给人一种金碧辉煌的感觉。

（8）裂纹漆是由硝化棉、颜料、有机溶剂，裂纹漆辅助剂等研磨调制而成的，有各种颜色。

（9）马来漆又称威尼斯灰泥，是一类由凹凸棒土、丙烯酸乳液等混合的浆状涂料，通过各类批刮工具在墙面上批刮操作可产生各类纹理。

（10）砂岩漆一般称仿石漆，是一种仿真石材的建筑涂料。砂岩漆由以天然骨材、石英砂为骨料与耐候性佳的黏结剂、各种助剂溶剂组成的中间层，以及抗碱封底漆和罩面漆组成。

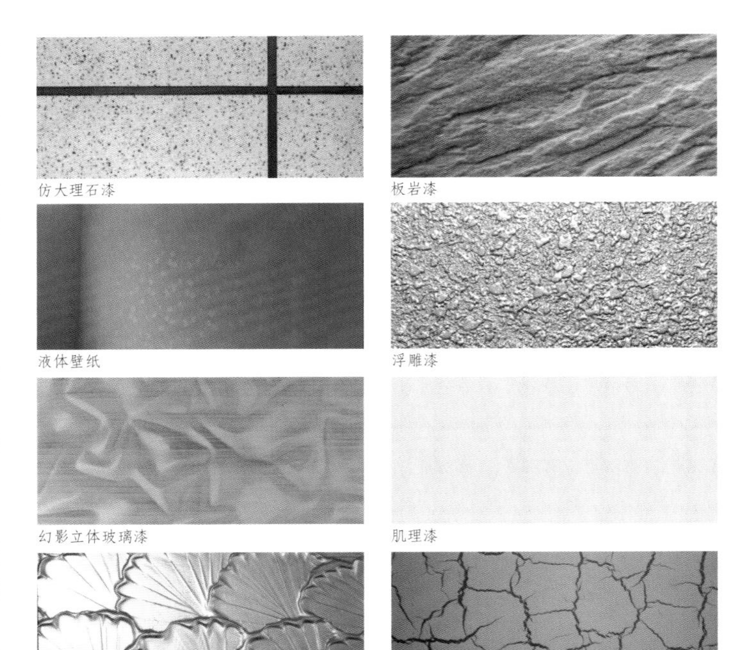
仿大理石漆　板岩漆
液体壁纸　浮雕漆
幻影立体玻璃漆　肌理漆
金属漆　裂纹漆
马来漆　砂岩漆

常用参数 | COMMON PARAMETERS

艺术涂料凭借图案性强、变化无穷的立体纹理和多种选择的个性搭配，吸引了设计师的极大关注。因为厂家和品种很多，而且施工工艺手法不同，参数各有差别。

（以上数据为市场部分厂家产品参数，不同厂家各有差别，仅供参考）

价格区间 | PRICE RANGE

100~900 元 /m²

艺术涂料不仅具有传统涂料的保护和装饰作用，而且耐候性和美观性更加优越，因此与传统涂料相比，价格相对较高。目前市场上有质量保证的品牌艺术涂料价格一般在在 100~900 元 /m²。

（以上价格仅为市场普通中端产品价格，材料价格会因不同项目、不同品牌以及订制等多方原因有较大浮动，仅供参考）

设计注意事项 | DESIGN KEY POINTS

艺术涂料用于装饰设计中的主要节出，如门庭、玄关、电视背景墙、廊柱、吧台、吊顶，能产生高雅的效果，而其适中的价位又完全实现不同装饰装修的需求，宾馆、酒店、会所、俱乐部、歌舞厅、夜总会、度假村以及高档豪华别墅、公寓和住宅的内墙装饰都可选用。
艺术涂料的小样和大面积施工呈现出来的效果会有区别，建议在大面积施工前，在现场先做出一定面积的样板，再决定整体施工。注意转角处的图案衔接和处理也是效果统一的关键。

品牌推荐 | BRAND RECOMMENDATION

相关厂商详细信息，请参见附录品牌索引：
意大利威罗、四国化研、尤勒贝特、Poise（香港）

（以上推荐仅为市场少数优秀品牌，供设计师参考学习。同一品牌实际可能涉及多种产品，更多详细内容可登录随书小程序）

施工及安装要点 | CONSTRUCTION INTRO

艺术涂料种类繁多，涂料性质不同施工技术也不同。以液体壁纸为例，液体壁纸的施工工序为：墙面刮平→刷底漆→搅拌→加料→刮涂→收料→对花→补花。

（1）壁纸漆施工前须搅拌，避免气泡；
（2）加料：将适量涂料放于模具内边框上；
（3）涂刮：将模具置于墙角处，模面紧贴墙面用刮板进行涂刮；
（4）收料：将每个花型刮好后，收尽模面上多余的涂料，提起模具时注意手法的干净利落；
（5）对花：套模时根据花型的列距和行距使横、竖、斜都成一线即可，可通过模具外框找到参照点；
（6）补花：当墙面在纵向和横向不够套模时使用软模补足。

搅拌

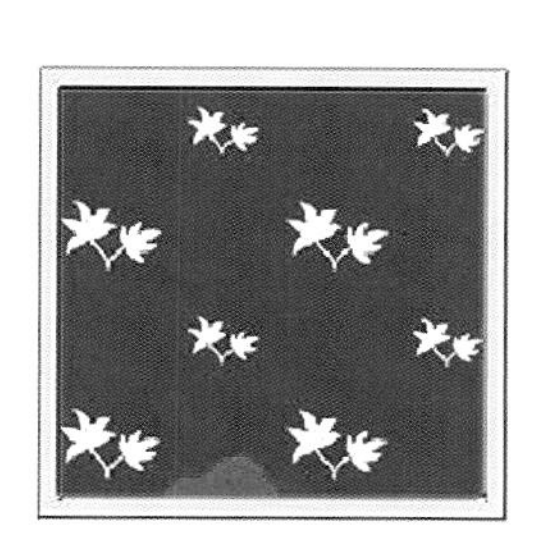
加料

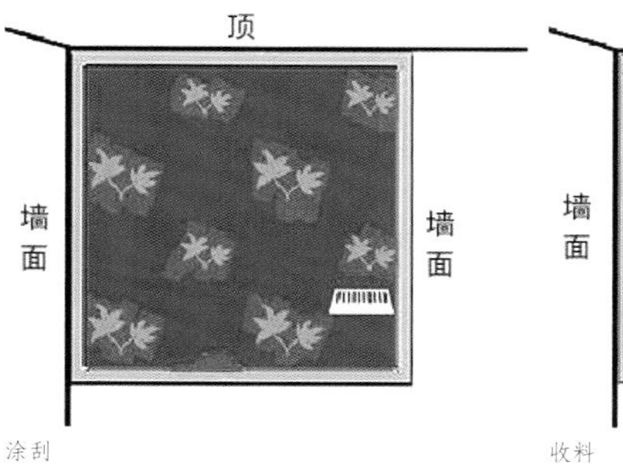

涂刮

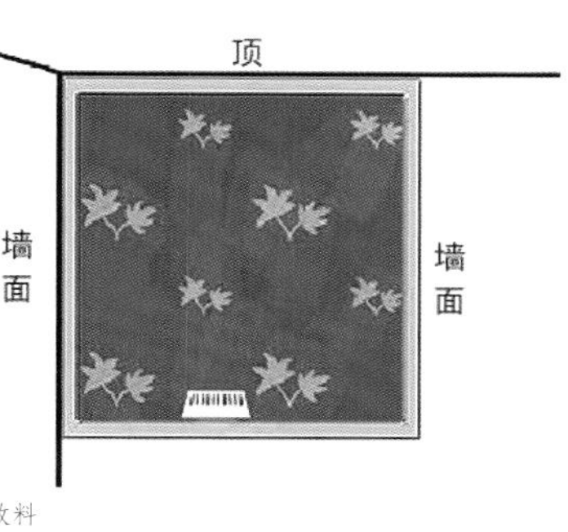

收料

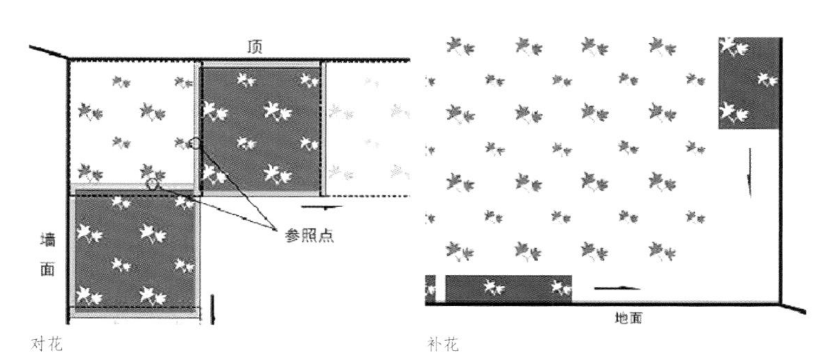

对花　补花

NH Hoteles

设计：karim Rashid

材料概况：吧台和摆设等由玻璃纤维和玻璃漆制成，如同当代艺术品。

北京建外 SOHO 设计师女装店

设计：元道同和

材料概况：设计师使用深灰色真石漆装饰背景墙面，之所以选择这种粗糙的表面，目的是让光线在它身上“消失”，使空间呈现“无边界”的错觉。

青岛方所书店

材料概况：艺术涂料模拟各种材料，展现石材、混凝土、木材、钢材的体积感与质感之美。

无锡一酌酒吧

设计：本築建築师工作室

材料概况：墙面的艺术涂料做旧效果，配合混凝土材质，营造出特殊氛围。

书写涂料 | Writing Coating

材料简介 | INTRODUCTION

书写涂料，是一种涂刷在墙上的、特殊高分子纳米覆膜形成的涂料。它可以使会议室、培训室、教室、书房、儿童房、创意空间、开放工作区、走廊和儿童游戏区的任意光滑表面变得可以反复书写和擦除，以满足随时随地书写、沟通、创作、教育培训的需求。常用的水性白板笔、水洗颜料、软头蜡笔等均可在上书写。书写涂料可以替代现在常用的教学黑板、教学白板、办公白板、投影幕布。 避免了黑板用粉笔书写造成的粉尘污染，省去了购买成品白板、投影幕布的花费。制作书写涂料过程环保，对于能源日益短缺、环境日益恶化的今天，书写涂料的推广应用也为环保、节能、减排做出了一定贡献。

材料性能及特征 | PERFORMANCE & CHARACTER

书写涂料是一种特殊的水性环保涂料，是针对人们个性化的需求现场制作白板的一款专用功能漆。与普通白板、黑板、墙贴相比，书写涂料具有更环保、易操作、空间大小无限制、颜色任意可搭配、形状变化可设计、不占额外空间等优点。书写涂料具有如下几大特点：

（1）防水性能较好；

（2）抗碱防腐，耐脏耐擦洗，不起皮，不开裂，不褪色，其优异品质确保使用 10 年以上；

（3）天然环保，无毒无味，自身不含重金属、不产生静电，不吸灰尘；

（4）防毒防霉，防止墙面霉菌滋生，安全卫生，放大 50 倍后无明显霉斑；

（5）易于施工，方便快捷，对基材有广泛的适应性；

（6）有很长的使用寿命，如表面硬度高，不会剥落龟裂，容易重涂翻新，最重要的是有良好的防涂鸦性，水性白板笔笔迹容易擦干净，不留痕迹，甚至笔迹留存在 1 个月后都很容易擦除。

产品工艺及分类 | TECHNIC & CATEGORY

书写涂料根据质感和用途不同，可分为纳米墙膜高光涂料和纳米墙膜哑光涂料。

（1）纳米墙膜高光涂料多用于教室、办公室、开放沟通区等墙面，可以将普通墙面变成超大的白板，让水性白板笔随意书写和擦拭。

（2）纳米墙膜哑光涂料多用于会议室投影墙面。产品光泽度比高光涂料降低以达到投影屏幕的要求。涂层致密性高、光泽舒适，能代替投影幕布，清晰投影的同时支持书写和擦除，达成投影幕布和白板合二为一的功能。

水性白板笔的笔迹擦除试验：用水性白板笔在书写涂料墙上书写，24h 后用干棉布轻轻一擦，笔迹就可以擦去，不留任何痕迹。

记号笔的笔迹擦除试验：用记号笔在书写涂料墙上书写，24h 后用蘸有无水酒精的棉布轻轻一擦，笔迹就可以擦去，不留任何痕迹，且漆面没有任何损伤。

自喷漆的痕迹擦除试验：用自喷漆在书写涂料墙上喷涂，24h 后用蘸有无水酒精的棉布轻轻一擦，自喷漆就可以擦去，不留任何痕迹，且漆面没有任何损伤。

书写涂料

书写涂料

纳米墙膜高光涂料

纳米墙膜高光涂料

纳米墙膜哑光涂料

纳米墙膜哑光涂料

常用参数 | COMMON PARAMETERS

防火等级 A2；防霉等级 0 级别；抑菌率 99.99%；
游离甲醛未检出；可溶性金属元素未检出；
反复擦洗 >100 000 次表面无任何损伤；
硬度：3H，一般家具漆的硬度 1H 左右，因此桌椅家具等不会在表纳米膜面留下擦刮痕迹。

（以上数据为市场部分厂家产品参数，不同厂家各有差别，仅供参考）

价格区间 | PRICE RANGE

300~1 000 元 /m^2

不同品牌的书写涂料价格会有不同，目前市场上有质量保证的品牌书写涂料在 300~1 000 元 /m^2。应根据经济实力购买，不可因为贪图便宜购买一些对人体有害的非健康涂料。

（以上价格仅为市场普通中端产品价格，材料价格会因不同项目、不同品牌以及订制等多方原因有较大浮动，仅供参考）

设计注意事项 | DESIGN KEY POINTS

高分子膜哑光产品可以用作投影屏幕，建议把投影机调成稍微向上角度以避免投影区域的集中光斑。
高光系列比哑光系列擦拭性好。
建议最后一遍用喷涂的方式，这样表面才足够细腻，适合书写和观感的质量。

品牌推荐 | BRAND RECOMMENDATION

相关厂商详细信息，请参见附录品牌索引：
Hipaint 益涂（油性）、多拉（水性）

（以上推荐仅为市场少数优秀品牌，供设计师参考学习。同一品牌实际可能涉及多种产品，更多详细内容可登录随书小程序）

施工及安装要点 | CONSTRUCTION INTRO

书写涂料必须在平整致密乳胶漆表面施工。对于墙面底材有较严格要求。表面粉化严重、大面积空鼓、裂纹严重、坑洼不平的墙面上不建议施工。
书写涂料的施工流程主要分为以下几步：测量范围→基层处理→调理配料→刷涂封闭底漆→喷涂书写涂料→喷涂防尘罩面层→场地清理等。
高分子膜施工后 7d 才能使用。
基于腻子层施工要求如下：
（1）涂刷内墙抗碱底漆一遍。
（2）拉法基嵌缝膏一遍（抗裂作用），对于接缝处需要上防裂绷带。
（3）滑石粉 + 胶水 + 少量熟胶粉混合后涂抹 2 遍（必须要加胶水，腻子层需要坚硬致密）。
（4）腻子层全干状态下打磨，240 目打一遍，320 目打一遍（需要配合行灯打磨）。
（5）检查墙面，不能有沙痕，墙面需要非常平整，没有小凹坑和突起物。
（6）涂刷配套底漆两遍，两遍间间隔必须在 3h 以上。
（7）检查墙面不能有滚痕，确保墙面都均匀涂布。
（8）滚涂第二遍封闭底膜施工 24 小时后，方可施工高分子膜。在手工搅拌下将 B 组分加入 A 组分中搅拌 2min （A、B 组分混合后需在 2h 内用完），调配完毕倒入调漆盘中，充分润湿滚筒，以滚筒上不流挂为宜，从左到右、从上到下滚涂均匀，滚涂完毕后迎光检查，如有局部光泽偏低应立即再滚涂一遍，合格的施工应光泽均匀一致，表面饱满。确认合格后立即揭掉美纹纸。
（9）检查：滚涂后迎光检查，在光线不足的情况下，应使用行灯迎光照射墙面，若发现光泽不均现象为益涂面漆未滚涂均匀。应当适当补漆。合格的施工完成后，墙面应光泽一致均匀，色泽饱满为宜。
（10）高分子膜施工后 7d 才能使用。

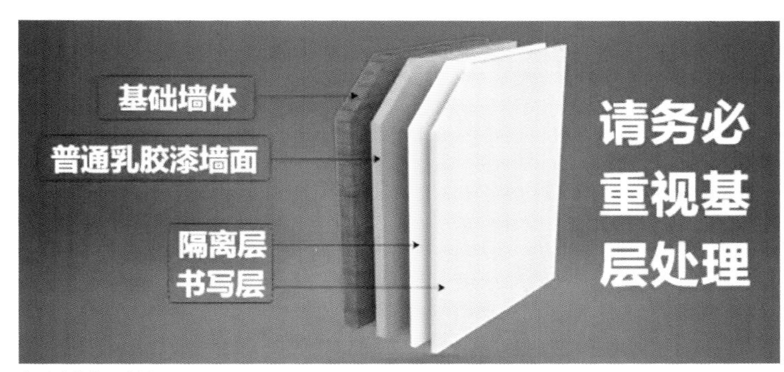

书写涂料墙面基层

完成效果

完成效果

大中华区 IBM 办公室

材料概况：书写涂料墙可以替代办公室或会议室投影屏幕，能在投影的内容上写字和擦拭。

俄勒冈州波特兰市办公室

设计：Boora Architects

材料概况：办公室使用书写涂料非常方便。

Open House

设计：Klein Dytham Architecture

材料概况：设计师连续花费 6 个星期在书写涂料天花板上手绘出 9 600 片树叶，最终创造出了一项令人惊讶的艺术作品，同时也是空间中最具标志性的、令人难忘的元素。

荷兰食品 IT 公司 Schouw 办公室

设计：i29

材料概况：色彩丰富的图案、白色的金属天花与书写涂料装饰的墙面形成鲜明对比。

马来漆 | Malay Paint

材料简介 | INTRODUCTION

马来漆是流行于欧美、日本、中国台湾的一种新型墙面艺术漆，漆面光洁，有石质效果，花纹讲究，若隐若现，有三维感。其花纹可细分为冰菱纹、水波纹、碎纹纹、大刀石纹等，均以朦胧感为美。它是由凹凸棒土、丙烯酸乳液等混合的浆状涂料，通过各类批刮工具在墙面上批刮操作，从而产生各类纹理的一种涂料。其艺术效果明显，质感和手感滑润，是新兴的一类艺术涂料的代表。

材料性能及特征 | PERFORMANCE & CHARACTER

马来漆表面漆膜具有相当的强度和硬度，所以在使用维护过程中，很难出现破损，开裂，深度划伤等问题。但在施工过程中，尖锐器具刮蹭，重物撞击墙面的机会较多，容易造成其表面的乳胶漆类污染、油漆类污染、划伤、墙体阳角的破碎，踢角线与墙体结合处开裂等问题。马来漆附着力较强，但是墙面基层强度和种类也会影响漆料的质量，通常在使用前，用目测、敲打的方式检查一下，只要墙面基层不掉粉、没有空鼓和起层开裂的现象就能刮腻子使用。基层墙体刮腻子应该注意表面抹平压实收光，腻子粉颜色一致，接口要平缓没有抹痕，这样才能把马来漆的优点体现出来。其特征如下：

（1）色彩浓淡相宜，效果富丽华贵，晶莹剔透，可以调制任意颜色或金属颜色；

（2）独特的施工手法和蜡面工艺处理，具有特殊肌理效果和立体釉面效果，手感细腻，具有犹如玉石般的质地和纹理；

（3）可以在表面加入金银批染工艺，可以渲染出华丽的效果；

（4）易操作，可大面积施工，有一定的防污功能，易清理；

（5）马来漆材料在使用的过程中不会褪色，不起皮，不开裂，耐酸，耐碱，耐擦洗；

（6）绿色环保，不会造成污染环境。

产品工艺及分类 | TECHNIC & CATEGORY

马来漆作为一种艺术涂料，主要运用于室内墙壁的装饰及保护，一般室内常用的马来漆有单色马来漆和混色马来漆。

根据施工工艺，做出的花纹可分为：随意的大刀纹、规整的叠影纹理、浮雕点状批涂、批金马来漆、金银线马来漆、幻影马来漆等。

（1）大刀纹效果：

用补格的手法交叉叠加批涂 1 遍，待干燥后，用砂纸轻轻打磨 1 遍，再进行交叉叠加批 1~2 遍，需要边批涂边打磨，整体批涂完待干燥后，再进行抛光打磨。

（2）叠影效果：

第一遍批涂完成后，第二第三遍填补孔隙，将第一遍没有填补的孔隙对角方向补充，直至全部填充完毕。填充的花纹的走向和协调性，一般分为方块状、半圆状、三角状纹理，对角批涂，逐步填补。

单色马来漆

混色马来漆

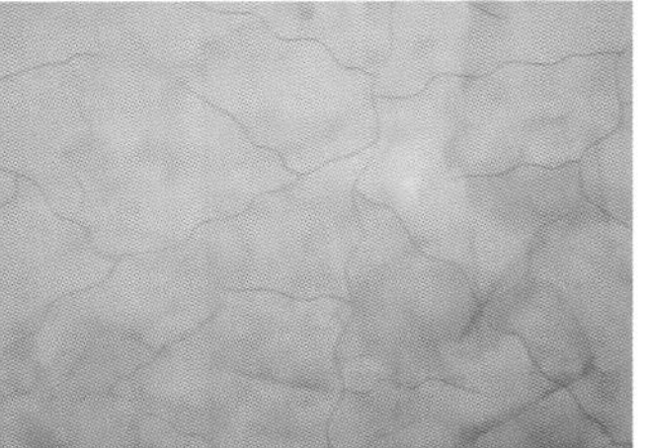

金银线马来漆

金银马来漆

水波纹

大刀纹

幻影马来漆

冰凌纹

常用参数 | COMMON PARAMETERS

马来漆作为一种全新概念的内墙装饰材料，批刮到墙面能产生各种艺术纹理。因其使用的是薄浆型工艺，宜大面积使用。对施工的工人有一定的技术要求，需要专业厂家进行培训。

（以上数据为市场部分厂家产品参数，不同厂家各有差别，仅供参考）

价格区间 | PRICE RANGE

100~500 元 /m²

影响马来漆的价格有四个因素，面积大小、颜色深浅（用料多少）、花型难度、施工所在的场所而定（墙面、顶面、异形）。

（以上价格仅为市场普通中端产品价格，材料价格会因不同项目、不同品牌以及订制等多方原因有较大浮动，仅供参考）

设计注意事项 | DESIGN KEY POINTS

马来漆适合用于客厅、卧室、书房、餐厅等空间的墙面及顶棚，卫生间干区，高档别墅整体装饰，咖啡厅、酒吧、高档会所的走廊，灯池，墙面及局部造型。

设计师应注意材料小样板和大面积施工时图案效果的对按。若有审美经验的问题，可以现场做出一定面积的实际样板再决定大面积施工。

施工完成后需最好要上蜡，然后注意成品保护，避免尖锐物品划伤，划伤后较难修复。

马来漆时间久会略有褪色，所以可以选择颜色略深一度。

因为马来漆施工对人工操作手法有要求，为了避免图案混乱，建议每个工人用同一种批法，分开三个工人按流程工序施工。

品牌推荐 | BRAND RECOMMENDATION

相关厂商详细信息，请参见附录品牌索引：

威罗、现代大师

（以上推荐仅为市场少数优秀品牌，供设计师参考学习。同一品牌实际可能涉及多种产品，更多详细内容可登录随书小程序）

施工及安装要点 | CONSTRUCTION INTRO

（1）工具的准备：马来漆专用批刀（现在流行的专用批刀是来自台湾的高碳高硬度批刀）、抛光不锈钢刀、350 至 500 号砂纸、废旧报纸、美纹纸等。

（2）基底的处理：按做高档内墙漆的标准做好腻子底，注意一定要用好的内墙腻子，因为马来漆是属于高档艺术涂料，是不用底漆的自封闭涂料，要保证基底的致密性与结实性。批好腻子以后用 350 号砂纸打磨平整（要有较高的平整度）。

（3）接下来就可以实施马来漆的第一道工序了，用专用马来漆批刀，一刀一刀在墙面上批刮类似正（长）方形的图案，每个图案之间尽量不重叠，并且每个方形的角度尽可能朝向不一样、错开。图案与图案之间最好留有半个图案大小的间隙。

（4）第一道做完以后接下来就要实施最重要的马来漆第二道工序了，同样用马来漆批刀去补第一道施工留下来的空隙，当然，不是简单的补，而是要与第一道施工留下来的图案的边角错开。

（5）第二道工艺完成后，就得检查上面是否还有空隙未补满，是否有毛燥的地方，用 500 号砂纸轻轻打磨，好的马来漆是可以打出光泽来的，接下来就就上第三道马来漆了，按原来的方法在上面一刀刀批刮，边批刮边抛光。

（6）最后抛光：三道批刮完成以后已经形成马来漆图案效果了，用不锈钢刀调整好角度批刮抛光，直到墙面如大理石般光泽，完成。

批刀

一次批涂

二次批涂

多次批涂

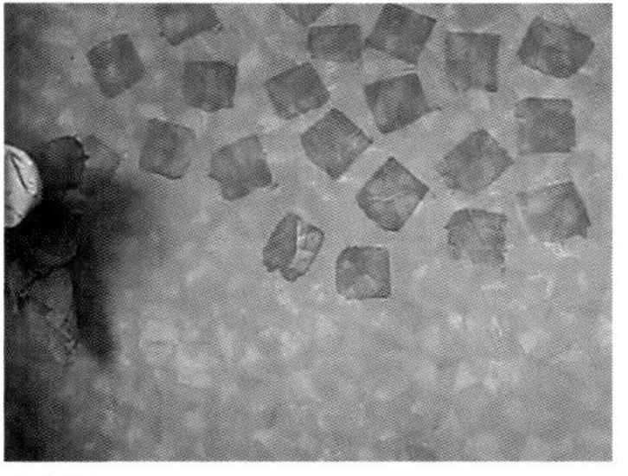

多次批涂

抛光

台北光之居所

设计：禾筑设计

材料概况：装饰材料相似色感却皆不同材质，从隐隐光泽的薄片磁砖到那具有手感温度的浅灰色马来漆面，从墙面、柜门堆迭，使动线、材质、光线得以凝聚。

北京海棠公社住宅

设计：建筑营设计工作室

材料概况：马来漆的运用使整个住宅回归到自然、朴素、静谧的具有东方气息的居住氛围。

喜鼎饺子中式餐厅空间设计

设计：睿集设计

材料概况：采用大面积水泥质感的灰色浮雕马来漆墙面处理。

Johnnie Walker House 会所

材料概况：高级会所里的马来漆天花及墙壁饰面，效果富丽华贵。

硅藻泥 | Diatom Mud Paint

材料简介 | INTRODUCTION

硅藻泥是一种以硅藻土为主要原材料的内墙环保装饰壁材，具有消除甲醛、净化空气、调节湿度、释放负氧离子、防火阻燃、墙面自洁、杀菌除臭等功能。由于硅藻泥健康环保，具有良好的和易性和可塑性，施工涂抹、制作图案等都可以随意造型，是替代壁纸和乳胶漆的新一代室内装饰材料。

材料性能及特征 | PERFORMANCE & CHARACTER

硅藻泥本身没有任何的污染，而且有多种功能，是乳胶漆等传统涂料无法比拟的。在施工硅藻泥的过程中没有味道，便于修补。其特点如下：

（1）净化空气、消除异味：硅藻泥产品具备独特的“分子筛”结构，具有极强的物理吸附性和离子交换功能，可以有效去除空气中的游离甲醛、苯、氨等有害物质及因宠物、吸烟、垃圾所产生的气味，可净化室内空气；

（2）防火阻燃：硅藻泥是由无机材料组成，因此不燃烧，即使发生火灾，也不会产生任何对人体有害的烟雾；当温度上升至 1 300℃时，硅藻泥只是出现熔融状态，不会产生有害气体等烟雾；

（3）呼吸调湿：随着不同季节及早晚环境空气温度的变化，硅藻泥可以吸收或释放水分，自动调节室内空气湿度，使之达到相对平衡；

（4）吸音降噪：由于硅藻泥自身的分子多孔结构，因此具有很强的降低噪音功能，可以有效地吸收对人体有害的高频音段，并衰减低频噪功能；

（5）保温隔热：硅藻泥的主要成分硅藻土的热传导率很低，本身是理想的保温隔热材料，具有非常好的保温隔热性能，其隔热效果是同等厚度水泥砂浆的 6 倍；

（6）不沾灰尘：不含任何重金属，不产生静电，浮尘不易附着，墙面永久清新，硅藻泥不易产生静电，墙面表面不易落尘。

产品工艺及分类 | TECHNIC & CATEGORY

硅藻泥有很多工艺，按照涂层的表面装饰效果和工艺分，可以分为：

（1）表面质感型：采用添加一定级配的粗骨料，抹平形成较为粗糙的质感表面。适宜于大面积装修，显得质朴大方，在酒店房间以及家居住宅等均适用。

（2）表面肌理型：添加一定的级配粗骨料，用特殊的工具制作成一定的肌理图案，如布纹、祥云等。可以用于家庭客厅背景墙，或卧室背景墙，以及酒店会所等高档装修。

（3）艺术型：用细质硅藻泥找平基底，制作出图案、文字、花草等模板，在基底上再用不同颜色的细质硅藻泥做出图案。当然也可以利用颜料采用手绘法在墙面作画，或将硅藻泥与颜料直接调和，在平整的硅藻泥基底上堆砌作画。这种壁材装饰文化气氛很浓，显得具有很高的品质，可用于会所、客厅等房间部位。

（4）印花型：在做好基底的基础上，采用丝网印做出各种图案和花色。类似壁纸装饰，可以用在房间的各个部位。

印压系列

平涂系列

写意系列

弹涂系列

印花型

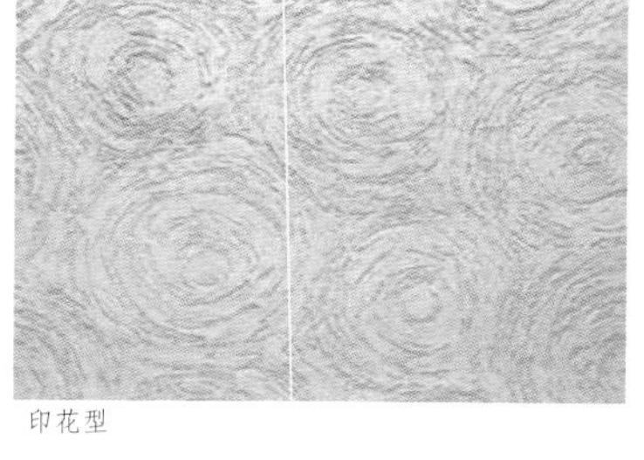

印花型

弹涂系列

布艺系列

常用参数 | COMMON PARAMETERS

孔隙率：90% ~92%；
比重：0.4~0.9。

（以上数据为市场部分厂家产品参数，不同厂家各有差别，仅供参考）

价格区间 | PRICE RANGE

100-600 元 /m²

一般硅藻泥施工价格约为 100~600 元 /m²，与其他内墙涂料施工工艺比，硅藻泥施工有很大区别，至少拥有 1~2 年硅藻泥施工经验的师傅才能独立完成硅藻泥施工。图案越复杂，花色越多，施工的程序就相应越多，价格就越贵。

（以上价格仅为市场普通中端产品价格，材料价格会因不同项目、不同品牌以及订制等多方原因有较大浮动，仅供参考）

设计注意事项 | DESIGN KEY POINTS

硅藻泥适用范围很广泛。可以适用在以下地方：家庭（客厅、卧室、书房、婴儿房等墙面与天花）、公寓、幼稚园、老年公寓、医院、疗养院、会所、主题俱乐部、高档饭店、度假酒店、写字楼、风格餐厅等。
硅藻泥选用无机矿物颜料调色，色彩柔和。当人生活在涂覆硅藻泥的居室里时，墙面反射光线自然柔和，人不容易产生视觉疲劳，对保护儿童视力效果显著。
对于空鼓或出现裂纹的基底须预先处理，硅藻泥属于水溶性饰面材料，不能用于直接受水浸淋的地方。
人流量大的公共空间尽量少用，硅藻泥墙面弄脏不宜清洗修复。

品牌推荐 | BRAND RECOMMENDATION

相关厂商详细信息，请参见附录品牌索引：
大津、卡西米、四国化成

（以上推荐仅为市场少数优秀品牌，供设计师参考学习。同一品牌实际可能涉及多种产品，更多详细内容可登录随书小程序）

施工及安装要点 | CONSTRUCTION INTRO

传统、完整的硅藻泥是由“素材”“道具”“工法”三大要素共同构成的。素材是载体，道具是用器，工法是规则。三者合一，在赋予墙壁生动表情的同时，最终彰显和表达的是“人”的生活品位和价值取向。作为一种墙壁饰面工艺方法，泥，不仅仅是一种材料，正在越来越多地以其文化内涵，承载着无限的个人寄托和自我诉求，被传承、发扬。
硅藻泥壁材肌理施工工法分为平光工法，喷涂工法和艺术工法。
这三种工法对基层的施工要求是相同的：基层处理及养护→批刮腻子，找平墙面→涂刷封闭底漆。
（1）平光工法
平光工法主要是为了适应当前家庭装饰客户以白色平滑为主的这一客观情况，满足那些既要选择健康装修素材，又不放弃传统平光、白色审美取向的装饰客户。
（2）喷涂工法
喷涂卫法是指灰浆依靠压缩空气的压力从喷枪的喷嘴处均匀喷出，适合大面积施工作业，能够提高效率。
（3）艺术工法
平光工法和喷涂工法相对较稳定，也便于掌握，艺术工法相对复杂，即使使用相同的工具，做相同的肌理，艺术效果也因人而异。概括地讲，艺术工法是指使用各种工具做出各种不同风格肌理的工法总称。其特点是：不固定性，相同的肌理图案，不同的施工者，表现出的风格不同，千人千面；使用的工具因人而异，匠心独具，丰富多彩。艺术工法从使用的工具看，通常有辊筒、镘刀、毛刷、丝网等。从肌理表现上看，以仿照自然图案为主，有写实的手法，也有抽象的表现。

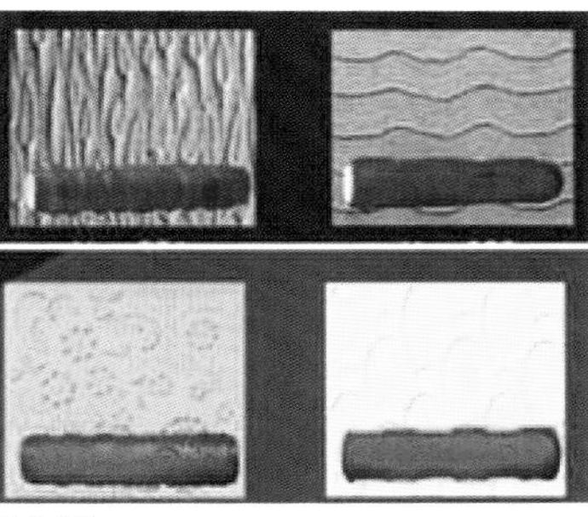
印花系列

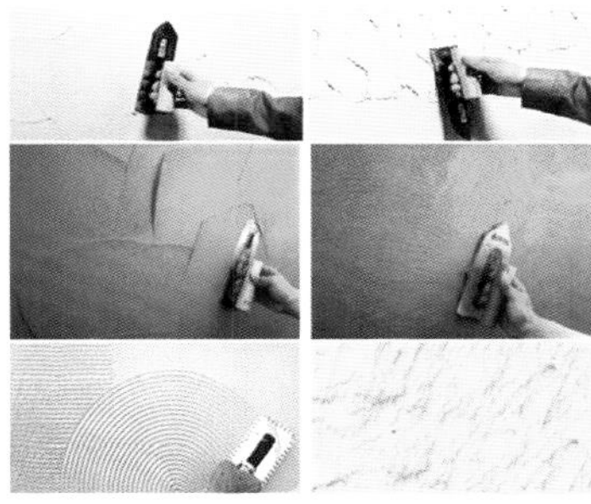
镘刀系列

手绘系列

手绘系列

特殊手法系列

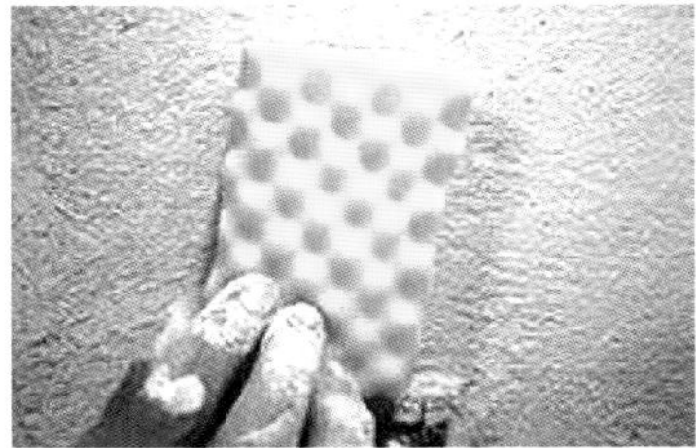
特殊手法系列

台北住宅设计

设计：玮奕国际设计

材料概况：白色大理石搭配灰色调镘刀硅藻泥。

辛亥革命博物馆

设计：CADI

材料概况：辛亥革命博物馆的内墙墙面全部取材硅藻泥之米洞石系列。

别墅案例

材料概况：卧室使用硅藻泥涂料更环保健康。

安吉江源印象

设计：亚厦 - 单鸿斌设计团队

材料概况：民宿使用硅藻泥涂料更显古朴自然。

金银箔 | Gold And Silver Foil

材料简介 | INTRODUCTION

金银箔，是绍兴特种传统工艺品，经手工千锤百打而成，1g 黄金可打成 9.33cm×9.33cm 金箔 50 张。金银箔用途极为广泛，适用于任何高档装饰的地方，如寺院庙宇、佛像、宾馆酒店、豪宅、会所、仿古园林建筑、雕塑、家具、牌匾楹联等。

仿金箔发源地为台湾，中国大陆仿金箔技术经过多年发展，在制作工艺上有了较大进步，一般有高温黏合、冗压、机械切割等几道工序，且仿金箔的品质也有了极大改善，在色泽、抗氧化性、柔软度、耐磨耗等方面甚至达到超过真金箔的水平，现国内流通的常用规格为 9cm×9cm，型号、颜色也多种多样，主要产自浙江、江苏、南昌等地。仿金箔的主要成分是铜，质量的差别是在于含铜量的多少。

材料性能及特征 | PERFORMANCE & CHARACTER

金箔和银箔装饰，以传统原材料和先进的工艺精心打造而成，能体现出场所的最高档次和主人品位，尽显金碧辉煌。来塑造充满艺术氛围的环境，让身处其间的人们感知到这份难得的精神文化熏染。其特点如下：

（1）视觉效果佳，易塑造出质感丰富、肌理多变、多层次的氛围及丰富的色彩组合，为经久不衰的流行色彩；

（2）性质稳定，具有良好的耐候性、防火性、耐酸碱、耐污染、防虫咬、防辐射、无味、永久不变色；

（3）可量产，相较以往手工作业，现已工厂机械化作业，可批量生产以满足装饰市场的需求；

（4）用途广，金箔或银箔除了用于建筑行业的装饰外，还用于佛像贴金、印刷制墨、印泥，还可入药；

（5）拥有极好的延展性能，能加工成很薄的片材，使黄金的厚度达到 1μm 以下的黄金薄片；

（6）现代科技将传统金箔工艺发扬光大，开发了新的金箔品种，采用高科技激光浅雕的手法在纯度 99%的金箔上雕刻、烫金而成的工艺精品，具有保值、收藏、纪念及鉴赏价值。

产品工艺及分类 | TECHNIC & CATEGORY

金箔是用机械的方法将块状的黄金均匀地延展，使之成为薄如蝉翼的片状，然后通过裁切、拼接、修整成方形。箔与箔之间用毛边纸相隔，一般 100 张为一打，500 张为 1 包（盒）。

直接裁切为方形完整的箔，称为直拉箔，由拼接而成方形的箔为拼箔。

现在市面上除了用真金白银打造的金银箔之外还有一些仿制的金银箔，其分类有：纯金，纯银，铜箔，铝箔，台湾金，台湾银，K 金，B 金，香槟金，香槟银，古铜金，手抓金等。

金银箔也应用于其他的装饰行业之中，进一步拓展了金银箔的存在形式与种类。有金银箔的涂料、壁纸、马赛克、家具、装饰品及玻璃制品，等等，在任何材质的固体上可以贴裹的特性，以及特有的神秘光泽，赋于金银箔更多的用途。

金箔、香槟金箔及银箔

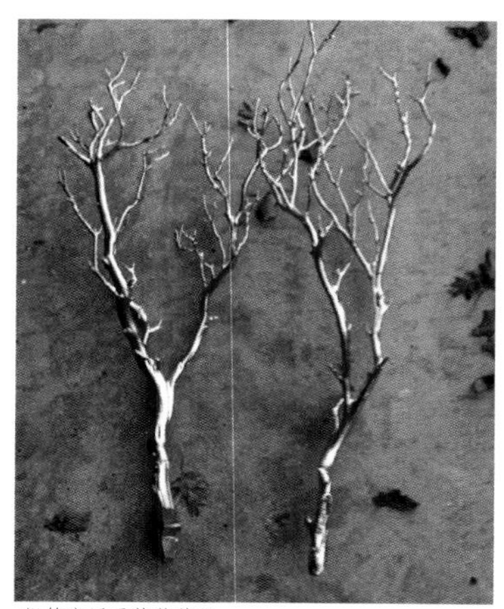
银箔应用于软装饰品

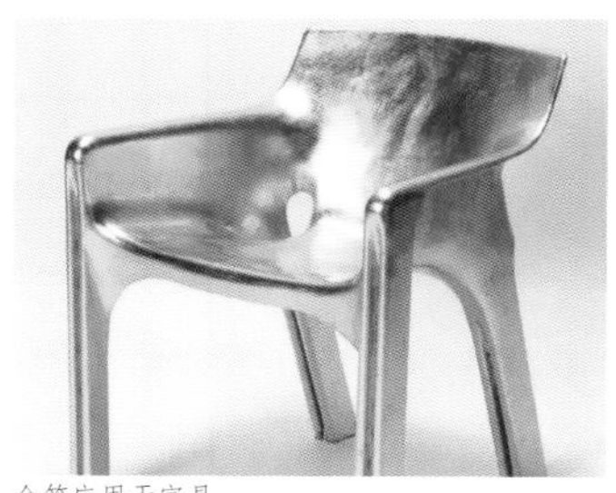
金箔应用于家具

金箔应用于软装饰品

金箔装饰画壁纸

金箔应用于马赛克

手抓香槟金箔

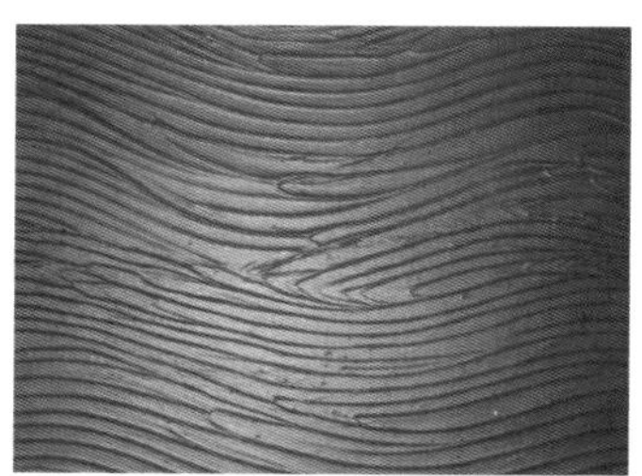
金箔漆 - 仿金液体壁纸

常用参数 | COMMON PARAMETERS

厚度：0.1μm 左右。

（以上数据为市场部分厂家产品参数，不同厂家各有差别，仅供参考）

价格区间 | PRICE RANGE

200~900 元 /m^2

金箔有真金箔和仿金箔之分，真金箔按不同规格 4~10 元左右一张，如金箔 9.33 的规格大概是 5.5 元 / 张，每平方米用量 130~140 张，不同规格所需的张数也不同。一般金箔施工是以平方米起算，每平方米包工包料的价钱在 900 元以上。仿金银箔（铜箔、铝箔等）虽然便宜，价格在 150~500 元 /m^2，但效果质量也会打折，可以按需选择。

（以上价格仅为市场普通中端产品价格，材料价格会因不同项目、不同品牌以及订制等多方原因有较大浮动，仅供参考）

设计注意事项 | DESIGN KEY POINTS

水性金箔漆适用于吸水底材，如石材、木材、石膏、水性腻子和水泥。

油性金箔漆适用于金属、木器、瓷器、玻璃、树脂等。

金箔漆并非刷得越厚越好，相反每层越薄越有金属闪光效果。涂层越厚，颜色越深，亮度也会受到影响。尽量与设计师沟通需要的效果，进行样板的确认。

品牌推荐 | BRAND RECOMMENDATION

相关厂商详细信息，请参见附录品牌索引：

穆朗艺术

（以上推荐仅为市场少数优秀品牌，供设计师参考学习。同一品牌实际可能涉及多种产品，更多详细内容可登录随书小程序）

施工及安装要点 | CONSTRUCTION INTRO

贴金银箔施工工艺流程简介：

（1）清理工件：先打磨要贴金部分，如木质工件需喷，刷 1 遍底漆，待底漆干后再打磨待用。如墙面需平整光滑即可；

（2）上胶：在需要贴金的部位尽量涂抹 1 层薄薄地胶层“WTB 水性金箔胶水”或“油性胶水 TP-2 或 TP-9”可以用喷枪喷，至少喷 2 遍，手工刷，注意检察漏刷部分。如有漏刷或喷不到位的请重新修补；

（3）贴箔：待胶水稍干（水性胶水可以用吹风机，对着涂有胶水的部位喷，水性挥发比较快，这样可以提前工作），将金箔面贴到涂有胶水的地方，用羊毛刷子对着金箔衬纸面并稍加施力，令金箔表面与涂有胶水的表面紧密结合，然后将衬纸从金箔上剥离下来；

（4）检察漏洞：检查贴金工件表面，发现有漏贴的地方可直接用金箔修补（一定要用软毛笔将干淨的金箔重新补上）；

（5）抛光：检察工件无漏贴后，再用羊毛软刷在贴有金箔的表面上旋揉（需要施加力度，顺金箔连接贴缝）一并把金箔之间的连接痕迹揉掉，从而让金箔亮起来；

（6）上保护油：箔贴好 24h 后在贴金表面上喷涂一层保护油，建议使用专用的贴箔保护油，喷、刷都可以。

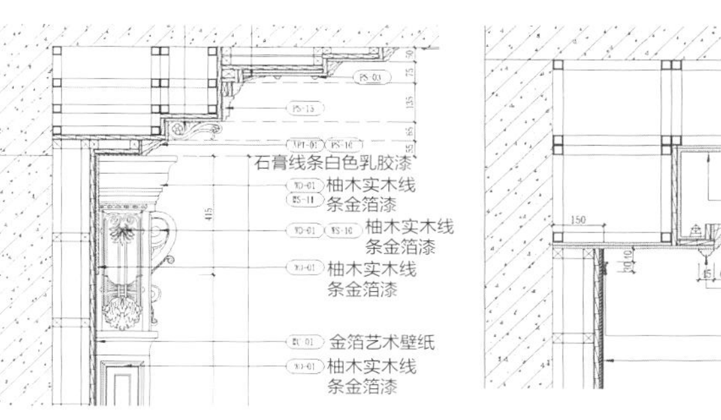

墙顶面金银箔装饰节点图　　墙顶面金银箔装饰节点图

顶面金银箔施工

墙面金银箔施工

迪拜帆船酒店

设计：Tom Wright

材料概况：大厅、中庭、套房、浴室……任何地方都是金灿灿的，连门把手、帆船酒店内饰水龙头、烟灰缸、衣帽钩，甚至一张便条纸，都镀满了黄金。

Prada 基金会米兰新总部

设计：OMA

材料概况：中庭南部的四座小房子以及废弃的庭院如今是基金会的办公室和长期展览厅，它们之间耸立着金箔外墙的"Haunted House"，其内部狭小的空间让特定的作品可以在更亲密的空间氛围中展出。

高端家具

材料概况：所有产品都以金箔和优美的镶嵌装饰。

其他参考

材料概况：使用金银箔贴面，使办公区域看起来雍容大气。

石材
STONE

天然石材，具有天然的纹理和富厚的颜色，因其耐磨、经久等优良的物理特性，自古以来被设计师广泛应用。中国自 2005 年跃居世界第一大石材生产国、出口国、消费国之后，已经连续 8 年保持着高速增长，并占到全球石材加工、生产量的近 20%。作为一种典型的矿产资源，石材分为大理石、花岗岩、砂岩等多个品类，有上万个花色品种，由于具有稀缺、环保、纯天然、耐磨、经久、高品质等特性，一直是全球各地大型公建工程、中高档建筑的首选用材。近年来，进军家装市场是石材企业的新突破口。石材的国内消费主要分为 3 大部分：建筑的内外装饰用板材（石材使用最大的一部分），建筑用石（包栝园林、工程用石），以及石雕刻、石艺术品等。

应用前沿

建筑被称为石材的史诗，人们在一千多年前就开始使用石材作为建筑装饰的主要材料。因其天然耐久，且纹理质感自然多变，所以深受设计师及用户的喜爱。石材行业每年的消费需求很大，但因为原材料属性，很难形成一个标准的品牌产品，导致市场上的品牌厂商多为加工商、服务商或是矿山拥有者。随着市场的进一步细化，关于天然石材的应用会有以下几个特点：一是石材与空间的结合使用，比如室内外一体或图案订制等；二是技术的进步带来石材应用的变化，比如石材的表面再处理精加工或石材切薄做成复合板等；三是服务整体化带来的变化，比如有的加工商转变为解决方案整体提供商，这样的专业细分会帮助设计师更好地应用创新。人造石近年来被商业空间大量使用，因为由工厂统一加工，在外观颜色上比天然石材更容易控制，但人造石的质量与厂家技术水平有很大关系。

石材图案订制

图片来源：LUXURY FLOORS

石材精加工

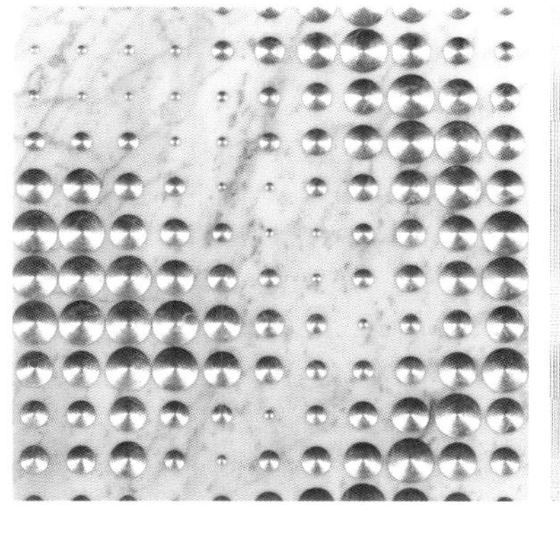

图片来源：LITHOS DESIGN

特殊石材

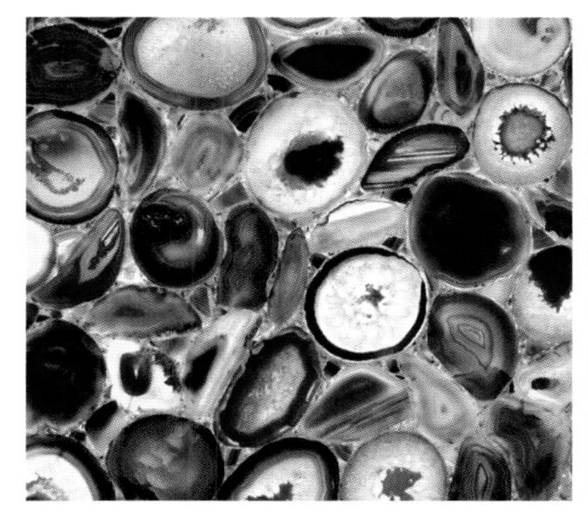

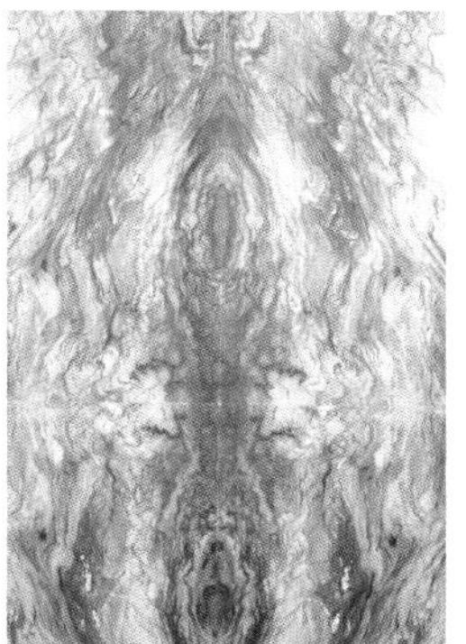

图片来源：ANTOLINI

大理石 | Marble

材料简介 | INTRODUCTION

天然大理石是地壳中原有的岩石经过地壳内高温高压作用形成的变质岩，属于中硬石材，主要由方解石、石灰石、蛇纹石和白云石组成。其主要的成分以碳酸钙为主，约占 50% 以上，其他还有碳酸镁、氧化钙、氧化锰及二氧化硅等。由于天然大理石一般都含有杂质，而且碳酸钙在大气中受二氧化碳、碳化物、水气的作用，容易风化和溶蚀，表面会很快失去光泽。大理石的中文名称源于其盛产于中国云南大理而得名。

材料性能及特征 | PERFORMANCE & CHARACTER

大理石由沉积岩和沉积岩的变质岩形成，主要成分是碳酸钙，其含量约为 50%~75%，呈弱碱性。颗粒细腻（指碳酸钙），表面条纹分布一般较不规则，硬度较低。经过加工处理后，主要用于地面和墙面装饰，因其耐磨耐热等优点，深受市场欢迎。其特点如下：

（1）大理石有良好的装饰性，辐射低且色泽艳丽、色彩丰富；

（2）大理石物理性稳定，组织缜密，受撞击晶粒脱落，表面不起毛边，不影响其平面精度，材质稳定，能够保证长期不变形，线膨胀系数小，机械精度高，防锈、防磁、绝缘；

（3）大理石具有优良的加工性能：锯、切、磨光、钻孔、雕刻等；

（4）大理石资源分布广泛，便于大规模开采和工业化加工；

（5）大理石易风化、耐磨性差，长期暴露在室外条件下会逐渐失去光泽、掉色甚至裂缝。一般认为应用于室外正常厚度（20~30mm）的大理石墙板耐用年限仅为 10~20 年；

（6）大理石在建筑中一般多用于室内墙面，应用于室外则需经过特殊的防水防腐保护处理，用于室内地面时需经常抛光保养以保护光洁度。

产品工艺及分类 | TECHNIC & CATEGORY

大理石根据品质优劣，可分为：A 类、B 类、C 类、D 类。

根据抛光面基本颜色，大致可分为米色系（金象牙、莎安娜米黄、艾美米黄、月光米黄、阿曼米黄）、白色系（雅士白、金蜘蛛）、灰色系（帕斯高灰、法国木纹灰）、黄色系（雨林棕）、绿色系（雨林绿）、红色系（西班牙西施红）、咖啡色（土耳其浅啡网、西班牙深啡网）、黑色系（黑晶玉）共 8 个系列。

根据大理石的品种，命名原则也不一。有以产地和颜色命名，如丹东绿、铁岭红等。有以花纹和颜色命名，如雪花白、艾叶青。有以花纹形象命名，如秋景、海浪。有还有的是传统名称，如汉白玉、晶墨玉等。

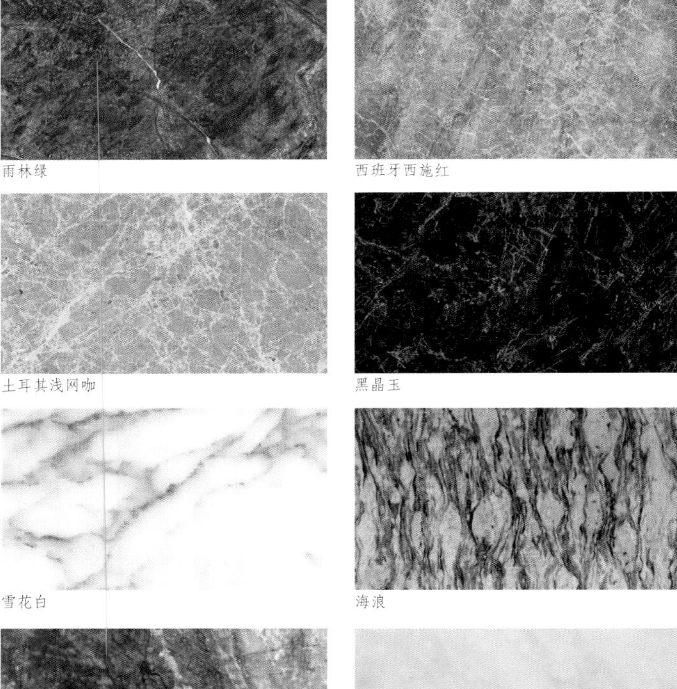

雨林绿　西班牙西施红

土耳其浅网咖　黑晶玉

金象牙　雅士白　雪花白　海浪

帕斯高灰　雨林棕　丹东绿　汉白玉

常用参数 | COMMON PARAMETERS

体积密度：≥ 2.3g/m³（室内地面）；≥ 2.6g/m³（干挂）；
矿物密度：2.6~2.8g/m³；
硬度：2.5~5；吸水率≤ 0.5%；
干燥压缩强度：≥ 500MPa；干燥 / 水饱和弯曲强度：≥ 7MPa。

（以上数据为市场部分厂家产品参数，不同厂家各有差别，仅供参考）

价格区间 | PRICE RANGE

200 元 /m² 以上

品质不同，大理石的价格自然也会不同。质量上乘的大理石，经过简单加工，价格在 1 000 元 /m² 左右。大理石因出厂地及出材率的不同，对价格也有较大的影响。

（以上价格仅为市场普通中端产品价格，材料价格会因不同项目、不同品牌以及订制等多方原因有较大浮动，仅供参考）

设计注意事项 | DESIGN KEY POINTS

大理石磨光后非常美观。主要用于加工成各种形材、板材，作建筑物的墙面、地面、台、柱，还常用于纪念性建筑物，如碑、塔、雕像等的材料。大理石还可以雕刻成工艺美术品、文具、灯具、器皿等实用艺术品。质感柔和美观庄重，格调高雅，是装饰豪华建筑的理想材料。

大理石属于中硬石材，根据不同品种应用于室内，会进行表面二次晶化处理，另外一些浅色、容易受污染的石材在铺贴时应作相应防护处理。

为避免浅色大理石泛色、水渍等问题及带背网的大理石的空鼓问题，建议使用专用大理石黏结剂铺贴。

为提高大理石的出材使用率，尽可能按照不同石材的大板规格设计尺寸比例，以降低损耗。建议大板切割前，先用大板真实高清照片做蒙特奇，以检查纹理衔接是否符合设计效果。

品牌推荐 | BRAND RECOMMENDATION

相关厂商详细信息，请参见附录品牌索引：
环球、高时、康利、东成、陈昌兄弟

（以上推荐仅为市场少数优秀品牌，供设计师参考学习。同一品牌实际可能涉及多种产品，更多详细内容可登录随书小程序）

施工及安装要点 | CONSTRUCTION INTRO

常见的大理石施工方式可分为：干挂法、湿铺法。相对于湿铺法来说，干挂施工可以提高工效，减轻建筑的自重，克服了水泥砂浆对石材渗透的弊病等。

大理石干挂施工流程：测量放线→石材排板放线→挑选石材→预排石材→打膨胀螺栓→安装钢骨架→安装调节片→石材开槽→石材固定→打胶→调整→成品保护。

铺贴式施工工艺流程：基层处理→弹线→墙地面砖（石材）黏贴→擦缝→石材结晶→修理保护。

安装主次龙骨

安装调节片

石材开槽

开槽完成

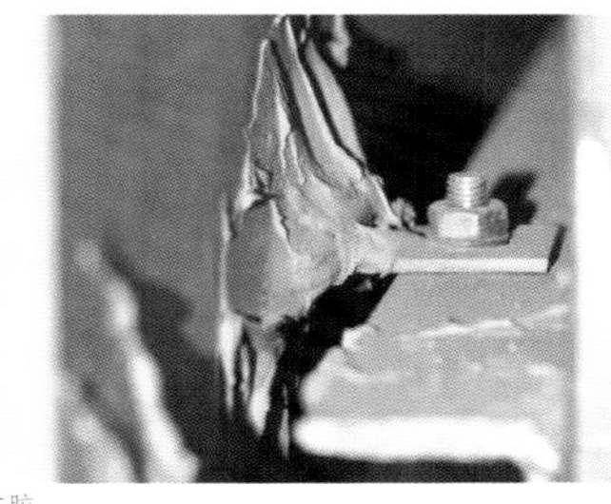

打胶

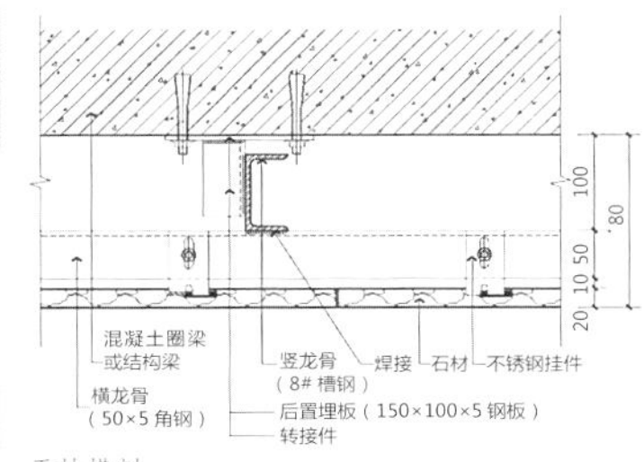

干挂横剖

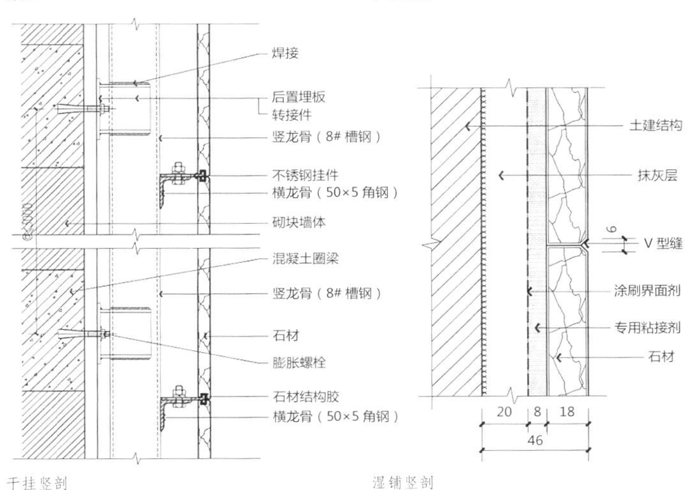

干挂竖剖

湿铺竖剖

圣保罗商业空间 Groenlândia

设计：Triptyque Architecture

材料概况：建筑通体由白色大理石和玻璃构建，内部为混凝土墙面。整体体现出透明、刚性与耀眼感。

北京万里石文创园

设计：华彬大业

材料概况：W 环形石头隔屏旋转而上，将整体室内空间贯穿。黑白灰石材 W 形拼花的概念，取自“万”字的第一个字母，石头隔屏既是形象也是楼上楼下的空间划分方式。

巴黎国立工艺美术学院酒店

设计：Raphael Navot

材料概况：通向工艺美术馆的楼梯间全部由大理石雕刻而成。

Vyta 圣玛格丽塔面包店

设计：COLLIDANIELARCHITETTO

材料概况：店内一些极具特点的装饰，例如考究的铜、玻璃、大理石与保存下来的历史材料相融合。

玉石 | Jade

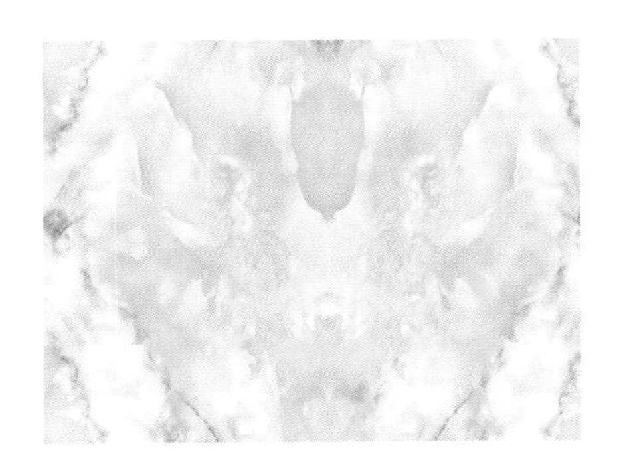

材料简介 | INTRODUCTION

在自然界中，凡是颜色美观、光芒润泽、质地细腻坚韧，有一定硬度，有一定透光度，有利于雕刻和保存的由一种矿物或多种矿物组成的集合体（岩石），均可称为玉石。玉石其高贵、温润的特质在室内装饰应用效果明显，现已成为建筑石材一个大类，适用于装饰墙面、地面、洗手台、电视背景墙等部位，广受市场欢迎。

材料性能及特征 | PERFORMANCE & CHARACTER

玉石纹理丰富，色泽典雅，具有特殊的装饰效果，与超薄的砖紧密结合后，在彰显建筑透明感方面具有独特的表现力。它使建筑的表皮具有透明感，取得和玻璃相似的效果，让空间沐浴在柔和温暖的光线中，玉石的天然质感也为空间增添独特的艺术效果。

（1）独一性：每一块天然玉石的图案花纹色彩等，都是独一无二的。正是这种独一性，造就了玉石的尊贵地位。作为大自然的产物，玉石所具备的无法复制性，最能符合追求独特气质的需求，也最能凸显这种独一和尊贵性。天然玉石正处于装修材料“生态链”的顶端，是最稀缺的材质；

（2）健康性：玉石富含人体所需的微量元素，能起到保健作用，能对人体微循环等产生有益效果。人们处在有玉石的空间里，能够涵养身心，感到心灵的宁静；

（3）观赏性：玉石是自然界具有晶润光泽、柔和色彩，且温润细腻、天然通透的特殊矿石。通过电脑分析和数控设备高精度的加工，玉石的纹理图案可进行完美拼接，形成的画面更壮观。 天然玉石有着天然、原真、尊贵的特点，是东方文化的传承，代表了儒家文化的精髓，也是文化、财富与品位的象征；

（4）多样性：玉石是天然大体量的矿料，可以直接加工成直板，也可以加工成各种造型，比如线条、栏杆、柱子，甚至精美的工艺品等，一体化的装修效果更加精彩；

（5）通透性：玉石具有良好的透光性能，有多种透光应用形式。现代高精度切削工艺，可以将玉石切成极薄的薄片，令玉石在灯光作用下具备特殊的通透感。

产品工艺及分类 | TECHNIC & CATEGORY

玉石在中国具有特殊的审美价值和丰富的文化内涵，作为建筑材料和室内装饰利用的玉石，纹理丰富、色泽典雅，效果十分亮眼。玉石品类有上千种，但命名和归类没有统一，一般分为全透明、半透、点透，下边列举部分常见的玉石类型：

（1）黄色烟玉：烟玉大板如青烟优雅、如白云依依，相依相随，如舞女腰际轻纱，妖娆袭人，如流水潺潺，清澈如玉。

（2）竹节玉：竹节玉呈淡绿色，质地细腻，纹理清晰，它的装饰使整个空间生气盎然，充满大自然气息。

（3）绿玉：绿玉石呈青绿色，是自然界比较稀少的品种；质地细腻圆润，纹理温婉，透光效果好。

（4）英伦玉：纹理纹路、带状条纹，风格另类。独特的玉脉纹路犹如王者的思绪，清晰、层次分明，深沉却又充满变幻。

（5）红龙玉：特色的纹理使其有着广泛的使用空间，利用天然的色泽和纹路来拼接、追纹等，可产生别样的视觉体验。

（6）玉凤凰：色彩绚烂，或白或红，若云霞漫天，或橙或黄，似苍穹盖顶；风云起兮，气象万千，道尽世间万象，以究天人。

青色玉石

玉石电视背景墙

玉石拼花地板

玉石马赛克

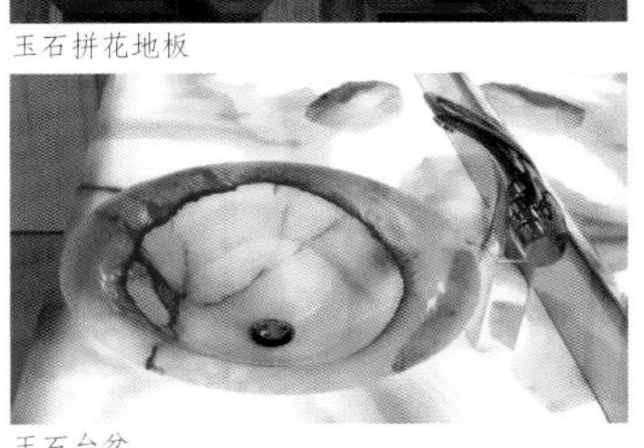

玉石台盆

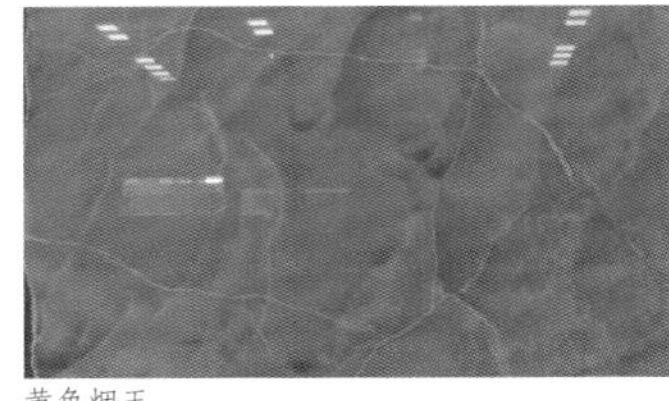

黄色烟玉

英伦玉

玉凤凰

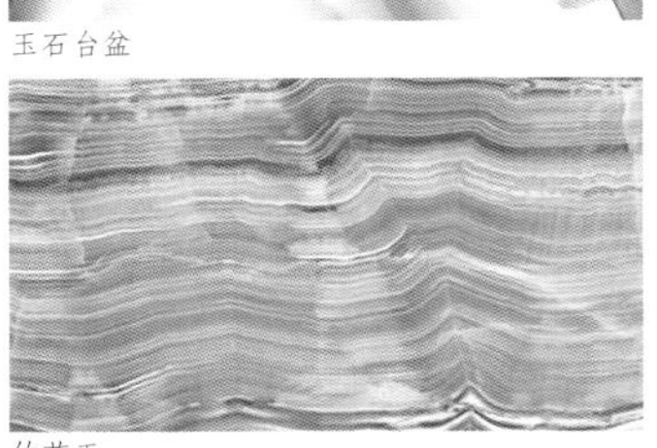

竹节玉

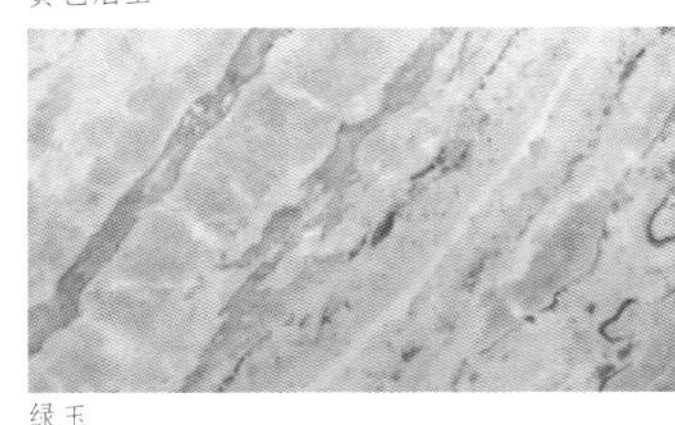

绿玉

常用参数 | COMMON PARAMETERS

密度：2.65~2.85g/m^3；
放射性：3~5R；
折射率：1.54。

（以上数据为市场部分厂家产品参数，不同厂家各有差别，仅供参考）

价格区间 | PRICE RANGE

1 000 元 /m^2 以上

玉石价格偏贵，价格跨度较大，根据品牌、工艺、材质花色等的不同，价格也会有所不同。玉石因出厂地及出材率的不同，对价格也有较大的影响。

（以上价格仅为市场普通中端产品价格，材料价格会因不同项目、不同品牌以及订制等多方原因有较大浮动，仅供参考）

设计注意事项 | DESIGN KEY POINTS

用玉石作为装饰材料来进行设计，应考虑到其具有一定透光度的特性，在自然光与背景光的不同效果下，天然玉石能够“分饰两角”，呈现不同的空间表现力，因此被国内外设计师广泛应用于酒店、商业、豪宅、会所等相对豪华的空间。由于价格较高，因此大都是点缀，比如应用于背景墙、洗手台、吧台、造型柱等。
如果背后有灯光，再基层板上贴皱的铝箔，可以增加反射面，使灯光均匀。

品牌推荐 | BRAND RECOMMENDATION

相关厂商详细信息，请参见附录品牌索引。

施工及安装要点 | CONSTRUCTION INTRO

玉石电视背景墙的安装方法（同一般石材）：
（1）处理基层，划线定位：首先需要对背景墙面基层进行处理。处理的方法与铺贴墙面施工的处理相差不大，需保证墙面干净、无浮土、浮灰，已经找平并涂好防潮层即可。然后根据施工图纸，在墙面上划线，拉好整体水平线和垂直控制线；
（2）安装固定钢材龙骨：对于厚重的石板，需使用钢材龙骨来降低石板对墙面的影响，并提高整体的抗震性能。施工方法是根据施工图纸，在墙面钻孔埋下固定件，将龙骨连上固定件。要求龙骨安装牢固，与墙面相平整。
（3）将挂件安装到龙骨上：固定好钢材龙骨后，接下来就需要将连接石板的挂件安装到龙骨上。挂件如字母 T 的形状，将 T 形挂件接到龙骨上，上下出头，可以挂两块；最下面收口只有一块的地方，用如同 7 的形状的 45°的挂件来挂即可；
（4）安装石板：连接好连接件，接下来安装石板。具体方法是在每一块石材四个角的上下方切口，口中注入云石胶，然后把连接件的上下卡片插入切口固定；
（5）嵌缝处理：石板安装好后，板与板之间的缝隙采用粘合处理。首先清理干净夹缝内的灰尘杂质，在板边缘粘贴胶带纸以防粘胶污染石板表面，打胶后，要求胶缝光滑顺直。

处理基层，划线定位

安装石板

背景墙完成

经典案例 | APPLICATION PROJECTS

济南 Fly Lounge 电子音乐酒吧

设计：继景室内设计工作室

材料概况：弧形吧台精致的玉石台面与四周富有肌理的水泥墙面形成对比。

北京 PRINCIPLE M 展厅

设计：木答答木（北京）建筑设计咨询有限公司

材料概况：白色环境中的完整玉石板材创造视觉焦点。

上海绿地海珀玉晖售楼处

设计：集艾室内设计

材料概况：玉石门把手的应用。

华发·中城荟武汉营销中心

设计：深圳市朗联设计顾问有限公司

材料概况：在空间的立面处理上，白玉石墙面细腻的水波纹肌理，与高处墙面横向变化线条形成的“涟漪”纹理相呼应，有如湖面投进了几颗石子。

人造石 | Artificial Stone

材料简介 | INTRODUCTION

通常将人造石实体面材、人造石石英石、人造石岗石等称为人造石。人造石类型不同，其成分也不尽相同；成分主要是树脂、铝粉、颜料和固化剂，是应用高分子的实用建筑材料，其制造过程是一种化学材料反应过程发展，人造石是随着人类社会科学技术的进步而产生并且还不断的实用科学材料。人造石主要应用于建筑装饰行业，它是一种新型环保复合材料。相比天然石材、陶瓷等传统建材，人造石不但功能多样，颜色丰富，应用范围也更加广泛。

材料性能及特征 | PERFORMANCE & CHARACTER

人造石材兼备大理石的天然质感和坚固质地，以及陶瓷的光洁细腻，还具有易加工性和图案的丰富性，作为可再生材料可以在有限空间内发挥无尽的创意，作为新一代装饰材料产品，人造石材方方面面表现出众，无毒性、放射性，阻燃、不粘油、不渗污、抗菌防霉、耐磨、耐冲击、易保养、无缝拼接、造型百变。其特点如下：

（1）色彩丰富，图案丰富、有纯色的，如白色、黄色、黑色、红色等、还有麻色，即在净色板的基础上添加不同颜色与不同大小的颗粒。种类繁多，选择余地特别大；

（2）人造石的材料经过筛选，不含放射性物质，无放射性污染；

（3）硬度、韧性适中；耐冲击性比天然石材好；

（4）加工制作方便。人造石的硬度和韧性已调整到一定范围，可以像硬木一样加工，凡是木工用的工具和机械设备都可以用于人造石材的制作加工，可粘接（利用专用胶水，各种台面粘结后打磨抛光均可“天衣无缝”），可弯曲，可加工成各种形状，这是天然石材无法比拟的；

（5）结构致密，清洁卫生。人造石材结构致密，无微孔，液体物质不能渗入，细菌不能在其中生长，故有些商家把人造石又称为“抗菌石”也有其道理。

产品工艺及分类 | TECHNIC & CATEGORY

人造石是高分子材料聚合体，通常是以不饱和树脂和氢氧化铝填充料为主材，经搅拌、浅注、加温、聚合等工艺成型的高分子实心板，一般称为树脂板人造石。以甲基丙烯酸甲酯 (MMA) 为主材的人造石，又称亚克力石。MMA、树脂混合体人造石，是介于上述二种人造石之间的实用型人造石。

按照所用粘结剂不同，可分为有机类人造石材和无机类人造石材两类。

按其生产工艺过程的不同，可分为聚酯型人造大理石和复合型人造大理石、硅酸盐型人造大理石、烧结型人造大理石四种类型。四种人造石质装饰材料中，以聚酯型最常用，其物理、化学性能亦最好。

按品名分亚克力石、合成石、微晶石、水磨石等

（1）亚克力石：一种化学树脂合成材料，清洁，多用于厨房台面，易成型，防水性好，无色差。

（2）合成石：采取大理石粉末跟树脂加工而成，质地坚挺。

（3）微晶石：主要成分相似于玻璃制品，名义光洁，颜色壮丽，质地坚硬，主要用于铺设地面，但质地坚硬不易于再加工，价格较高。

（4）水磨石：是将碎石、玻璃、石英石等骨料拌入水泥粘结料制成混凝制品后经表面研磨 、抛光的制品。

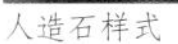

人造石样式

亚克力人造石厨房台面

合成石背景墙

水磨石铺装

人造石彩色水槽

人造石浴室

可丽耐茶几

可丽耐工作台

常用参数 | COMMON PARAMETERS

吸水率：≤ 0.5%；冲击韧性：≥ 4kJ/m²；阻燃性：氧指数≥ 35；
弯曲强度：≥ 50MPa；弯曲弹性模量：≥ 6 500MPa；
抗压强度：≥ 170MPa；巴氏硬度：≥ 50；
耐污染值总和：≤ 64；最大污迹深度：≤ 0.12mm；
放射性：IRa ≤ 1.0，Iγ ≤ 1.3。

（以上数据为市场部分厂家产品参数，不同厂家各有差别，仅供参考）

价格区间 | PRICE RANGE

300~1 500 元 /m²

不同类型人造石的价格不一样，按价格从高到低排序人造石材质分别是：亚克力石、铝粉人造石（透光石）、石英石、钙粉人造石、岗石，不同的材质决定了最终成品的价格。人造石台面的价格通长按米计算。

（以上价格仅为市场普通中端产品价格，材料价格会因不同项目、不同品牌以及订制等多方原因有较大浮动，仅供参考）

设计注意事项 | DESIGN KEY POINTS

人造石耐酸碱性优异，易清洁打理，无缝隙，细菌无处藏身，被广泛应用于台面、地面和异形空间。不易碎、易保养、使用一段时间后可以抛光处理，保持亮丽如新。在各类商业与娱乐场所，若选用人造石，使设计效果变化无穷。
注意人造石用作地面和台面对其内在成分的要求不一样。
人造石作为地面使用时，应注意防污处理及表面防护，选择产品或施工不当会开裂，起拱，被污染。
人造石英石适合做台面，因其材质变形概率大，尽可能选用真空压制荒料加工工艺，比相对大板压制的板材控制性更好。弧形设计时，尽量采用树脂含量高的人造石。

品牌推荐 | BRAND RECOMMENDATION

相关厂商详细信息，请参见附录品牌索引：
地面：荣冠、罗马岗石、格利莱
台面：杜邦、三星

（以上推荐仅为市场少数优秀品牌，供设计师参考学习。同一品牌实际可能涉及多种产品，更多详细内容可登录随书小程序）

施工及安装要点 | CONSTRUCTION INTRO

施工前注意事项：
（1）人造石应避免滚摔、碰撞造成板材暗裂或损伤。室外堆放时，应盖上防水布以防雨、雪淋湿；
（2）施工前一定要重视基面处理，必须保证基面（先行打底的水泥砂浆）结实、平整、无空鼓，清洁干净、无油污、脱膜剂、浮尘和松散物等污渍，无结构裂缝和收缩裂缝；
（3）保证基面在人造石材安装前已经完全固化。

人造石地板铺贴：
（1）先将地面基面用清水淋湿，待表面无阴干后方可作粘结剂施工；
（2）确认基面无明水，批刮专用人造石胶粘剂（条形状 / 满批刮）厚度 3mm 以上，石材背面同样做法，厚度为 2~3mm，然后粘贴石材；
（3）在规定时间内（按胶粘剂产品使用说明要求）贴完石材，铺上石材后，用木槌轻轻敲打，使新贴人造石能完全与胶粘剂紧密贴合；
（4）校正水平与邻板之间的接缝，注意石材之间按设计要求预留缝；
（5）粘贴好的石材 3d 后（可根据专用人造石胶粘剂的使用说明）方可进行清缝、填缝处理，收缝时应使用专用人造石材填缝剂；
（6）填缝处理后清洁附在板材表面的填缝料及污物（不能用含酸碱性清洁剂，建议采用专用人造石清洁剂）。
注意事项：大面积铺装时，应于适当间隔 8~10m 处设 5~8mm 伸缩缝。

人造石台面加工：
（1）开料：根据图纸尺寸开料，一般小型工厂用小的手提切割锯，比较大的工厂用桥式切割机或卧式切割机，注意不能在拐角处开料；
（2）修边：修理整齐毛边；
（3）粘接：调好专用胶水，加入适量固化剂搅拌均匀。用夹具夹紧材料，注意夹具的力向后，进行粘结；
（4）打磨：人造石台面虽然不想玉石那样需要高度专业和精细的打磨，但它也需要进一步的加工。粘接成型的台面用角磨机大体的修整好后就可以打磨抛光了。打磨抛光的方法很多，但要注意一个规律，打磨要一层一层进行，打磨好后就可以抛光了，抛光前先上蜡，再用羊毛抛光棉进行抛光；
（5）安装：人造石台面的安装有很多种，因为它的用途不同，可以用来做厨房橱柜台面，飘窗台面，甚至是卫生间的一些台面。一般的步骤如下：①调整柜体平整度；②放垫板；③放做好的台面；④粘接（注意：在现场粘接面很容易做不牢，所以要在粘接处进行加固）；⑤打磨抛光；⑥打扫现场。

开料

打胶

填补伸缩缝

打磨抛光

Eckenberg Academy 学院公共中心

设计：Ecker Architekten

材料概况：大面积白色人造石地板，以亮色家具与背景墙点缀，让空间优雅庄重又不失活力。

上海 21Cake 复兴 SOHO 店

设计：非常建筑

材料概况：店内采用对比鲜明的两种主要材质来营造视觉反差，白色人造石表现出空间的简洁精致，配搭的软木带来温暖气氛及经典格调。

TaiKoo Hui Sustainable Toilet

设计：Ida&Billy Architects

材料概况：地台为深灰色水磨石，包含以原有地台砖打碎成的银灰颗粒，体现循环利用的概念。洗手台为白色人造石，与 LED 灯带、镜面、曲面天花连成一整体，树形造型呼应其收集回收洗手水的环保概念。

川菜老店

设计：成都蜂鸟设计顾问有限公司

材料概况：朴素的人造石塑造简简单单的川菜馆。

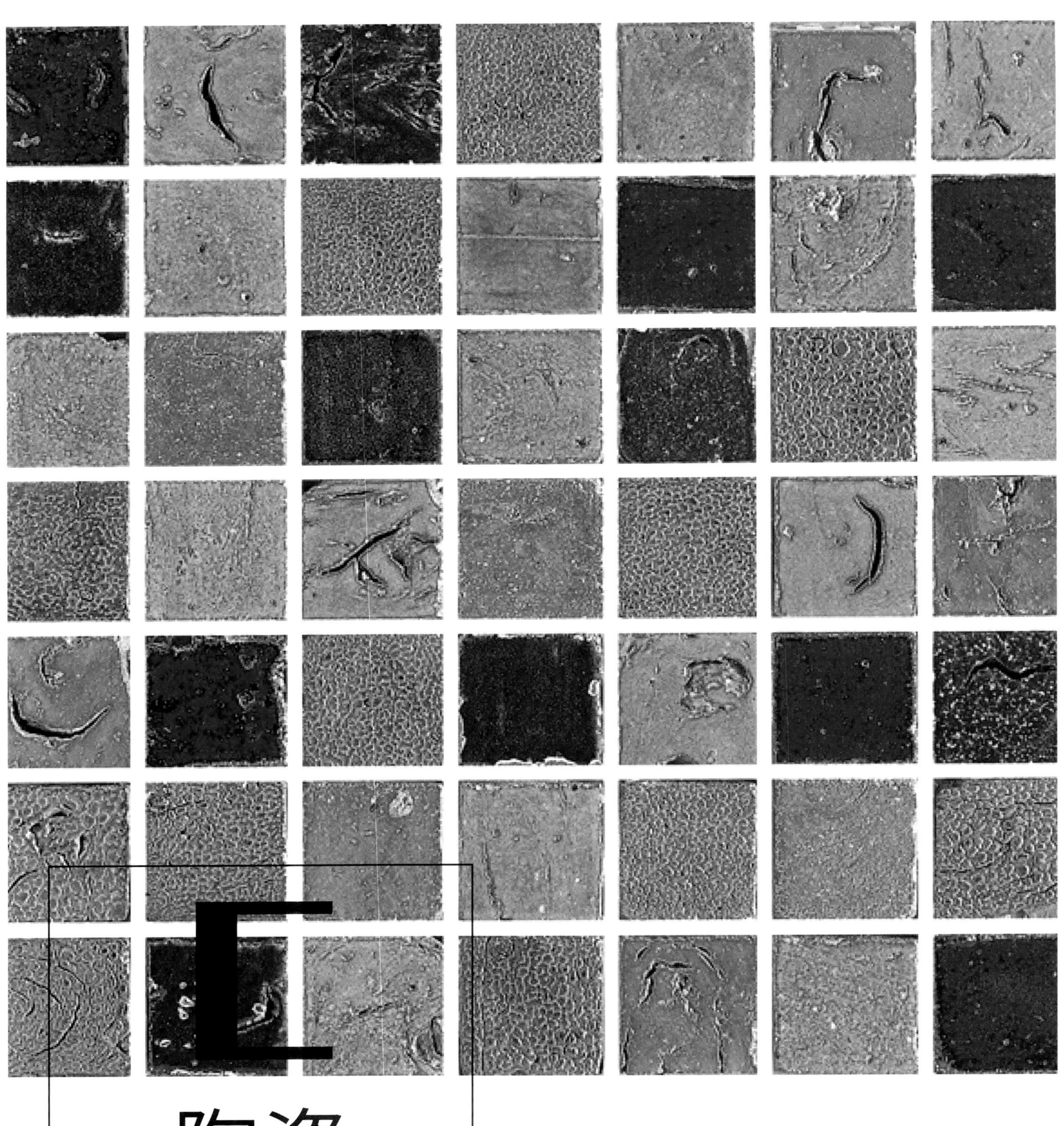

陶瓷

CERAMIC

近年来，中国陶瓷行业技术水平明显提升，大型高效节能窑炉、抛光砖和大规格建筑陶瓷薄板生产技术达到世界先进水平。随着近代科学技术的发展，近百年来又出现了许多新的陶瓷品种。它们不再使用或很少使用黏土、长石、石英等传统陶瓷原料，而是使用其他特殊原料，甚至扩大到非硅酸盐和非氧化物的范围，并且出现了许多新的工艺。美国和欧洲一些国家的文献已将“Ceramic”一词作为为各种无机非金属固体材料的通称，因此陶瓷的含义实际上已远远超越过去狭窄的传统观念了。目前，国内建筑中所用到的的陶瓷产品按用途分为内墙砖、外墙砖和地砖；按材质分为瓷质砖、半瓷质砖和陶瓷砖；按成型方法分为干压法、可塑法和注浆法。

陶瓷行业应用在装饰市场中最多的产品就是墙地砖。随着行业技术水平的发展以及充分竞争，呈现出“大市场，小企业”的竞争格局，导致产品集中度较低。在装饰行业中墙地砖作为最为基础的装饰材料之一，不仅应用在各类公共建筑项目上，另一块更大的市场是住宅产业。在传统的墙地砖领域里，一些有品牌有实力的企业一方面在技术上不断突破，比如在产品的致密度、耐磨度、抗污性以及表面处理工艺等技术指标上，另一方面在通过新的概念不断突破客户的认知，来达到市场的竞争领先地位。除了在传统的产品技术方面的竞争，市场在以下三个方面也有很多的创新。第一种是把瓷砖板面做大，市场上俗称陶瓷薄板。目前最大长度可以达到3 600mm，远远突破了传统瓷砖的尺寸，在一些特定的装修标准高的空间已开始广泛使用。第二种是把尺寸做小，或者把原来是整体浇筑的板块通过工厂预制切小，比如马赛克和水磨石地砖。这种材料深受设计师喜爱，因为可以图形订制或通过拼砖方式的不同，创造出完全不一样的视觉效果。第三种是完全靠独特的图案或肌理质感取胜，比如一些手工砖、花砖、水泥砖等。室内设计有更多类型的项目，设计师需要独特的陶瓷订制产品进行创新，以打造出与众不同的空间体验。

马赛克

图片来源：THE NEW TOP

手工砖

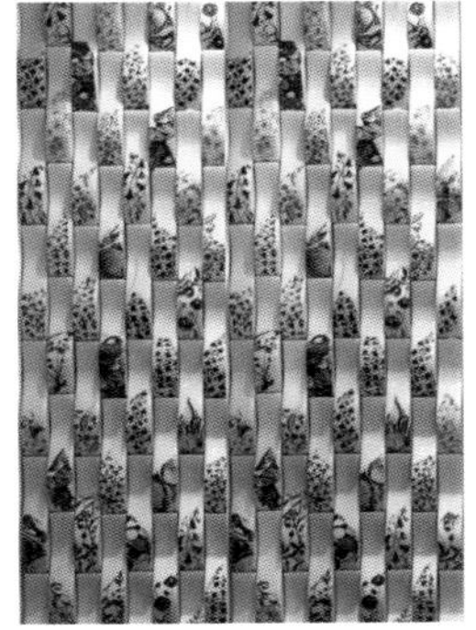

图片来源：特美特

陶瓷薄板

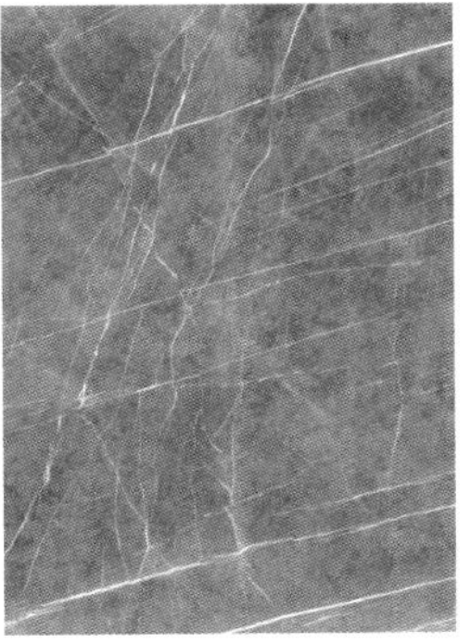

图片来源：TECHSIZE

抛光砖 / 玻化砖 | Polished Tile / Vitrified Tile

材料简介 | INTRODUCTION

抛光砖被称为地砖之王，是通体砖坯体的表面经过打磨而成的一种光亮的砖，属通体砖的一种。相对通体砖而言，抛光砖表面要光洁得多。但是，抛光砖具有一个缺点：易脏。由于抛光砖表面存在着微细气孔（4%~5% 的闭口气孔），这些微细气孔将暴露于瓷砖表面，形成开口气孔，使得抛光砖在使用时易被污染物（如墨水、油漆、茶水、水泥、橡胶等）所污染。

玻化砖是由石英砂、泥按照一定比例烧制而成，然后经打磨抛光，表面如玻璃镜面一样光滑透亮，是所有瓷砖中最硬的一种，在吸水率、边直度、抗弯强度、耐酸碱性等方面都优于普通釉面砖及一般的大理石。大规格的玻化砖已经发展成为居室装饰的主流，广泛用于客厅、门厅等地方。

材料性能及特征 | PERFORMANCE & CHARACTER

抛光砖坚硬、耐磨、砖体薄、重量轻，无放射性元素，可控制色差，抗弯强度大，防滑，适合室内外大面积铺贴。但是抛光砖抗污能力较差，在制作时会留下凹凸气孔，这些气孔会藏污纳垢，造成表面很容易渗入污染物。所有的抛光砖都是防滑的，如果砖上有土会滑，有水反而会涩。在防滑性能上，抛光砖与哑光瓷砖是一样的。

玻化砖的出现是为了解决抛光砖出现的易脏问题，又称为全瓷砖。玻化砖与抛光砖类似，但是制作要求更高，要求压机更好，能够压制更高的密度，同时烧制的温度更高。玻化砖具有高光度、高硬度、高耐磨、吸水率低、色差少以及规格多样化和色彩丰富等优点。玻化砖规格一般较大。吸水率低于 0.5% 的抛光砖属玻化砖，高于 0.5% 就只能是抛光砖而不是玻化砖，因为吸水率低的缘故玻化砖硬度也相对较高，不容易有划痕。

（1）玻化砖表面光洁但又不需要抛光，不存在抛光气孔的问题，所以质地比抛光砖更硬、更耐磨，长久使用也不容易出现表面破损，性能稳定。

（2）玻化砖不同于一般抛光砖色彩单一、呆板、少变化，它的色彩艳丽柔和，没有显著色差，不同色彩的粉料自由融合，自然呈现丰富的色彩层次。

（3）玻化砖高温烧制后，脱离了其自然属性，历久弥新，理化性能稳定，耐腐蚀，抗污性强。

（4）玻化砖是一种强化版的抛光砖，它用高温烧制而成，不但集成了抛光砖的全部优点，而且把抛光砖的缺点也解决了，所以毫无疑问，它的价格也比抛光砖高。

产品工艺及分类 | TECHNIC & CATEGORY

抛光砖、玻化砖的主要分类有：渗花型砖、微粉砖、多管布料砖、微晶石和防静电砖等。

渗花型砖生产工艺较简单，就是在坯体表层施上一层渗花釉，大概 3~5mm 厚，然后经过两次抛光，修边，倒角，再做一遍防污处理就可以出厂了，应该注意的就是最后的这道工艺——防污处理，因为抛光砖最大的缺点就是表面很容易渗入污染物。

微粉砖是在坯体表面撒上一层更细的粉料（坯体和表层所用的原料都是一样的），表层的粉料经过球磨机再次长时间地球磨，然后将粉料用刮刀刮在坯体上，再压制一次即可。这类产品有一个优点和两个缺点，优点是表层颗粒细，直接带来的好处就是有可能吸水率低，防渗透的能力强。缺点是：其一，花色简单，所有微粉砖的纹路都是一样的，纵向规则花纹，整体铺贴后效果很单调，由于技术瓶颈，这个问题解决不了；其二，微粉砖因为是两次压制的，所以容易出现夹层开裂。

多管布料砖的生产工艺比较特殊，粉料下料的时候是由很多料管一次下料一次压制成型的。这类产品花色、纹路很自然，每片砖大体差不多但又不一样，能替代大理石。

微晶石最大的优点是不渗污，吸水率基本为零。它的厚度基本上与 3 块普通抛光砖相当，是由两层物质结合压制的产物。其弱点是不耐磨，时间一长就会被鞋上带的沙子磨花，并且因为两次压制成型，容易开裂。

防静电砖是防静电瓷砖的一种，是在防静电釉面砖（包括仿古砖）基础上改良而成，除兼具防静电釉面砖所有优点外，还具有硬度高（经 1 360℃高温烧制而成）、高耐磨、平整度高、吸水率低、不发尘和规格尺寸精度高等优点，比普通抛光砖多了防静电功能。这种砖主要是用在一些对静电敏感的场所，如电脑机房、通信机房。

渗花型砖 1

渗花型砖 2

微粉砖

多管布料砖

微晶石

防静电砖

常用参数 | COMMON PARAMETERS

抛光砖：
吸水率：＞ 0.5%；耐磨性：≤ 175mm^3；
断裂模数：≥ 35MPa；光泽度：≥ 55°。
玻化砖：
吸水率：≤ 0.5%；抗折强度：＞ 45MPa；破坏强度：平均值≥ 1 300N；
常用规格（长 × 宽 × 厚）：600mm ×600mm ×8mm、800mm ×800mm ×10mm、1 000mm ×1 000mm ×10mm、1 200mm ×1 200mm ×12mm 等。

（以上数据为市场部分厂家产品参数，不同厂家各有差别，仅供参考）

价格区间 | PRICE RANGE

100~500 元 /m^2

相对大理石、微晶石来说，抛光砖、玻化砖是普通的瓷砖。综合价格包含材料费和人工费，其中材料费是最关键的。根据品牌不同价格浮动较大。

（以上价格仅为市场普通中端产品价格，材料价格会因不同项目、不同品牌以及订制等多方原因有较大浮动，仅供参考）

设计注意事项 | DESIGN KEY POINTS

抛光砖坚硬耐磨，适合在除洗手间、厨房以外的多数室内空间中使用。在运用渗花技术的基础上，抛光砖可以做出各种仿石、仿木等效果。
用玻化砖铺贴装饰的空间具有更加高雅的品味，能将古典与现代兼容并蓄。这种高强度、高密度的大规格玻化砖，除外观上有多种多样的变化外，在建筑物外墙壁上能起到隔音、隔热的作用，比大理石轻便；其质地均匀致密、强度高、化学性能稳定，优良的物理化学性能来源于它的微观结构。
注意不同空间挑选防滑系数相匹配的产品。
注意不同等级的砖，尺寸误差有区别，用检查对角线的方式进行挑选。
尽量采用瓷砖粘接剂的方式施工。

品牌推荐 | BRAND RECOMMENDATION

相关厂商详细信息，请参见附录品牌索引：
冠军、东鹏、嘉俊、斯米克。

（以上推荐仅为市场少数优秀品牌，供设计师参考学习。同一品牌实际可能涉及多种产品，更多详细内容可登录随书小程序）

施工及安装要点 | CONSTRUCTION INTRO

工艺流程：基层处理→找标高、弹线→抹找平层砂浆→弹铺砖控制线→铺砖→勾缝、擦缝→养护。
（1）弹铺砖控制线：预先根据设计要求和砖板块规格尺寸，确定板块铺贴的缝隙宽度，当设计无规定时，紧密铺贴缝隙宽度不宜大于 1mm，伸缩缝铺贴缝隙宽度宜为 10mm。
（2）铺砖：为了找好位置和标高，应从门口开始，纵向先铺 2~3 行砖，以此为标筋拉纵横水平标高线，铺贴时应从里向外退着操作，人不得踏在刚铺好的砖上，每块砖应跟线。铺完 2~3 行，应随时拉线检查缝格的平直度，如超出规定应立即修整，将缝拨直，并用橡皮锤拍实。此项工作应在结合层凝结之前完成。
（3）勾缝、擦缝：面层铺贴后应在 24h 内进行勾缝、擦缝工作，并应采用同品种、同标号、同颜色的水泥。
勾缝：用 1:1 水泥细砂浆勾缝，缝内深度宜为砖厚的 1/3，要求缝内砂浆密实、平整、光滑。随缝随将剩余水泥砂浆清走、擦净。
擦缝：如设计要求不留缝隙或缝隙很小时，则要求接缝平直，在铺实修整好的砖面层上用浆壶往缝内浇水泥浆，然后用干水泥撒在缝上，再用棉纱团擦揉，将缝隙擦满。最后将面层上的水泥浆擦干净。

刷水泥素浆

砂浆摊开铺平

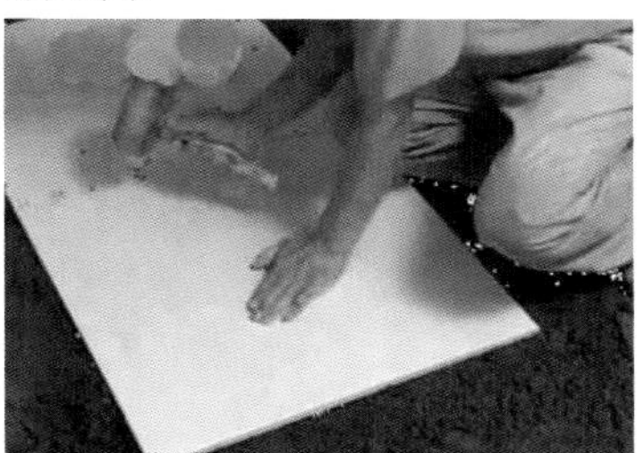
用橡皮锤敲打结实

撒上砂浆补充填实

第二次把瓷砖铺上

检查砂浆是否已经饱满水平

用橡皮锤敲打直到完全水平

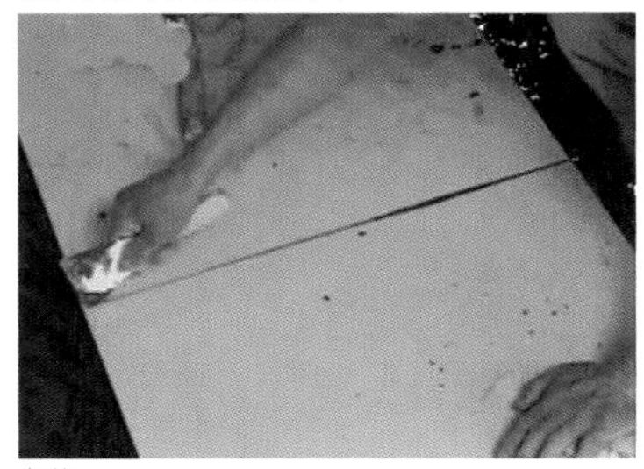
勾缝

OVO 办公室

设计：I-V

材料概况：设计师抽象了摩洛哥的传统建筑风格，提取了其中简洁的几何形态并利用了抛光砖等简洁的材料，将传统风格的本质升华转变为超现代主义风格。

Redeveloper Apartment

设计：Kariouk Associates

材料概况：这个迷人的白色空间中，地面是白色玻化砖，天花和墙面是白色漆，家具也为白色。这里就是喧嚣之地中的迷人净土。

Basic Coffee

设计：谜舍设计工作室

材料概况：Basic Coffee，意在做一个纯粹简单、更接近于咖啡本质的咖啡厅。基于这样的定位，设计师试图通过设计的语言去探索场所空间的本质，以最自然最轻盈的姿态去呈现这个咖啡厅，例如运用简单的白色抛光砖。

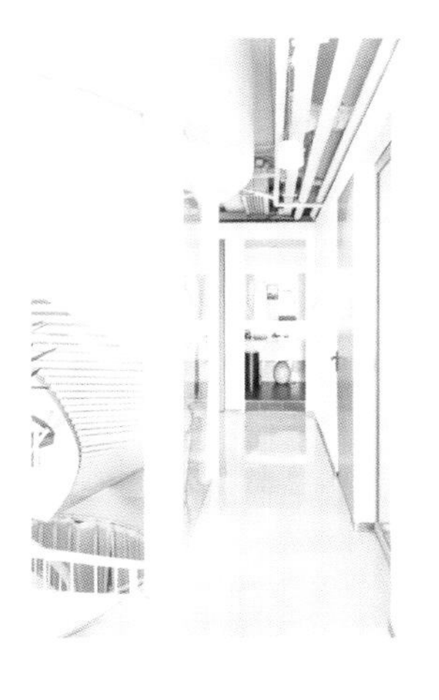

深圳合正丹郡销售中心

设计：台湾大易国际设计

材料概况：借助玻化砖等材料本身就能言语的特性，搭配需要的灯光，空间表现效果就会油然而生，制造出符合客户品味的气氛。

釉面砖 | Glazed Tile

材料简介 | INTRODUCTION

釉面砖就是砖的表面经过烧釉处理的砖。砖的主体分陶土和瓷土两种，陶土烧制出来的背面呈红色，瓷土烧制的背面呈灰白色。釉面砖表面可以做各种图案和花纹，比抛光砖色彩和图案丰富，因为表面是釉料，所以耐磨性不如抛光砖。

材料性能及特征 | PERFORMANCE & CHARACTER

釉面砖的特点、优缺点都非常明显：

（1）釉面砖的色彩图案丰富、规格多、清洁方便、选择空间大，适用于厨房和卫浴间。

（2）釉面砖的表面强度大，可作为墙面和地面两用。相对于玻化砖，釉面砖最大的优点是防渗，不怕脏，且大部分釉面砖的防滑度都非常好。虽然釉面砖的耐磨性比玻化砖稍差，但合格的产品其耐磨度能够满足家庭和一般公共空间使用的需要。

（3）釉面砖可以无缝拼接，任意造型，韧度非常好，基本上不会发生断裂等现象。

（4）釉面砖拥有耐急冷急热的特性，即温度急剧变化时不会出现裂纹。

（5）釉面砖也有缺点，例如表面是釉料，所以耐磨性不如抛光砖。在烧制过程中经常能看到有针孔、裂纹、弯曲、色差，釉面有水波纹、斑点等。

产品工艺及分类 | TECHNIC & CATEGORY

釉面砖常用半干压法成型，可分为生坯施釉一次烧成法和坯体素烧后施釉入窑釉烧的二次烧成法。前者要求高，质量常不及后者。

按组成可分为：硅灰石质、叶蜡石质、瓷石质、石灰石质及长石质等。

按原材料可分为陶制釉面砖和瓷制釉面砖。陶制釉面砖，即由陶土烧制而成，吸水率较高，强度相对较低，其主要特征是背面颜色为红色。瓷制釉面砖，即由瓷土烧制而成，吸水率较低，强度相对较高，其主要特征是背面颜色是灰白色。要注意的是，也有一些陶制釉面砖的吸水率和强度比瓷制釉面砖好。

按表面光泽可以分为亮光釉面砖和哑光釉面砖。亮光釉面砖适合于制造“干净”的效果。亮光釉面砖砖体的釉面光洁干净，光的反射性良好，比较适合于铺贴在厨房的墙面。哑光釉面砖适合于制造“时尚”的效果，砖体表面光洁度差，对光的反射效果差，但是给人的感觉比较柔和舒适。

根据使用场所可以分为釉面墙砖和釉面地砖。釉面墙砖用于墙面装饰，适用于建筑物内部墙面的保护及装饰。釉面地砖主要用于厨房和卫浴间的地面，吸水率在抛光砖与瓷片之间。

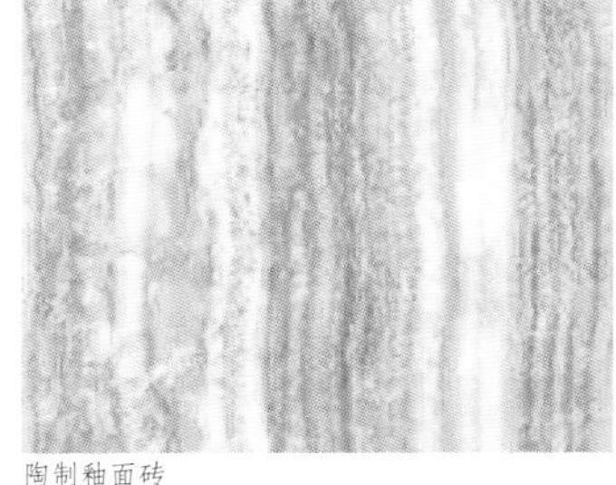

陶制釉面砖

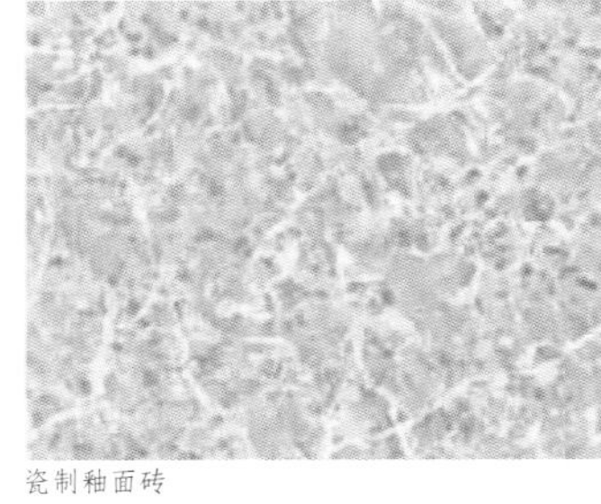

瓷制釉面砖

亮光釉面砖

哑光釉面砖

釉面墙砖

釉面地砖

常用参数 | COMMON PARAMETERS

正方形釉面砖有 100mm×100mm、152mm×152mm、200mm×200mm，长方形釉面砖有 152mm×200mm、200mm×300mm、250mm×330mm、300mm×450mm 、300mm×600mm 等规格，常用的釉面砖厚度为 5~8mm。

吸水率：10%~22%；

白度：≥ 78%；

耐急冷急热：±130℃。

（以上数据为市场部分厂家产品参数，不同厂家各有差别，仅供参考）

价格区间 | PRICE RANGE

100~500 元 /m²

釉面砖价格一直持续发力，稳稳占据瓷砖销售排行榜的前列，高科技釉面砖的价格甚至达到 1 000 元 /m²。

（以上价格仅为市场普通中端产品价格，材料价格会因不同项目、不同品牌以及订制等多方原因有较大浮动，仅供参考）

设计注意事项 | DESIGN KEY POINTS

釉面砖一般用于厨房和卫生间及商业空间，色彩、图案丰富，同时还防滑。釉面砖尺寸一般不是很大，但是可以很小，比如小到马赛克大小。

釉面砖适用范围：适用于室内装修的各种场所，以墙面最佳。厨房应尽量使用亮光砖，不宜用哑光砖。

应根据实际空间的尺寸挑选相对应的釉面砖模数尺寸。

人流量大的公共空间尽量不要采用白色填缝剂勾缝，否则不易保养。

品牌推荐 | BRAND RECOMMENDATION

相关厂商详细信息，请参见附录品牌索引：

冠军、东鹏、嘉俊、斯米克。

（以上推荐仅为市场少数优秀品牌，供设计师参考学习。同一品牌实际可能涉及多种产品，更多详细内容可登录随书小程序）

施工及安装要点 | CONSTRUCTION INTRO

（1）基层处理

将尘土、杂物彻底清扫干净，不得有空鼓、开裂及起砂等缺陷。平整度会在根本上决定瓷砖铺贴的好坏。

（2）找平

首先清除表面污垢，以及凹凸不平的地方，然后用水泥沙浆（比例 1:3~1:4）混合找平（找平厚度为 7~12mm），找平层完全干爽后再铺贴。当基层为混凝土墙面时，应先刷一道 108 胶水浆作为结合层，2 天后再抹底灰，底灰层要求表面平整，竖面垂直。

（3）弹线

根据设计要求，确定排砖方案，在干爽的找平层上弹出瓷片位置及砖缝位置线。

（4）铺贴

预排一般从阳角开始，把非整块的砖排在次要部位，或墙阴角处，用废瓷砖抹水泥混合砂浆作标志块，标志块间距 1~1.6m，用托线板、靠尺等挂直，控制表面平整度。找平层上喷洒足够的水，将浸水的瓷片在水中取出，抹干水渍，在砖背面均匀抹上 1：3 左右的水泥砂浆，砂浆厚度 5~6mm 为宜，铺贴大规格瓷片适当加厚，随即将砖贴上，用木槌或胶锤轻轻拍牢平整，避免空鼓，并随时用直尺或水平尺找平。铺贴时也可用水泥：108 胶水：水 =100：5：26 的纯水泥增加结合黏度。

注：混合水泥砂浆标号过高，则后期应力会使釉面砖的釉面产生破裂，造成施工事故。

（5）修整：贴完一定面积后，用水泥砂浆（白水泥浆 / 石膏浆等）在砖缝上填补刮平，最后还应清除砖面污垢，加强养护。

基层处理

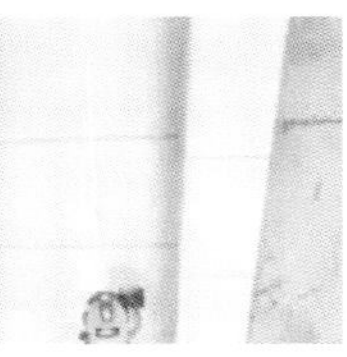

弹线

预铺

铺贴

勾缝

随干随清

Penleigh and Essendon 文法学校

设计：Mcbride Charles Ryan

材料概况：外立面的材料均为釉面砖，这些砖砌成的图像强化了建筑的形体和体量，让建筑更有深度，富于永恒感，令人过目难忘。

荷兰博物馆区

设计：Bierman Henket Architecten

材料概况：现代的体量与釉面砖外墙在角落里熠熠生辉，引人注目。内部与外部一样使用了绿色釉面砖，玻璃幕墙联系室内外景色。

消失的走廊

设计：Bean Buro Team

材料概况：柔和的色调以白色釉面砖为主调，使房间充满宁静和舒适的感觉。

大小咖啡馆

设计：Office AIO

材料概况：白色釉面砖呼应出的是干净整洁的小咖啡馆。

通体砖 | Full-Body Tile

材料简介 | INTRODUCTION

通体砖，是将岩石碎屑经过高压压制而成，表面抛光后坚硬度可与石材相比，吸水率更低，耐磨性好。通体砖的表面不上釉，而且正面和反面的材质和色泽一致，因此得名。虽然现在还有渗花通体砖等品种，但相对来说，其花色比不上釉面砖。由于目前的室内设计越来越倾向于素色设计，所以通体砖也越来越成为一种时尚，被广泛使用于室内外广场、走道等公共区域，多数的防滑砖都属于通体砖。

材料性能及特征 | PERFORMANCE & CHARACTER

通体砖属于耐磨砖，又叫无釉砖，正面和反面的材质和色泽一致。由于表面较粗糙，所以耐磨性、防滑性是所有瓷砖中最好的。通体砖装饰效果古香古色、高雅别致、纯朴自然，同时由于其表面粗糙，光线照射后产生漫反射，反光柔和不刺眼、对周边环境不会造成光污染。

（1）通体砖其表面特色就是稍粗糙了一点，正因为如此，使得通体砖具有很好的防滑性和耐磨性。不过它也有一个缺点就是易脏，其表面的气孔很容易藏污纳垢。如果制作工艺中，粉末非常细腻，烧制温度更高，那么表面在烧制过程中就会出现玻化现象，成品就基本没有毛细孔，基本不会吸污渍，不会出现渗色现象。

（2）通体砖颜色较多，色彩效果缤纷呈现，可供设计师选择的余地也较多，且不会出现脱釉的情况，属于质量比较好的材料，密度相对而言也是比较高的。不过尽管颜色比较丰富，但论其花色还是比较单一的，纹路基本一致，属于纵向规则花纹。

（3）天然石材因为强度低，所以加工厚度较大、笨重，会增加建筑物楼层的荷重，形成潜在威胁，导致成本上升，而通体砖的砖体较薄，重量轻，便于运输、铺贴。

（4）通体砖由于表面不上釉，因此其装饰效果不如釉面砖。

产品工艺及分类 | TECHNIC & CATEGORY

通体砖的意思就是，上下一体都是一个材质的，也叫同质砖。

通体砖是用石头磨成粉末状，然后高温高压烧制而成，粉末的细腻度关系到砖的质量，压制的密度和烧制的温度也会影响砖的质量。

正面和反面同一颜色同一花色烧制后的砖如果表面没有经过处理，有意加工得毛糙，那就是通体防滑砖。

有些砖在粉末中不加色粉，在表面施加釉，那就是通体釉面砖。

如果烧制后经过表面抛光，那就是抛光釉面砖，也叫抛光砖。抛光砖表面不会施加釉面。

如果制作工艺中，粉末非常细腻，烧制温度更高，表面在烧制过程中就会出现玻化现象，那么就叫玻化通体砖。

通体砖有多种分类：

根据通体砖的原料配比，一般分为纯色通体砖、混色通体砖、颗粒布料通体砖；

根据面状分为平面、波纹面、劈开砖面、石纹面等；

根据成型方法分为挤出成型和干压成型等；

常见的通体砖产品有耐磨砖、抛光砖、仿古砖、广场砖、超市砖、外墙砖等。

混色通体砖

颗粒布料通体砖

平面通体砖

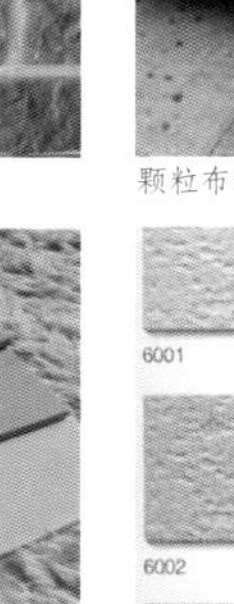

波纹面通体砖

劈开砖面通体砖

石纹面通体砖

常用参数 | COMMON PARAMETERS

吸水率：≤ 0.5%；
厚度≥ 7.5mm 时，破坏强度平均值≥ 1 300N；
厚度 <7.5mm 时，破坏强度平均值≥ 700N；
断裂模数≥ 35MPa。

（以上数据为市场部分厂家产品参数，不同厂家各有差别，仅供参考）

价格区间 | PRICE RANGE

50~200 元 /m²

根据品牌不同，通体砖的价格有浮动。经过玻化、抛光的通体砖，则价格更高。

（以上价格仅为市场普通中端产品价格，材料价格会因不同项目、不同品牌以及订制等多方原因有较大浮动，仅供参考）

设计注意事项 | DESIGN KEY POINTS

通体砖加强了材质、面状和花色开发，但相较釉面砖灵活多变的花色而言，花样、图案还是少一些。通体砖属于复古风格，设计倾向于素色，被广泛使用于室内的大厅、过道、墙面和室外的外墙、走道、广场等区域的装修；多数的耐磨砖都属于通体砖。耐磨砖在厨房里用得比较多，既经济又实用。

应根据实际空间的尺寸挑选相对应的通体砖模数尺寸。

人流量大的公共空间尽量不要采用白色填缝剂勾缝，否则不易保养。

品牌推荐 | BRAND RECOMMENDATION

相关厂商详细信息，请参见附录品牌索引：
冠军、东鹏、嘉俊、斯米克。

（以上推荐仅为市场少数优秀品牌，供设计师参考学习。同一品牌实际可能涉及多种产品，更多详细内容可登录随书小程序）

施工及安装要点 | CONSTRUCTION INTRO

通体砖湿铺法施工工艺流程：基层处理→吊垂直、套方、找矩形、贴灰饼→堵穿墙洞→抹底层砂浆→修补墙面箱、槽孔洞→抹面层砂浆→抹室外阳角→养护→保温施工→外墙通体砖施工准备→通体砖放线、排版→粘贴砂浆调制→贴外墙通体砖→勾缝→外墙清理。

（1）将砖用干净水浸泡约 15min，捞起待表面无水再进行施工。

（2）基层表面的浮土和砂浆应清理干净，有油污时，应用 10% 火碱水刷净，并用压力水冲洗干净。

（3）相连通的房间规格相同的砖应对缝，确实不能对缝的要用过门石隔开。

（4）图纸设计阶段应考虑各房间、走廊等部位设计尺寸符合地砖模数，铺设前应进行预排，非整砖块材不得小于 1/2。有防水要求的地面，应确认找平层已排水放坡，不积水，地面及给水排水管道预埋套管处按设计要求做好防水处理。

（5）板材铺贴前，应对地面基层进行湿润，刷水灰比为 1：0.5 的水泥素浆，随刷随铺干硬性砂浆结合层，从里往外、从大面往小面摊铺，铺好后用大杠尺刮平，再用抹子拍实找平。结合层采用干硬性砂浆（宜采用 1:3）。

（6）一个区段施工铺完后应挂通线调整砖缝，使缝口平直贯通。地砖铺完后 24h 要洒水 1~2 次，地砖铺完 2d 后将缝口和地面清理干净，用水泥浆嵌缝，然后用棉纱将地面擦干净。嵌缝砂浆终凝后，覆盖浇水养护至少 7d。

（7）待结合层的水泥砂浆强度达到设计要求后，经清洗、晾干后，方可打蜡擦亮。

（8）成品保护：切割地砖时，不得在刚铺贴好的砖面层上操作。面砖铺贴完成后应撒锯末或其他材料覆盖保护。铺贴砂浆抗压强度达到 1.2MPa 时，方可上人进行操作，但必须注意油漆、砂浆不得放在板块上，铁管等硬器不得碰坏砖面层。涂料施工时要对面层进行覆盖保护。

注意事项：

（1）踢脚线缝与地砖缝对齐。

（2）地砖与下卧层结合牢固，不得有空鼓。地砖面层表面洁净，色泽一致，接缝平整，地砖留缝的宽度和深度一致，周边顺直。地面砖无裂缝、无缺棱掉角等缺陷，套割粘贴严密、美观。阴阳角做 45°对角拼砖，切边无破损。

（3）平整度偏差≤ 2mm，缝格平直偏差≤ 3mm，接缝高低差≤ 0.5mm。

经典案例 | APPLICATION PROJECTS

德国 Haus Stein 住宅改造

设计：Jan Rösler Architekten

材料概况：Haus Stein 是由一栋谷仓改造而成的度假房，建筑清晰而又严谨的室内新功能空间被隐藏在了木门和木制遮阳板后，与粗犷的外立面形成鲜明对比。

荷兰乡村塔型住宅

设计：MONADNOCK

材料概况：内部环境活泼，展现了与外部环境的统一性。

万科高尔夫城市花园

材料概况：通体砖的运用，创造出高于生活的假日体验，演绎最讲究的生活方式。

北京一舍山居

设计：大料建筑

材料概况：建筑师在山野中建造了一个与自然对话的惬意山居，通体砖的古朴融入了这样的意境中。

微晶石 | Microlite

材料简介 | INTRODUCTION

微晶石是新型的建筑装饰材料，其中复合微晶石被称为微晶玻璃复合板材，是将一层 3~5mm 的微晶玻璃复合在陶瓷玻化石的表面，经二次烧结后完全融为一体的新型材料。其内部组织结构为玻璃相和结晶相共存，两者的比例决定了材料的理化性能和表面特性。其结构致密、晶体均匀、纹理清晰，具有坚硬、耐磨的力学特性，优良的耐酸、耐碱性能，并且具有不吸水、抗冻以及较低的热膨胀系数等独特的性能。

材料性能及特征 | PERFORMANCE & CHARACTER

微晶石将陶瓷材料的高强度和微晶玻璃华贵典雅、立体感强、色泽丰富多变的装饰美感，以及抗污耐压、永不褪色、无辐射等两种材质的双重优势复合在一起，兼备建筑陶瓷用砖的强度高、重量轻等优势：

（1）性能优良。微晶石是在与花岗岩形成条件相似的高温状态下，通过特殊的工艺烧结而成，其质地均匀，密度大、硬度高，抗压、抗弯、耐冲击等性能优于天然石材，经久耐磨，不易受损，更没有天然石材常见的细碎裂纹。

（2）质地细腻。板面光泽晶莹柔和，微晶石既有特殊的微晶结构，又有特殊的玻璃基质结构，对于入射光线能产生扩散漫反射效果，使人感觉柔美和谐。

（3）色彩丰富、应用范围广泛。微晶石的制作工艺，可以根据使用需要生产出丰富多彩的色调系列，同时，又能弥补天然石材色差大的缺陷。

（4）耐酸碱度佳，耐候性能优良。微晶石作为化学性能稳定的无机质晶化材料，又包含玻璃基质结构，其耐酸碱度、抗腐蚀性能都优于天然石材，尤其是耐候性更为突出，经受长期风吹日晒也不会褪光，更不会降低强度。

（5）卓越的抗污染性，方便清洁维护。微晶石的吸水率极低，几乎为零，多种污秽浆泥、染色溶液不易侵入渗透，依附于表面的污物也很容易清除擦净。

（6）能热弯变形，制成异性板材。微晶石可用加热方法，制成顾客所需的各种弧形、曲面板，具有工艺简单、成本低的优点，避免了弧形石材加工大量切削、研磨、耗时、耗料、浪费资源等弊端。

产品工艺及分类 | TECHNIC & CATEGORY

微晶石根据其原材料及制作工艺，可以分为三类：无孔微晶石、通体微晶石和复合微晶石。

无孔微晶石也称人造汉白玉，是一种多项理化指标均优于普通微晶石、天然石的新型高级环保石材，其最大的特点是通体无气孔、无杂斑点、光泽度高、吸水率为零、可打磨翻新，适用于外墙、内墙、地面、圆柱、洗手盆、台面等高级装修场所。

通体微晶石亦称微晶玻璃，是一种新型的高档装饰材料。它是以天然无机材料、采用特定的工艺、经高温烧结而成，具有无放射、不吸水、不腐蚀、不氧化、不褪色、无色差、不变形、强度高、光泽度高等优良特性。

复合微晶石也称微晶玻璃陶瓷复合板，复合微晶石是将微晶玻璃复合在陶瓷玻化砖表面的新型复合板材，是经二次烧结而成的高科技新产品，微晶玻璃陶瓷复合板厚度在 13~18mm。

微晶玻璃采用的原料相当部分都是化工原料，而且还要经过高温熔化、水淬、烘干、过筛、破碎等工序，才能生产出合乎要求的微晶玻璃粒料，这些步骤都使得微晶玻璃成本升高。而陶瓷板材采用的原料绝大部分都是天然原料，经球磨机细磨、喷雾干燥、成形、干燥、素烧工序制成陶瓷板材素坯，其成本相对较低。而微晶玻璃陶瓷复合板（复合微晶石）则采用 1/3 厚度（甚至更薄）、较高成本的微晶玻璃与 2/3 厚度、较低成本的陶瓷素坯复合，显而易见，与纯微晶玻璃板材相比，微晶玻璃陶瓷复合板可以大幅度降低成本，获得更多的经济效益。

无孔微晶石 1

无孔微晶石 2

通体微晶石 1

通体微晶石 2

复合微晶石 1

复合微晶石 2

常用参数 | COMMON PARAMETERS

光泽度：> 95；
硬度：> 6.0；
抗弯强度：40~60MPa。

（以上数据为市场部分厂家产品参数，不同厂家各有差别，仅供参考）

价格区间 | PRICE RANGE

200 元 /m² 以上

因为有些产品的维护保养容易出现质量问题，目前不是市场的主流选择，根据品牌不同，微晶石价格浮动较大。

（以上价格仅为市场普通中端产品价格，材料价格会因不同项目、不同品牌以及订制等多方原因有较大浮动，仅供参考）

设计注意事项 | DESIGN KEY POINTS

微晶石会在温差大、水泥标号过高、辅料不良等因素下发生崩损，因此在铺贴时必须留 3~5mm 缝隙缓冲应力。填缝剂应使用具备良好弹性的密封胶类。
微晶石表面光泽度高，容易在切割时出现划痕，在磨边、切割、开孔时应注意保护好表面。
微晶石与天然石材不同，表面如果有破损就无法进行翻新打磨。

品牌推荐 | BRAND RECOMMENDATION

相关厂商详细信息，请参见附录品牌索引：
嘉俊、博德。

（以上推荐仅为市场少数优秀品牌，供设计师参考学习。同一品牌实际可能涉及多种产品，更多详细内容可登录随书小程序）

施工及安装要点 | CONSTRUCTION INTRO

微晶石的安装，有别于传统镶贴施工方法，以安全、快捷、配合现代建筑技术为前提，一般应由专业施工队伍负责施工。
（1）外墙施工基于强度、抗震、抗风等安全考虑，应采用干挂式施工法；
（2）内墙采用拉勾紧固法，固定后于墙上加水泥砂浆补强；
（3）地板采用直接镶贴法，与一般石材施工法相似。

注意事项：
（1）在机械加工所形成的粗糙表面上，材料的强度都会降低。微晶石复合板一旦经异形切割，所切割部位强度会有些降低。在水泥砂浆铺地应用时，凡是异形加工中在复合板背面形成了“过切”锯切槽沟甚至是槽沟交叉的部位，都可能在铺贴之后的使用中产生裂痕，故需要进行如下特殊处理：直接在上述微晶石背面的凹陷槽内添实、添满石材粘结胶（俗称大力胶、大理石胶），达到补强的效果。同时还要在已填实的沟槽附近 2~3cm 的地方涂覆一薄层石材粘结胶，以达到隔离效果。待粘结胶基本凝固即可正常铺贴。
（2）产品铺贴时要留缝 2~3mm，目的是预防产品在热胀冷缩时砖与砖之间挤压造成贝壳裂，填缝时应首先清洗干净砖缝，再将砖片的四边贴好分色保护，此后用适当的填缝剂进行填缝作业。填缝剂尽量不要选用高强度仿瓷填缝剂，因为填缝剂膨胀系数比较大，升温膨胀时会产生巨大应力导致微晶层破损，故建议用水泥浆填缝。

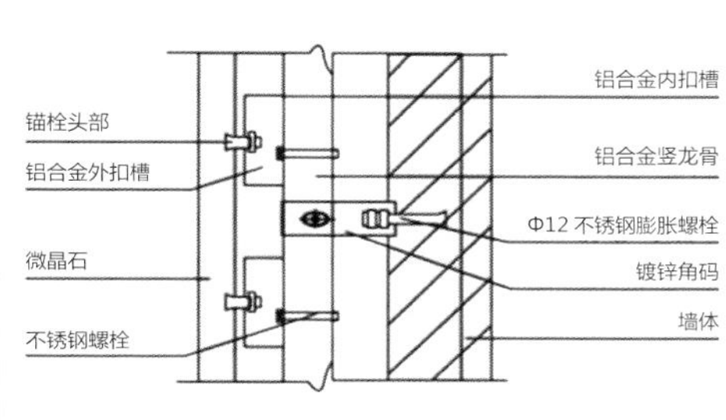

后切式栓干挂

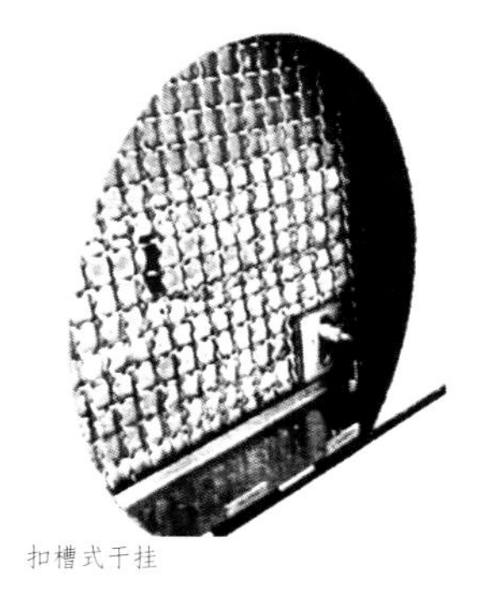
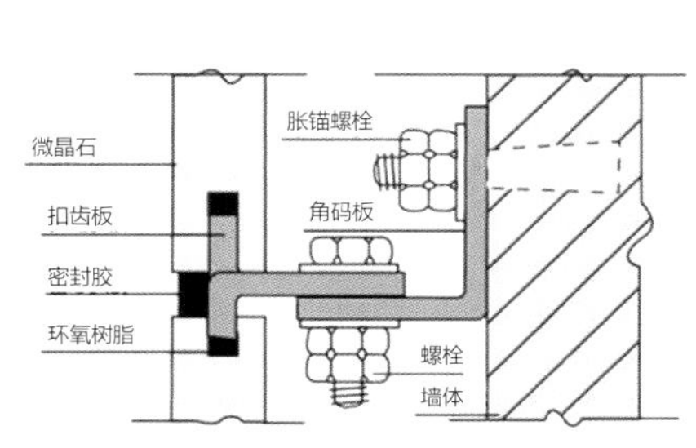

扣槽式干挂

经典案例 | APPLICATION PROJECTS

上海环贸

设计：贝诺

材料概况：微晶石的通透与反射出的晶莹柔和的光线衬托出了商业广场的潮流感。

CUPONE 北京佳程店

设计：SODA architects

材料概况：使用反射和透明的微晶石材料创造出通透的室内空间。

Balenciaga 的纽约旗舰店

设计：Ryan Korben

材料概况：展厅采用微晶石墙地面。

西美五洲大厦

材料概况：微晶石的运用倒影出办公大厦的高端与豪华。

仿古砖 | Rustic Brick

材料简介 | INTRODUCTION

仿古砖属于一种独特的瓷砖产品，与瓷片基本是相同的，唯一不同的是在烧制过程中，仿古砖仿造以往的样式做旧，实质上是上釉的瓷质砖，以古典的独特韵味吸引着人们的目光。为体现岁月的沧桑、历史的厚重，仿古砖通过样式、颜色、图案，营造出怀旧的氛围，造成历经岁月侵蚀的模样，以塑造历史感和自然感。

材料性能及特征 | PERFORMANCE & CHARACTER

仿古砖的踩踏感一般都很舒适，踩上去有踏实、温暖、放松的感觉。仿古砖既保留了陶质的质朴和厚重，又不乏瓷质的细腻润泽，它还改善了瓷砖的脚感，加上瓷砖本身花色易于搭配组合，表面易于清理的特点，愈来愈受到人们的青睐。

（1）仿古砖品种、花色较多，规格齐全，有 900mm×450mm 和 800mm×800mm，更多的是 600mm×600mm，而且还有适合厨卫等区域使用的小规格的砖，可以说是抛光砖和瓷片的合体。仿古砖有皮纹、岩石、木纹等系列，看上去与天然材料非常相近，其中很多都是通体砖，而不仅仅是在釉面上做文章。

（2）耐用性好。公共场合，人流大，使用频率高，有些抛光砖 2~3 年后就会变得暗淡，表面发黄，而用仿古砖则与刚铺贴时一样。

（3）铺贴个性化，可根据花色进行设计。

（4）仿古砖防滑，因此对于公共场合，仿古砖较为实用。

（5）仿古砖几乎是亚光的，不会造成光污染。

（6）仿古砖是瓷质釉面砖，吸水率低，抗污性好。

产品工艺及分类 | TECHNIC & CATEGORY

仿古砖通常指的是有釉装饰砖，其坯体可以是瓷质的，这是主流；也有炻瓷、细炻和炻质的；釉以亚光的为主；色调则以黄色、咖啡色、暗红色、土色、灰色、灰黑色等为主。仿古砖蕴藏的文化、历史内涵和丰富的装饰手法使其成为欧美市场的瓷砖主流产品，在国内也得到了迅速的发展。仿古砖的应用范围广，并有墙地一体化的发展趋势，其创新设计和创新技术赋予仿古砖更高的市场价值和更强的生命力。

仿古砖根据品质优劣，按照色差、硬度、吸水率、耐磨性等指标，可分为优等品和合格品。

根据施釉情况，可分为半抛釉与全抛釉。

根据文明类型，可分为浪漫欧洲、原始非洲、神秘埃及、古印度风情、儒雅中国、古巴比伦王国等系列。

根据表现手法，可分为单色砖和花砖两类。

砖的尺寸，原则是小房间使用小尺寸的瓷砖，大房间使用大尺寸的瓷砖。在视觉上，大块砖使表面扩展，小块砖能丰富小空间。

仿古砖的图案以仿木、仿石材、仿皮革为主，也有仿植物花草、仿几何图案、仿织物、仿墙纸、仿金属等。烧成后图案可以柔抛，也可以半抛或全抛。

浪漫欧洲

原始非洲

金属釉仿古砖

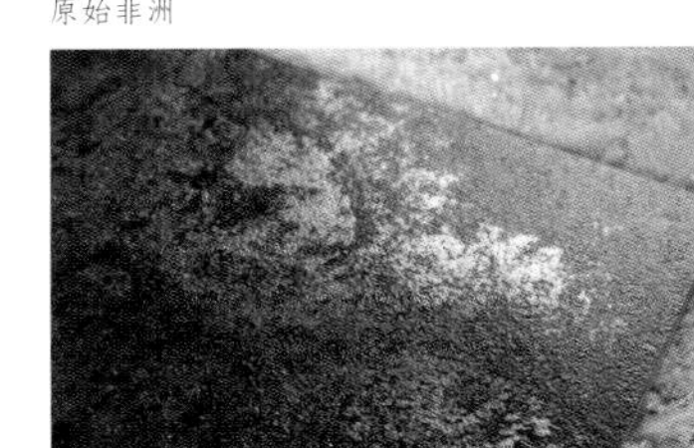

铁锈石仿古砖

石纹仿古砖

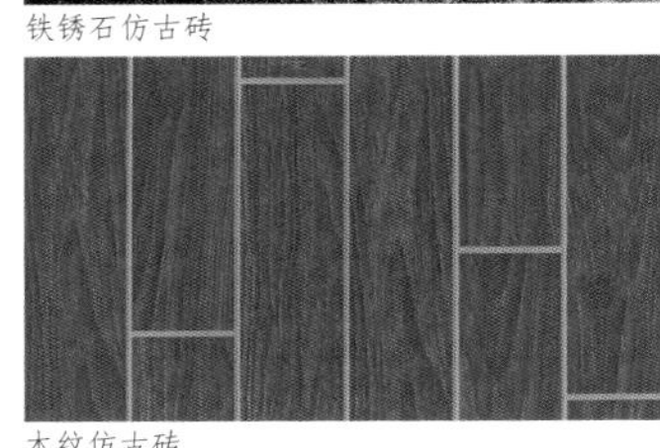

木纹仿古砖

半抛釉砖

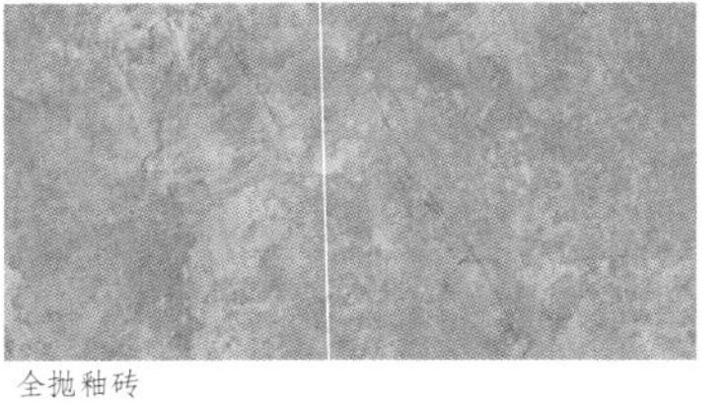

全抛釉砖

单色砖

花砖

常用参数 | COMMON PARAMETERS

吸水率：≤ 0.5%；

标准规格：400mm×400mm，500mm×500mm，600mm×600mm。

（以上数据为市场部分厂家产品参数，不同厂家各有差别，仅供参考）

施工及安装要点 | CONSTRUCTION INTRO

常见的仿古砖铺贴方式，除了与传统墙地砖一样的中规中矩、横平竖直的铺贴方法之外，还有“人字贴”“工字贴”“斜形菱线”、切角砖衬小花砖铺贴、地砖配边线铺贴等。

仿古砖施工流程：

选砖→试铺→混合→扫浆→留缝→铺砖→擦洗→敲击→留缝→清洁→成品保护。

选砖

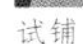

试铺

混合

扫浆

铺砖

清洁

价格区间 | PRICE RANGE

100~1 000 元 /m²

选购仿古砖时，可以通过“掂”“划”“敲”“看”“滴”观察。仿古砖因为品牌、品质、纹样、花色的不同，价格差别很大。

（以上价格仅为市场普通中端产品价格，材料价格会因不同项目、不同品牌以及订制等多方原因有较大浮动，仅供参考）

设计注意事项 | DESIGN KEY POINTS

仿古砖的选择，主要考虑其款式以及风格是否与所需要装饰的环境相匹配。

仿古砖因为花纹质感独特，切割后形成小尺寸，影响美观，建议根据所选尺寸规格，尽量使设计的排版按完整尺寸进行施工。

仿古砖的留缝大小和填缝剂的颜色选择应考虑整体风格效果。

品牌推荐 | BRAND RECOMMENDATION

相关厂商详细信息，请参见附录品牌索引：

蜜蜂、诺贝尔、东鹏。

（以上推荐仅为市场少数优秀品牌，供设计师参考学习。同一品牌实际可能涉及多种产品，更多详细内容可登录随书小程序）

La Manera 酒吧

设计：Masquespacio

材料概况：利用仿古砖把酒吧做得古色古风，体现了西班牙的古老风情。

遗失的美好住宅（西班牙）

设计：MESURA

材料概况：设计师希望将环境恢复到曾经的华美，并以一种内外部协调的方式，创造一种具有舒适感的居住方式，而仿古砖的运用起到了画龙点睛的作用。

本素酸菜鱼

材料概况：仿古砖耐脏耐磨，朴素美观，适用于餐厅。

其他

材料概况：仿古地砖的搭配运用令温馨的家庭别有一番韵味。

水泥砖 | Cement Tile

材料简介 | INTRODUCTION

水泥砖是真实还原水泥质感的瓷砖，属于仿古砖的品类之一。水泥砖传达的是一种粗犷、简朴却又不失精致和细腻的感觉。由于水泥砖的多元、混搭、风格多样化等特点，深受设计师的宠爱，被广泛应用于别墅住宅、艺术文创、公共空间、商业空间、酒店等不同空间场合，具有特色和设计感强的空间都适合采用此类产品。

材料性能及特征 | PERFORMANCE & CHARACTER

水泥砖属于仿古砖的一种，由于其出色的装饰效果和各种优点而被广泛使用。铺贴水泥砖的地面与涂刷水泥的地面其使用效果是完全不同的，水泥地面粗糙，没有质感，不够舒适，难以进行日常的清洁与保养，会随着热胀冷缩而出现爆裂的现象，而铺贴了仿水泥砖的地面就不一样了，仿水泥砖具有吸水性低、抗污性强、防滑性优秀、致密度高、耐磨性好等特点，这些都是水泥地面无法做到的。

（1）装饰性强：水泥砖可采用独特的印花工艺，如水泥一般自然质朴的纹理，呈现出全新的视觉效果。

（2）性能佳：水泥砖产品配有多种尺寸，吸水率低，常年使用无变色，不因气候变化热胀冷缩而产生龟裂或者剥落。

（3）安全环保：水泥砖采用安全建材，无辐射，高耐磨，平整度佳，适用于各种空间。

（4）风格多变：水泥砖可与各种色调产品进行混搭，实现风格多变的环境效果。

（5）防滑性能佳：水泥砖表面有纹理，防滑性能比抛光砖好，而且抗污性强。

（6）水泥砖也有一个小小的缺点：水泥砖与抹面砂浆的结合力不如红砖，容易在表面产生裂缝，影响美观。因此在施工时应充分喷水，要求较高的别墅类还需要考虑满墙挂钢丝网，有效防止裂缝。

产品工艺及分类 | TECHNIC & CATEGORY

水泥砖按产品规格分为：条形砖、方形板和多边形砖等。

水泥砖根据需要的光滑程度，有干粒、半抛、柔抛和全抛等不同表面处理方式。

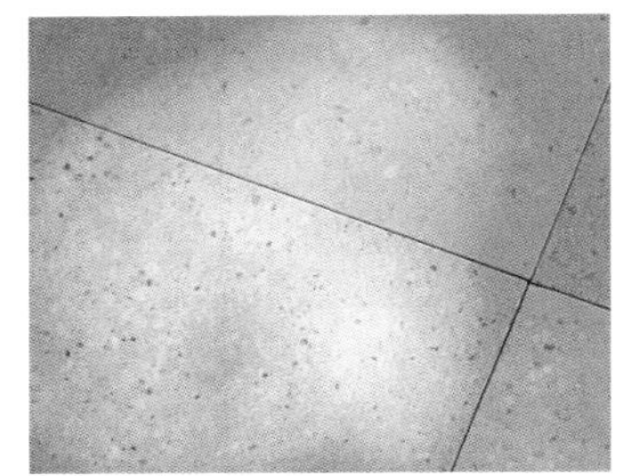

平面水泥砖

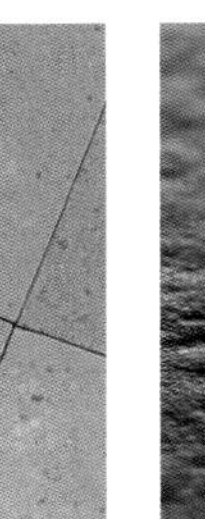

凹凸面水泥砖

半抛面水泥砖

干粒面水泥砖

不同颜色搭配的水泥砖

不同规格搭配的水泥砖

颜色多变的水泥砖

随性搭配的水泥砖

常用参数 | COMMON PARAMETERS

水泥砖常用的规格尺寸有：600mm×600mm、600mm×1 200mm、900mm×900mm、300mm×600mm、300mm×300mm 等。
吸水率：≤ 0.5%；
表面平整度：±0.4%；厚度偏差：±5%；
破坏强度：≥ 1 300N；断裂模数：≥ 35MPa；
抗污性：A 级。

（以上数据为市场部分厂家产品参数，不同厂家各有差别，仅供参考）

价格区间 | PRICE RANGE

40~400 元 /m²

品质不同，水泥砖的价格自然也会不同。质量上乘的水泥砖价格为 200~400 元 /m²；质量中等的水泥砖，价格为 100~200 元 /m²；下乘的水泥砖，价格为 40~100 元 /m²。

（以上价格仅为市场普通中端产品价格，材料价格会因不同项目、不同品牌以及订制等多方原因有较大浮动，仅供参考）

设计注意事项 | DESIGN KEY POINTS

水泥质感的瓷砖经过多年的演变，现在为消费者所接受，适用于多种风格空间，如现代、北欧、极简、现代中式、北欧等风格，无论是用于墙面或地面都能够得心应手地营造空间的氛围，搭配设计感十足的家具款色，再加之色彩上的精心布置，往往会达到出乎意料的效果。
冷色调看似不符合家居温暖的诉求，但事实上铺上灰调、水泥质感的瓷砖地面，搭配实木、布艺、真皮等材质，更能够烘托家具的色彩和质感，为家居带来温暖、怡人的气息，形成有视觉重点的空间节奏感，同时也为空间增加浓烈的时尚、前卫气息。
施工结束后，建议再上一道憎水型防护剂。

品牌推荐 | BRAND RECOMMENDATION

相关厂商详细信息，请参见附录品牌索引：
费罗娜。

（以上推荐仅为市场少数优秀品牌，供设计师参考学习。同一品牌实际可能涉及多种产品，更多详细内容可登录随书小程序）

施工及安装要点 | CONSTRUCTION INTRO

水泥砖铺贴方式除了常规的铺贴方式外，还有“人字贴”“工字贴”“斜形菱线”、切角砖衬小花砖铺贴、地砖配边线铺贴等。

水泥砖施工流程：
选砖→试铺→混合→扫浆→留缝→铺砖→擦洗→敲击→勾缝→清洁→成品保护。

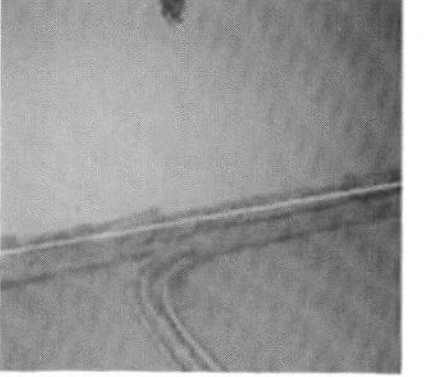
1. 基层处理、放线

2. 扫浆

3. 选砖

4. 干铺瓷砖

5. 养护、勾缝

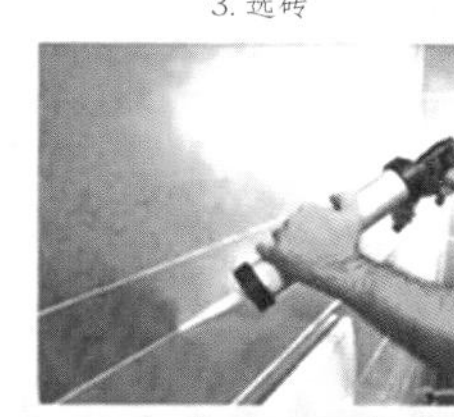
6. 清理

铺贴流程

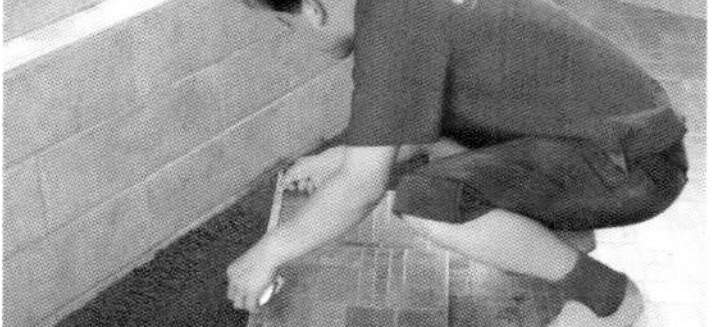
试铺

铺贴

工字贴

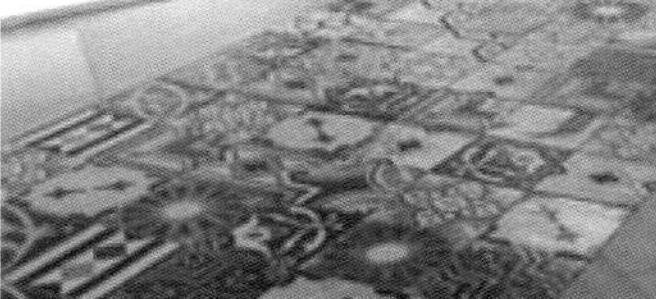
切角砖配小花砖

六角砖贴

人字贴

杭州西溪湿地米萨咖啡馆

设计：浙江乐空室内设计有限公司

材料概况：这间位于杭州西溪湿地的旧式建筑由青砖墙、水泥砖与木质塔亭构建而成，拥有中国古建筑特有的文化底蕴和美感。

北京 MIBA 酿酒大师艺术馆

设计：台湾竹工凡木设计研究室

材料概况：二楼设置开放性宴客场所，以观戏为概念，借大型传统戏剧挂画、水泥地砖，营造新旧融合、现代中带有深厚文化底蕴的大气空间。

广西都安密洛陀度假酒店

设计：晟天建筑设计工程有限公司

材料概况：公共区域运用水泥砖，防滑耐磨。

山茶川菜

设计：成都蜂鸟设计顾问有限公司

材料概况：水泥砖、金属和木元素相融合，安静的空间融入了造型独特的灯具、流线形的家具，空间独特而时尚。

马赛克 | Mosaic

材料简介 | INTRODUCTION

马赛克瓷砖，建筑专业名词为锦砖，发源于古希腊，是在建筑上用于拼成各种装饰图案用的片状小瓷砖。坯料经半干压成型，窑内焙烧成锦砖。泥料中有时用 CaO、Fe_2O_3 等作为着色剂。主要用于铺地或内墙装饰，也可用于外墙饰面。 马赛克由于拼贴效果佳而得到广大设计师喜爱。应市场需求，厂商开发出各种材质的马赛克，如陶瓷类、石材类、玻璃类、贝壳类、木材类等等。

材料性能及特征 | PERFORMANCE & CHARACTER

马赛克以瓷化好、吸水率小、抗冻性能强等特色而成为外墙装饰的重要材料。特别是有釉和磨光制品以其晶莹、细腻的质感，更加提高了耐污染能力和材料的高贵感。马赛克砖体薄，自重轻，密密的线路（缝隙）充满砂浆，保证每个小瓷片都牢牢地黏结在砂浆中，因而不易脱落。即使多少年后，少数砖块掉落下来，也不会构成伤人的危险性，因此又具有安全感。

（1）马赛克具有环保性。均是采用纯天然原料制成，在加工过程中不加入任何有害物质，在当今追求环保、追求自然的时代，这些天然材料制成的马赛克瓷砖最为符合人们的环保理念。

（2）马赛克具有较强的装饰性。马赛克瓷砖运用拼图的形式加强其装饰性，其材料非常丰富且色彩变化多，让一些喜欢 DIY 的时尚潮人可以有更多展示自己创意的空间。

（3）马赛克有着很长的使用寿命。其主要原料多为天然的石材，在它的耐磨性方面是瓷砖和木地板等装饰材料无法比拟的。马赛克每块小颗粒间的缝隙较多，因而其抗应力能力要比其他的装饰材料更具优势。

（4）马赛克具有安全性。有很好的防滑性和耐磨性使马赛克被广泛应用于洗浴中心、游泳池、厨卫空间等防滑要求很高的场所，相比其他传统材料既实用又美观。

产品工艺及分类 | TECHNIC & CATEGORY

理论上马赛克可以为任何材质，不同材质可组合混拼，更为多样，所以以下仅介绍部分常见材料品种。

玻璃马赛克又叫做玻璃锦砖或玻璃纸皮砖。外观有无色透明的、着色透明的等，正面光泽滑润细腻，背面带有较粗糙的槽纹，以便于用砂浆粘贴。彩玻马赛克表面是一种彩色饰面玻璃，由纯天然的矿物质制成，绿色环保，是安全的建筑材料，它给人们带来的不仅有陶瓷的品质，还有其品种多样的花纹。

石材马赛克是将天然石材开采、切割、打磨成各种规格、形态的小块，拼贴而成的马赛克，是最古老和传统的马赛克品种。石材马赛克具有纯自然的质感，有天然石材纹理，古朴、典雅，是马赛克家族中档次最高的种类。根据其处理工艺的不同，有哑光面和亮光面两种形态，规格有方形、条形、圆角形、圆形和不规则平面、粗糙面等。

陶瓷马赛克一般家用比较多，因为陶瓷马赛克耐用，光线柔和、不刺激，非常适合家庭温馨的气氛。家庭装修中，马赛克主要用于墙面和地面的装饰，因为马赛克的面积小、色彩多。在运用时，一定要注意和房屋整体的风格相匹配。

树脂马赛克是一种新型环保的空间配饰，在模仿木纹、金属、布纹、墙纸、皮纹等方面是惟妙惟肖，可以达到以假乱真的效果。形状也可不规则，凹凸有致，能将图案丰富地表现出来，以达到其他材料难以表现的艺术效果。

金属马赛克有三种：不锈钢马赛克、铝塑板马赛克、铝合金马赛克。不锈钢马赛克（不锈钢片 + 垫底陶瓷颗粒 + 背网）产品价位中低档，耐磨，可地面装饰。铝塑板马赛克（铝塑颗粒 + 海绵背胶）颜色丰富，表面工艺有拉丝、闪光、图画、镜面、石纹、木纹等多种，颗粒表面有树脂层保护，色彩光泽始终如一。铝合金马赛克（铝合金颗粒 + 背网）颗粒全铝，强度有保证，可二次加工，做镭射、幻影、旋圈等效果，耐磨，可地面装饰。

贝壳马赛克产品是在马赛克产品广泛使用后发展起来的，是以特殊存在方式存在的，解决了传统马赛克产品的弊端。它是由纯天然的珍珠母贝壳：白碟贝、黑碟贝、黄碟贝、鲍鱼贝、牛耳贝、粉红贝等组成一个相对的大砖或（片）。它的表面晶莹、色彩斑斓，高贵迷人，散发着来自大自然的气息。

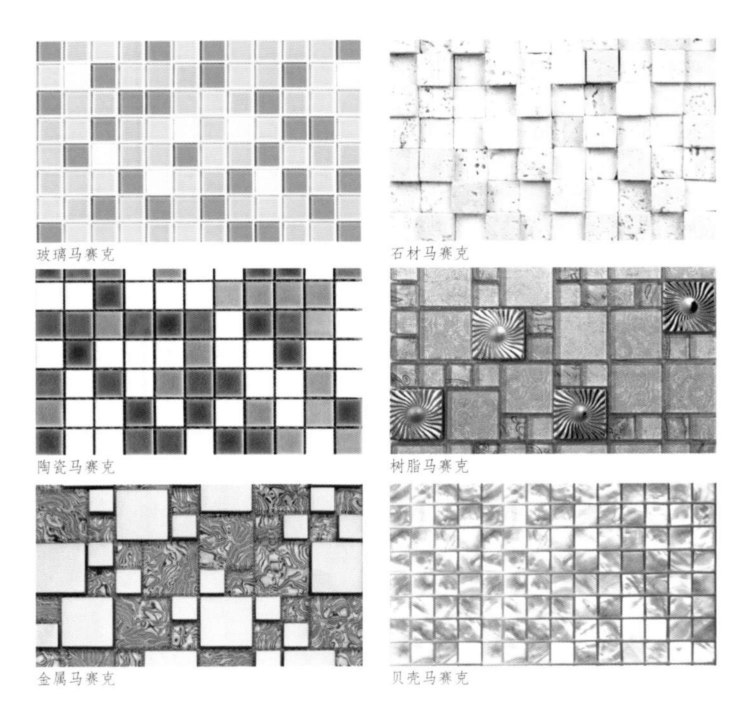

玻璃马赛克　石材马赛克

陶瓷马赛克　树脂马赛克

金属马赛克　贝壳马赛克

常用参数 | COMMON PARAMETERS

吸水率≤ 0.2%；

耐磨性≤ 0.2g/cm^2；

马赛克一般为正方形，如 20mm×20mm，25mm×25mm，30mm×30mm，其他规格尺寸须由供需双方协商。

（以上数据为市场部分厂家产品参数，不同厂家各有差别，仅供参考）

价格区间 | PRICE RANGE

100 元 /m^2 以上

马赛克根据使用的不同材质价格差异非常大，普通如玻璃、陶瓷马赛克价格在每平方米几十元不等。同样的材质根据纹理、图形个性设计的差别，价格又有高低差异。而一些高端材质，比如石材、玉石、贝壳等材料价格一般每平方米高达几百元不等。国际高端奢侈艺术马赛克，更是价格不菲。

（以上价格仅为市场普通中端产品价格，材料价格会因不同项目、不同品牌以及订制等多方原因有较大浮动，仅供参考）

设计注意事项 | DESIGN KEY POINTS

玻璃马赛克主要用于游泳池、科技馆、影剧院、酒吧、俱乐部等公用场合。特别是在那些夜晚周边环境比较黑的情况下和室内墙壁，更能突出其发光效果，色彩斑斓，当然这方面就需要有不同色彩灯光的辅助，比如紫光灯、日光灯等进行针对性照射，马赛克表面就会产生一种温馨、晶莹剔透的感觉，可以为室内增添神秘色彩及浪漫情调。

马赛克的材质分类较多，在铺贴前应和专业厂商沟通，使用合适的粘接剂及填缝剂，以免造成施工质量及美观问题。

注意尺寸的模数，尽量不要出现小于半块的切割现象。

品牌推荐 | BRAND RECOMMENDATION

相关厂商详细信息，请参见附录品牌索引：

玫瑰、JNJ、Bisazza、SICIS

（以上推荐仅为市场少数优秀品牌，供设计师参考学习。同一品牌实际可能涉及多种产品，更多详细内容可登录随书小程序）

施工及安装要点 | CONSTRUCTION INTRO

由于马赛克材质很多，篇幅有限，本节只介绍陶瓷类马赛克的施工工艺。

（1）基层处理，剔平墙面凸出的混凝土，对大规模施工的混凝土墙面应凿毛，使用钢丝刷全面刷一遍，然后浇水润湿。对光滑的混凝土墙面要作“毛化处理”，即先清理尘土、污垢，用 10% 火碱水刷洗油污，随后用清水冲净碱液，晾干。用 1：1 水泥细砂浆，内掺水重 20% 的 107 胶，喷或用扫帚均匀地甩到墙上，终凝后浇水养护。

（2）吊垂直、找规矩，根据墙面结构、平整度找出贴马赛克的规矩。

（3）打底灰一般分两次进行，首先刷一道掺水重 10% 的 107 胶的水泥素浆，随后抹第一遍掺水泥重 20% 的 107 胶 1：2.5 或 1：3 水泥砂浆，薄薄抹一层，用抹子压实。第二次用相同配比的砂浆按标筋抹平，用短杆刮平，最后用木抹子搓出麻面。但贴马赛克的底灰平整度要求更严格一些，因为其粘结层比较薄。底子灰抹完后，经终凝浇水养护。

（4）贴马赛克前应放出施工大样，根据高度弹出若干条水平线和垂直线。弹线时，应计算好马赛克的张数，使两线之间保持整张数。要是有分格要求，需按总高度均分，根据设计与马赛克品种、规格定出缝宽。同一面墙不得有一排以上非整砖，并应安排在隐蔽处。

（5）铺贴马赛克先将底灰润湿，在弹好水平线的下口上支好一根垫尺，一般 3 人为一组进行操作，一人浇水润湿墙面，先刷一道素水泥浆，再抹 2~3mm 厚的混合灰粘结层。第二人将马赛克放在木制托板上，砖面朝上，往缝子里灌 1：1 水泥细砂灰，用软毛刷刷净砖面，再抹上薄薄一层灰浆。然后，一张一张递给第三人，将四边余灰刮掉，两手执住马赛克上边沿，在已支好的垫尺上，位置准确，对号入座，由下往上铺贴。

（6）马赛克铺贴 30min 后，可用长毛刷蘸清水润湿牛皮纸，待纸面完全湿透后（15~30min），自上而下将纸揭下。操作时，手执上方纸边两角，保持与墙面平行的协调一致的动作，不得乱扯乱撕纸面，以免带动马赛克颗粒。揭纸后，认真检查缝隙的大小平直情况，如果缝隙大小不均匀，横竖不平直，必须用钢片开刀拨正调直。拨缝必须在水泥初凝前进行，先调横缝，再调竖缝，达到缝宽一致，横平竖直。然后，用木拍板紧靠面层，用小锤敲木板，拍平、拍实，使拨缝的砖块确保粘贴牢固。

（7）擦缝先用木抹子将近似马赛克颜色的擦缝水泥浆抹入缝隙，然后用刮板将水泥浆往缝子里刮实、刮满、刮严，再用麻丝和擦布将表面擦净。遗留在缝子里的浮砂，可用潮湿而干净的软毛刷轻轻带出来，如需清洗饰面，应待勾缝材料硬化后进行。起出米厘条的缝子要用 1：1 水泥砂浆勾严勾平，再用抹布擦净。面层干燥后，表面涂刷一道防水剂，避免起碱，有利于美观。

马赛克铺贴工序

旧金山的马赛克艺术阶梯

设计：Aileen Barr+Colette Crutcher

材料概况：主视觉为斑斓的海洋水流和色彩丰富的花卉、植物与动物，向上流入天空，其中也包含了星星与巨大的太阳。

POKE POKE 餐厅

设计：STUDIO DOHO

材料概况：渐变的蓝色马赛克立面和冲浪板一般的工作台面打造出一个大胆的都市宣言。

香港 W 酒店

设计：g+a

材料概况：马赛克大背景墙衬托着泳池。

阿姆斯特丹 Oersoep

设计：RAMSA + Rijnboutt

材料概况：该艺术创作展示了 450 平方米的玻璃马赛克，体现了彰显阿姆斯特丹独特个性的方方面面。

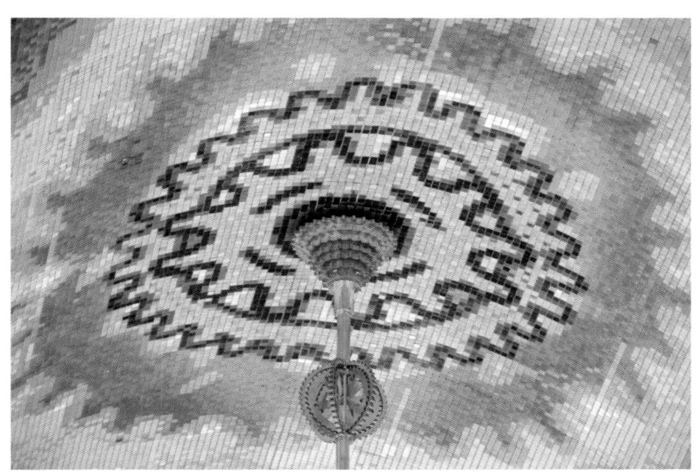

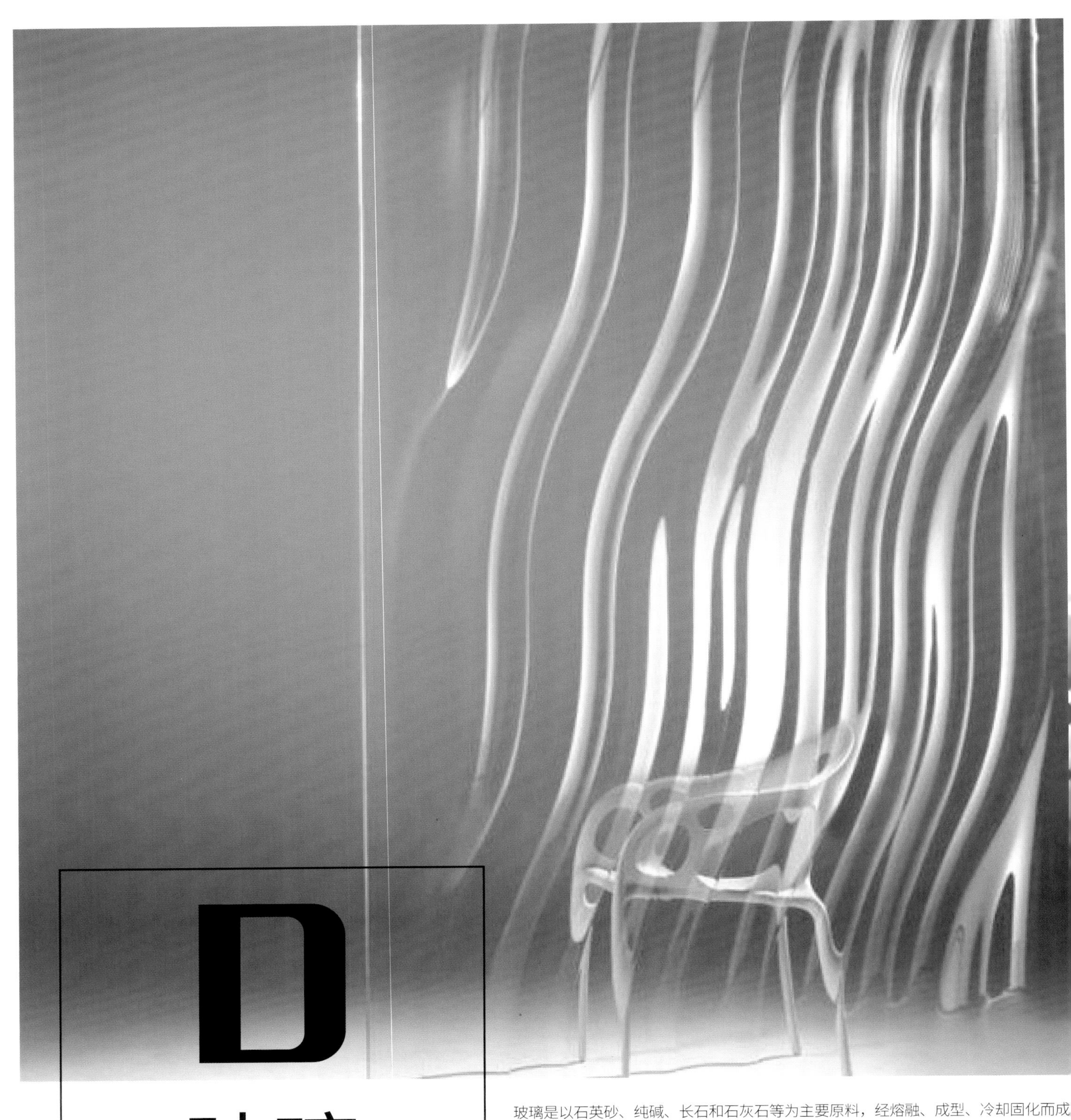

D 玻璃 GLASS

玻璃是以石英砂、纯碱、长石和石灰石等为主要原料，经熔融、成型、冷却固化而成的非结晶无机材料。它具有一般材料难以具备的透明性，具有优良的机械力学性能和热工性质。玻璃的深加工制品具有控制光线、调节温度、防止噪声和增强建筑艺术装饰效果等功能。玻璃已不再只是采光材料，而且是现代建筑的一种结构材料和装饰材料。建筑玻璃一般分为三大类，分别是平板玻璃、安全玻璃和特种玻璃。近 10 年来，随着酒店、办公、商业设施、体育娱乐中心以及高层住宅等现代化建筑飞速发展，尤其建筑物向个性化、艺术化的方向发展，玻璃因其独特的效果越来越受到设计师们的关注，国内外各种新型建筑装饰玻璃的新产品不断涌现，其品种及功能日益增多。建筑装饰玻璃以设计概念和功能为主导，采用玻璃材质和艺术技巧，与被装饰的建筑物成为统一和谐的整体，既丰富了建筑艺术形象，也可提高实用功能、经济价值和社会价值。目前，我国建筑装饰玻璃产量虽然高，但是质量、规格、品种方面还不能完全满足需求。装饰玻璃和艺术玻璃在概念上有重合的地方，一般常用的有钢化、印花、釉面、冰花、夹胶、中空、夹丝、钛化、防火等玻璃类型。

玻璃在建筑装饰工程项目中应用很广，主要分为两大类型。一类是在建筑外墙使用，通常使用量非常大。20 世纪现代主义设计成为主流，也让建筑玻璃盒子的概念在大都市成为潮流。提供建筑外墙玻璃的通常是大品牌、有规模的厂商，近年来一些小型精品建筑项目也采用订制的玻璃产品作为建筑外墙表皮使用，比如 U 形玻璃、玻璃砖、印刷玻璃等等。目前这些极具装饰性的玻璃，也开始被设计师大量应用于室内装饰。

另一类是广泛应用在室内装饰项目，我们统一称为装饰玻璃，应用于隔断屏风、玻璃墙面、家具、楼梯、灯具等。往往这一类的产品根据设计师的创意订制加工而成，因此承接订制的更多的是一些手工作坊的厂商，但不影响能做出质量和艺术性很强的一些产品。

目前大量奢侈品及高级酒店在室内装饰中使用装饰玻璃，因其本身的可塑性很强，视觉效果炫目，因此，受到设计师们的喜爱，其在应用方面会有几个变化：一是追求更细的边框，甚至没有边框；二是玻璃的板面切割更趋向模数化或黄金比例分割；三是设计师创新想法订制需求越来越多，设计的图案更加具有立体效果，视觉冲击更大；四是玻璃的深加工更加专业、领域更加细分。

艺术镜面

图片来源：GLAS ITALIA

艺术玻璃

图片来源：LASVIT

艺术玻璃

图片来源：AGP

印刷玻璃 | Printed Glass

材料简介 | INTRODUCTION

印刷玻璃是基于印刷技术发展上的工艺玻璃，过去玻璃打印图案一般采用劳动密集筛网丝印流程，难以将多彩图案印于玻璃或是制造独立的印刷玻璃。随着数码打印技术的发展越来越成熟，已可将多彩的图案精准地印刷于玻璃上。市面上已有先进的数码打印设备和技术，让任何能在计算机上设计的作品都能在玻璃上准确展现出来，唯一的限制就是人类的想象力了。印刷玻璃能将一栋普通的建筑空间变成一件艺术品。

材料性能及特征 | PERFORMANCE & CHARACTER

印刷玻璃已成为建筑室内外装饰设计师表达时尚精神的热门选择，它具有强大的使用功能，加之多彩的特性，以及可供设计师自己发定订制创意图案，已成为设计师们最爱的材料之一。半透的图案使其既感受光的穿透，又能使图案自然洒脱地融入环境当中。其特点如下：

（1）每块玻璃上都能融入个性化的设计以及色彩方案。无需制版、无需晒版和重复套色，色彩靓丽，效果逼真。可双面印刷，灵活选择。

（2）玻璃本身就是环保材料，没有任何污染。而且玻璃产品易清洗，只需稍稍擦拭便可光净如新，几十年如一日。

（3）适合大型建筑的多样性和多彩设计，色彩可自如选择。

（4）具有超强的紫外线耐受能力、抗刮擦性能、防酸碱品质，使用寿命长。

（5）集装饰和功能于一体，印刷玻璃由于是利用普通玻璃加工而成，因此，作为一种装饰材料，既具有玻璃的各种性能，又具有艺术品的雅致风格。屏风、隔断、门窗及阳台等处都可以使用印刷玻璃。

（6）透明与半透明的特质，使得印刷玻璃可以通过对光线的折射产生视错觉，形成介于客观现实与虚构梦幻之间的特殊形态。

产品工艺及分类 | TECHNIC & CATEGORY

现市面上多采用 UV 印刷，这是一种通过紫外光干燥、固化油墨的一种印刷工艺，需要将含有光敏剂的油墨与 UV 固化灯相配合，目前 UV 油墨已经涵盖胶印、丝网、喷墨、移印等领域，而传统印刷界泛指的 UV 是印品效果工艺。UV 玻璃打印机不用喷涂层，直接在玻璃上打印图案；带 LED 固化灯装置，即打即干，免除了烘烤工序。无须制版且印刷快捷，可用各种输出软件，支持各种文件格式。全彩图像，一次完成，渐进色完全达到照片质量效果，定位精确，废品率为零。

印刷玻璃工艺技术 UV 喷印，支持对图像处理有较高要求的项目，适合于设计多样、色彩丰富的大型项目。可直接印刷 JPEG、PDF、EPS 等格式的作品，能处理可变数据，是内外装饰应用的理想选择。

随着印刷玻璃技术的不断发展，又因印制图案一般是以平板玻璃为基础，加上不同的图案，其透明度可分为：近乎透明可见的，稍有透明可见的，几乎遮挡看不见的和完全遮挡看不见的。印刷玻璃也可作为钢化、镀膜、夹层、中空玻璃的原片。印制时可以选择玻璃的单面或是双面印刷。安装时花纹面朝向内侧，可防污。

印刷玻璃 1

印刷玻璃 2

印刷玻璃 3

印刷玻璃 4

衣帽间印刷玻璃移门

光谱射线的单面印刷玻璃防溅挡板

常用参数 | COMMON PARAMETERS

一般支持玻璃尺寸可达 2.8m×3.7m；
厚度范围为 2~19mm。

（以上数据为市场部分厂家产品参数，不同厂家各有差别，仅供参考）

价格区间 | PRICE RANGE

100~500 元 /m²

印刷是一种玻璃装饰工艺，除了数码打印的技术与设备成本外，其价格还与当前市场的玻璃原片的价格成正比，与玻璃的厚度以及玻璃的层数直接相关。市场上单层印刷玻璃价格在 100 元 /m² 左右，而普通中空玻璃价格在 200 元 /m² 左右，中空印刷玻璃价格在 500 元 /m² 左右。

（以上价格仅为市场普通中端产品价格，材料价格会因不同项目、不同品牌以及订制等多方原因有较大浮动，仅供参考）

设计注意事项 | DESIGN KEY POINTS

从建筑外观的装饰到室内空间的美化，从卧室的衣柜门到淋浴房的隔断，再到厨房的防溅挡板，均可用印刷玻璃设计。
有水的场合，宜污染的印刷面应避开，所有玻璃进槽时，进槽端贴黑色即时贴。
玻璃对加工精度要求较高，注意选择质量有保证的厂商。

品牌推荐 | BRAND RECOMMENDATION

相关厂商详细信息，请参见附录品牌索引：
比耀、昱侨、申板、AGP、巨钿。

（以上推荐仅为市场少数优秀品牌，供设计师参考学习。同一品牌实际可能涉及多种产品，更多详细内容可登录随书小程序）

施工及安装要点 | CONSTRUCTION INTRO

玻璃挑选、裁制→分规格码放→安装前擦净→刮底油灰→镶嵌玻璃→刮油灰净边等。
玻璃挑选和裁制：将需要安装的玻璃，按部位分规格、数量裁制，已裁好的玻璃按规格码放。
刮底油灰：玻璃安装前，清理裁口，先在玻璃底面与裁口之间，沿裁口的全长均匀涂抹 1~3mm 的底油灰，接着把玻璃推铺平整、压实，然后收净底灰。

半透明印刷画像的办公室隔断

玻璃隔断印刷名人头像

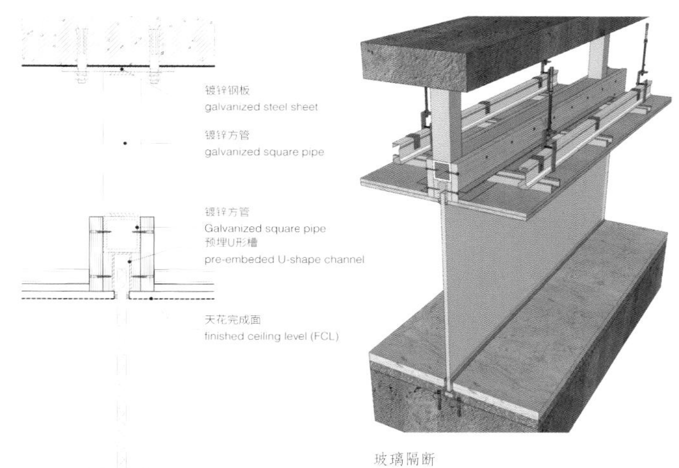

玻璃隔断

玻璃隔断节点

经典案例 | APPLICATION PROJECTS

G+ 玻璃主题园

设计：COORDINATION ASIA

材料概况：玻璃主题园使用了 65 种不同颜色的彩色印刷玻璃围绕而成，同时具有透光性，在阳光的照射下营造出离奇玄幻的光影效果。

四季综合体

设计：NPS Tchoban Voss

材料概况：印刷玻璃采用树叶图案，为用户们营造了如诗如画的视野。

华盛顿柏悦酒店

设计：季裕棠

材料概况：酒店大堂使用印刷玻璃营造意境。

瑞尔斯大学学习中心大楼

设计：Snøhetta

材料概况：建筑的立面使用数码印刷玻璃，笼罩在粗犷的、具有极简美感的、暴露在外的混凝土框架的外围。

夹层玻璃 | Laminated Glass

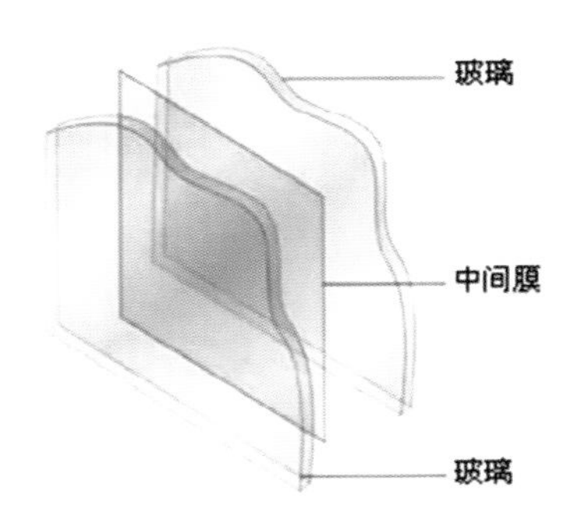

材料简介 | INTRODUCTION

夹层玻璃是在两片或多片玻璃原片之间用有机聚合物中间膜经加热、加压粘合而成的平面或曲面的复合玻璃制品。常见的玻璃原片有浮法玻璃、钢化玻璃、彩色玻璃、吸热玻璃或热反射玻璃等；常见的中间膜有PVB、SGP、EVA、PU 等。此外，还有一些特殊的中间膜和夹层材料，如彩色中间膜、印刷中间膜、Low-E 中间膜，夹层材料有纸、布、植物、丝、绢、金属丝等。

材料性能及特征 | PERFORMANCE & CHARACTER

夹层玻璃作为一种安全玻璃，即使碎裂，碎片也会粘在中间膜上，破碎的玻璃仍保持一体。同时，PVB 中间膜所具备的隔音、控制阳光的性能又使之成为具备节能、环保功能的新型建材：使用夹层玻璃不仅可以隔绝可穿透普通玻璃的 1 000~2 000Hz 的吻合噪声，而且可以阻挡 99% 以上紫外线，并吸收红外光谱中的热量。作为具有新型建材性能的夹层玻璃必然将在安全玻璃领域大有作为。夹层玻璃的中间膜材料众多，夹层间的粘接方法不同，夹层数不同，因此性能也有所不同。其特征如下：

（1）夹层玻璃具有较好的透明度和抗沾污能力；

（2）夹层玻璃通过热处理工艺，使其强度提高 3~5 倍，具有良好的抗冲击性，可承受一定能量的外来撞击或温差变化而不破碎；

（3）夹层玻璃即使碎裂，碎片也会被粘在中间膜上，具有极好的安全性；

（4）采用不同的原片玻璃，夹层玻璃还可具有耐久、耐热、耐湿、耐寒等性能；

（5）使用纸、丝、绢等夹层材质和印刷夹层玻璃具有装饰性，使用夹金属丝、金属网的夹层玻璃还能防盗；

（6）夹层玻璃也有一些缺陷，它不能切割，需要选用定型产品或按尺寸订制。

产品工艺及分类 | TECHNIC & CATEGORY

夹层玻璃种类很多，常见的夹层玻璃有 PVB 夹层玻璃、SGP 夹层玻璃、EVA 夹层玻璃和 PU 夹层玻璃等。

（1）PVB 夹层玻璃在汽车和建筑领域的应用非常广，透明度高、熔点高的特性使其在玻璃幕墙中得到广泛使用。欧美大多数建筑外墙玻璃都使用 PVB 夹层玻璃。

（2）SGP 夹层玻璃使用近年来新开发的 SGP 胶片，是为了抵御美国南部沿海地区飓风携带碎石冲击玻璃幕墙而开发的高强度中间膜，多用于玻璃采光顶和玻璃外窗、幕墙。

（3）EVA 夹层玻璃制作工艺比 PVB 夹层玻璃简单，成本低，但是熔点低，因此主要用于室内隔断和装饰。国内的太阳能光伏玻璃使用的也是 EVA 中间膜。

此外，还有一些比较特殊的具有装饰及其他功能的夹层玻璃，如彩色中间膜夹层玻璃、SGX 类印刷中间膜夹层玻璃、XIR 类 LOW-E 中间膜夹层玻璃，内嵌装饰件（金属网、金属板等）夹层玻璃、内嵌 PET 材料夹层玻璃等。

夹层玻璃根据中间膜的熔点不同，可分为：低温夹层玻璃、高温夹层玻璃、中空玻璃。

根据中间所夹材料不同，可分为：夹纸、夹布、夹植物、夹丝、夹绢、夹金属丝等众多种类。

夹层玻璃幕墙

PVB 夹层玻璃

EVA 太阳能光伏夹层玻璃

SGP 夹层玻璃

夹竹圈夹层玻璃

夹绢夹层玻璃

印刷中间膜夹层玻璃

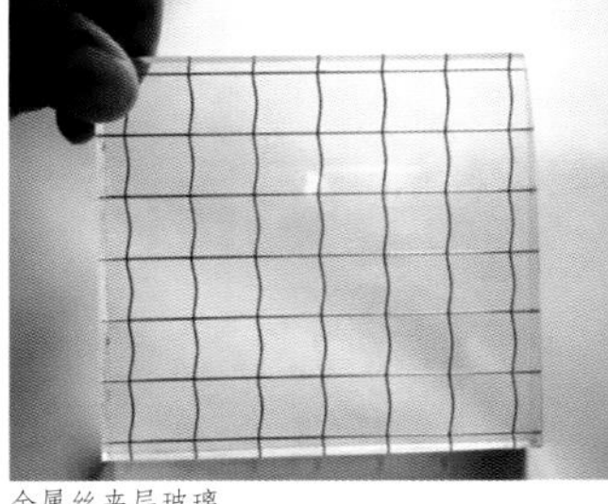
金属丝夹层玻璃

常用参数 | COMMON PARAMETERS

厚度范围：9~100mm；面积范围：0~8m^2；
原片玻璃厚度为：3~19mm；PVB 胶膜厚度为：0.38~2.28mm；
钢化玻璃自爆率：≤ 0.3%。

（以上数据为市场部分厂家产品参数，不同厂家各有差别，仅供参考）

价格区间 | PRICE RANGE

100~600 元 /m^2

夹层玻璃由于工艺不同，价格相差较大，一般夹层玻璃价格为 100~600 元 /m^2，有特殊要求的夹层玻璃价格较高。选购时应选择功能实用、有品质保证的品牌。

（以上价格仅为市场普通中端产品价格，材料价格会因不同项目、不同品牌以及订制等多方原因有较大浮动，仅供参考）

设计注意事项 | DESIGN KEY POINTS

夹层玻璃用于室外时，不能暴露其边缘，否则边缘会因吸收水分而导致脱胶。
夹层玻璃可以制成曲面，亦可采用有色的 PVB 膜制成有色的夹层玻璃。
商业公共空间选用钢化夹胶玻璃作为安全玻璃，接缝处应采用中性玻璃胶处理。

品牌推荐 | BRAND RECOMMENDATION

相关厂商详细信息，请参见附录品牌索引：
比耀、昱侨、申板、AGP、巨钿。

（以上推荐仅为市场少数优秀品牌，供设计师参考学习。同一品牌实际可能涉及多种产品，更多详细内容可登录随书小程序）

施工及安装要点 | CONSTRUCTION INTRO

夹层玻璃的安装与普通玻璃一样。以 0.38mmPVB 钢化夹层玻璃为例，工艺流程为：测量放线→施工图细化→材料准备、用料核算→材料运输、堆放→预埋件处理→栏杆骨架安装→安装夹层玻璃板块→耐候密封胶嵌缝→清洁检查→成品保护→竣工验收。

预埋件及栏杆骨架安装：
（1）预埋件安装。按定位线钻孔、顶面与侧面各安放 4 个 M12 膨胀螺栓，然后安装 150mm×200mm×10mm 钢板与螺栓固定（钢板安装前刷防锈漆二道）。
（2）栏杆骨架安装。将栏杆骨架的立柱安放于钢板上，调正垂直后与钢板焊接，拉通线检查栏杆骨架是否与建筑物外围平行。

安装夹层玻璃并打耐候胶：
（1）调整。确定玻璃板块在立面上的水平、垂直位置，并在主框格上划线；玻璃板块临时固定后对板块进行调整，调整标准横平、竖直、面平。
（2）固定。用压条把玻璃板块固定在主框格上，压条间距按设计要求，上压条时要注意钻孔，螺栓采用不锈钢机械螺栓。
（3）保证压条压紧。安装玻璃的槽口内清理干净。方钢压条截面尺寸一致，表面光滑洁净，先刷干性油，不宜压玻璃过紧。压条端部应加工成 45°的斜面。 选择合适的钉子，将钉帽垂扁，待四边压条贴紧玻璃卡紧后，再锤入钉子，四边应平整。钉子不能任意减少，并应紧贴玻璃，并注意钉入角度。
（4）耐候胶嵌缝。玻璃板块安装后，检测玻璃的表面平整度、垂直度、接缝大小、接缝高低等，如符合设计与规范要求，可进行下一步工序打胶。

与普通玻璃不同的是，夹层玻璃不能切割，因此需要选用定型产品或按尺寸订制。在施工过程中还需注意避免夹层玻璃受到挤压和冲击。夹层玻璃在安装时应使用中性胶，严禁与酸性胶接触。清洁玻璃时注意不要划伤或擦伤、磨伤玻璃表面，以免影响其光学性能、安全性能及美观。

北京天文馆

设计：美国王弄极建筑师事务所

材料概况：利用异形玻璃幕墙，通过对面板曲面的变化组合来表现三维曲面造型。

法国南特银行总部

设计：AIA Associés

材料概况：建筑的三个沿街立面由双层精致透明的“向阳”玻璃组成，内外层玻璃幕墙有 1m 的距离。移动玻璃板攀附于连接着传感器的电动轴上，由中央管理系统控制，使其可以在 3 种模式下自由切换。

挪威 Midtåsen 雕塑公园

设计：Lund Hagem Architects

材料概况：Midtåsen 雕塑展览馆由轻质混凝土墙和夹层玻璃围合而成，其形态与周边地形相协调，仿佛是一条被扩宽的步道，吸引人们向深处走去。

Folkwang library

设计：Max Dudler

材料概况：每一片外墙玻璃的纹样都通过特殊的夹层技术，真实地还原了摄影师拍摄的石材色彩与肌理，这使得建筑表皮几乎和石材一模一样。

喷砂 / 烤漆玻璃 | Frosted Glass/Paint Glass

材料简介 | INTRODUCTION

喷砂是以水混合金刚砂，高压喷射在玻璃表面，对其打磨的一种工艺，从而形成半透明的雾面效果，具有一种朦胧的美感。喷砂玻璃多应用于室内隔断、装饰、屏风、浴室、家具、门窗等处。

烤漆玻璃，是一种极富表现力的装饰玻璃品种，可以通过喷涂、滚涂、丝网印刷或者淋涂等方式来体现外观效果，用于形象墙、私密空间等。

材料性能及特征 | PERFORMANCE & CHARACTER

喷砂玻璃能快速清理又能保持粗糙度。喷砂成本低所以喷砂玻璃适用范围也比较广，在日常生活中被广泛使用。其性能基本与磨砂玻璃相似，可起到遮挡光线的作用，使光线变得柔和，具有一定装饰作用。其主要特点如下：

（1）加工效能好，能源消耗低，成本低；

（2）设计新颖，操作简单方便；

（3）可以使室内光线柔和、不刺目。

烤漆玻璃也叫背漆玻璃，分平面烤漆玻璃和磨砂烤漆玻璃两种。它是在玻璃的背面进行喷漆，然后在 30~45℃的烤箱中烤 8~12h, 一般采用自然晾干。其主要特点如下：

（1）耐水性，耐酸碱性强；耐污性强，易清洗；耐候性强，与结构胶相容性强；抗紫外线、抗颜色老化性强；

（2）附着力强，不易脱落；

（3）防滑性能优越；

（4）色彩的选择性多。

产品工艺及分类 | TECHNIC & CATEGORY

喷砂用的磨料可以是钢砂、氧化铝、石英砂、碳化硅等，但国内应用最多的是石英砂，根据材料、表面状态和加工的要求，可选用不同物质的磨料。

喷砂分为干喷和湿喷，湿喷用磨料与水混成砂浆，为防止金属生锈，水中需加入缓蚀剂。干喷效率高，加工表面较粗糙，粉尘大，磨料破碎多；湿喷对环境污染小，对表面有一定的光饰和保护作用，常用于较精密的加工。喷砂玻璃包括喷花玻璃和砂雕玻璃，它是经自动水平喷砂机或立式喷砂机在玻璃上加工成水平或凹雕图案的玻璃产品。在图案上加上色彩称为“喷绘玻璃”，与电脑刻花机配合使用，深雕浅刻，可形成光彩夺目、栩栩如生的艺术精品。

烤漆玻璃根据制作的方法不同，一般分为油漆喷涂玻璃和彩色釉面玻璃。彩色釉面玻璃又分为低温彩色釉面玻璃和高温彩色釉面玻璃。油漆喷涂的玻璃，刚用时，色彩艳丽，多为单色或者用多层饱和色进行局部套色，常用于室内，在室外时，经风吹、雨淋、日晒之后，一般都会起皮脱漆。彩色釉面玻璃可以避免以上问题，但低温彩色釉面玻璃容易出现划伤、掉色现象。

烤漆玻璃根据表现形式可分为：

（1）实色系列：色彩丰富，根据潘通或劳尔色卡上的颜色任意调配。

（2）玉砂系列：可提供彩色无手印蒙砂效果玻璃。

（3）金属系列：具有金色、银色、铜色及其他金属颜色效果。

（4）聚晶系列：浓与疏的效果展现不同的韵味。

（5）珠光系列：能展示出珠宝高贵而柔和的效果。

（6）半透明系列：主要应用于特殊装饰领域中，实现半透明、模糊效果。

全喷砂玻璃

条纹喷砂玻璃

电脑喷砂玻璃

全喷砂玻璃

彩色釉面玻璃

油漆喷涂玻璃

常用参数 | COMMON PARAMETERS

喷砂玻璃的厚度一般在 9mm 以下，以 5mm、6mm 厚度居多；
烤漆玻璃的厚度一般有 5mm、8mm、10mm、12mm 等；
钢化玻璃自爆率：≤ 0.3%。

（以上数据为市场部分厂家产品参数，不同厂家各有差别，仅供参考）

价格区间 | PRICE RANGE

50~200 元 /m²

喷砂玻璃的施工价格主要受以下因素影响：厚度、大小、人工、技术等，市场上通常按照平方米与厚度计算价格，不同项目会因施工难度、面积及质量要求不同而价格各有差别，不同的喷砂手法、技术，价格也会不同，相较之下电脑喷砂价格最高。

（以上价格仅为市场普通中端产品价格，材料价格会因不同项目、不同品牌以及订制等多方原因有较大浮动，仅供参考）

设计注意事项 | DESIGN KEY POINTS

在家装中，喷砂玻璃主要用在表现界定区域却互不封闭的地方，如在餐厅与客厅之间，可用喷砂玻璃制成一道精美的屏风。还可应用于需要隐蔽的浴室、卫生间、办公室的门窗及隔断。使用时应将毛面向外。
烤漆玻璃一般用于玻璃台面、玻璃形象墙、玻璃背景墙、玻璃围栏、包板、私密空间、店面内部和外部空间设计等。
玉砂玻璃防手印等污渍，遇水不会变透明。
烤漆玻璃一定要采用烤玻璃釉，否则会掉皮。

品牌推荐 | BRAND RECOMMENDATION

相关厂商详细信息，请参见附录品牌索引：
比耀、昱侨、申板、AGP、巨钿。

（以上推荐仅为市场少数优秀品牌，供设计师参考学习。同一品牌实际可能涉及多种产品，更多详细内容可登录随书小程序）

施工及安装要点 | CONSTRUCTION INTRO

（1）胶粘固定法：常用于烤漆艺术玻璃背景墙的固定。大多数情况下这种背景墙玻璃的厚度在 5mm 左右，重量相对较轻，在背景墙有背板的情况下采用结构胶固定法比较适合。具体的操作方法可以采用黑色结构胶打在背板上，一般为大芯板，然后将背景墙粘贴其上；为了防止凝固前的玻璃背景墙位移，可以采用胶带、顶压等辅助方式固定位置，待结构胶完全凝固后即可去除胶带。
（2）木框固定法：常用于厚度较薄的玻璃背景墙，周边木框承重。在背景墙的制作中将图案分割在几块玻璃上，每一块玻璃都加装木框，固定的时候用上拉下托的方式将木框固定在指定位置，施工安装都比较方便。
（3）镜钉固定法：多用于无框艺术玻璃背景墙或者较厚较重的艺术玻璃背景墙。单块玻璃的高度与长度以 1.5m 为界，超过这个界限需要预先三等分钻 3 个镜钉孔。如不超过 1.5m，则预先钻 2 个镜钉孔。固定时，预先在背板或者墙面上钻镜钉孔；放入膨胀管，然后玻璃上墙，再用镜钉螺钉固定。这种固定方式比较美观，承重较大，适合大面积与玻璃较厚的艺术玻璃背景墙的固定。
（4）胶粘与镜钉固定结合：使用比较少。在安装时，先在背板打孔放膨胀管，然后打胶粘接玻璃，随后用镜钉螺钉固定。以防位移，还可以采用顶压的方式辅助固定。

喷砂玻璃的应用 1

喷砂玻璃的应用 2

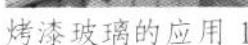
烤漆玻璃的应用 1

烤漆玻璃的应用 2

同济大学浙江学院图书馆

设计：致正建筑工作室

材料概况：建筑表面覆盖着各色的烤漆玻璃。

见微知筑工作室

设计：谭刚毅，彭雯霏，刘雅君，陈芊

材料概况：隔间的木格栅形成前景的山形，后面玻璃隔断为喷砂处理的山峦形态，近山与远山叠合，取山的层峦叠嶂之意。

新西兰纸板大教堂

设计：坂茂建筑事务所

材料概况： 大教堂山墙面充满了彩色烤漆玻璃。

西班牙公寓改造

设计：Zoom

材料概况：在内部套间使用磨砂玻璃创造出光影的层次。

调光 / 电子玻璃 | Smart Glass

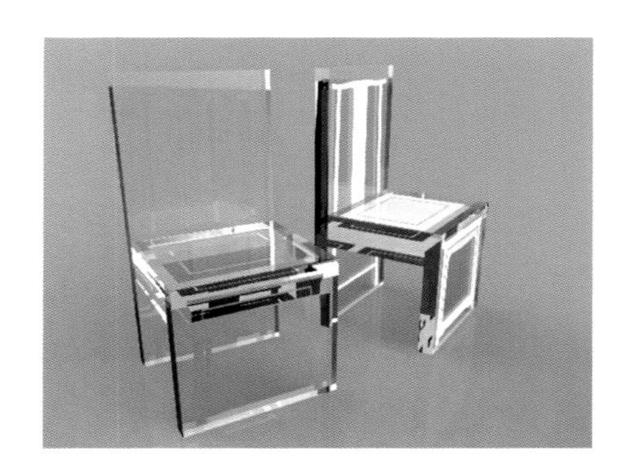

材料简介 | INTRODUCTION

调光 / 电子玻璃是将液晶膜复合进两层玻璃中间，经高温高压胶合后一体成型的带夹层结构的新型特种光电玻璃产品。使用者可通过控制电流的通断来控制玻璃的透明程度。玻璃本身不仅具有一切安全玻璃的特性，同时又兼具开放共享和隐私保护的转换功能。由于液晶膜夹层的特性，调光玻璃还可以作为投影屏幕使用，替代普通幕布，在玻璃上呈现高清图像。

材料性能及特征 | PERFORMANCE & CHARACTER

在国内，人们习惯称调光玻璃为智能电控调光玻璃、智能玻璃、液晶玻璃、电控玻璃、变色玻璃、PDLC 玻璃、Smart 玻璃及魔法玻璃等。当电控调光玻璃关闭电源时，玻璃内的液晶分子会呈现不规则的散布状态，呈现透光而不透明的外观状态；当给调光玻璃通电后，里面的液晶分子整齐排列，光线可以自由穿透，此时玻璃瞬间呈现透明状态。其主要特点如下：

（1）隐私保护功能：调光玻璃的最大功用是隐私保护功能，可以随时控制玻璃的透明或不透明状态。

（2）投影功能：调光玻璃还是一款非常优秀的投影硬屏，在光线适宜的环境下，如果选用高流明投影机，投影成像效果非常清晰出众（建议选用背投成像方式）。

（3）具备安全玻璃的优点，包括破裂后防止碎片飞溅的安全性能，抗打击强度好；

（4）环保特性：调光玻璃中间的调光膜及胶片可以隔热，阻隔 99% 以上的紫外线及 98% 以上的红外线。它可屏蔽部分红外线，减少热辐射及传递；屏蔽紫外线，可保护室内的陈设不因紫外辐照而出现退色、老化等情况，保护人员不受紫外线直射而引起疾病。

（5）隔音特性：调光玻璃中间的的调光膜及胶片有声音阻尼作用，可部分阻隔噪声。

产品工艺及分类 | TECHNIC & CATEGORY

调光玻璃有以下几种加工生产方法细解：

（1）一步真空成型法：其设备结构简单，但真正能制作调光玻璃的设备寥寥无几，其加工工艺看似简单，但在实际操作过程中对温度控制精度的要求很高，会出现的废品现象是气泡、开胶、雾度大。由于调光玻璃生产成本较高，容不得超过百分之一的加工废品率，所以非标企业以及技术能力达不到精准控制的企业，一般不敢用此法生产调光玻璃。目前国内掌握“一步法”调光玻璃加工精髓的厂家非常少。但采用此方法做出的调光玻璃成品使用寿命长，性能相对稳定。

（2）高压釜加工：高压釜加工的前道工艺类似“一步法”，后期才用高压釜高压高温成型。高压釜加工可有效避免气泡、开胶等现象，但缺点也显而易见，由于高压釜成型的玻璃承受的压力两倍于一步法真空成型，而调光玻璃的主要夹层材料导电薄膜会因收缩率大造成导电镀层断裂或电阻率加大，使调光玻璃成品的性能和使用寿命缩短。高压釜成型法用于调光玻璃的设备必须专用，精准适合调光玻璃的特性，遗憾的是目前国内极少厂家是专用，大部分是和常规夹层玻璃混用，高压釜频繁的参数调整既保证不了调光玻璃的参数要求，也容易损坏设备；

（3）水浴法：是将密封的夹具浸入 100℃的水槽中，是各种加工工艺温度最准确和均匀的，但夹具的制造难度非常大，只有日本厂家采用。

控制方式分为：

人工开光、人工调光；

光控调光、声控开光、温控开光；

遥控开关、远程网控。

调光玻璃打开

调光玻璃关闭

调光玻璃打开

调光玻璃关闭

调光玻璃打开

调光玻璃关闭

常用参数 | COMMON PARAMETERS

透光率：断电时 <2%~3%，通电时 >76%；
环境湿度：≤ 85%；储存温度：-20~60℃；
工作温度：-10~50℃；
玻璃厚度：5.5~40.5mm 不等；夹层厚度：1.5mm；
可视角度：约 140°；
平均能耗：每平方米约 5W/h。

（以上数据为市场部分厂家产品参数，不同厂家各有差别，仅供参考）

价格区间 | PRICE RANGE

1 500~3 000 元 /m²

调光玻璃价格比较高，从刚问世时每平方米上万美元降至目前每平方米不到万元人民币，但由于成本居高不下等原因，调光玻璃价格相对而言一直仍处在高位，这也决定了其应用领域多定位于高端市场。

（以上价格仅为市场普通中端产品价格，材料价格会因不同项目、不同品牌以及订制等多方原因有较大浮动，仅供参考）

设计注意事项 | DESIGN KEY POINTS

控制多样化：手控、遥控、光控、声控、红外、远程网络控制。
适用范围：会议室投影屏、小型家庭影院投影幕布；会议室玻璃墙、办公区域隔断、监控室隔断；私人住宅窗户、隔断，卫浴隔断；特殊病房、手术室、监控室、讯问室等；博物馆、展馆、珠宝店、银行等可用于安全防盗。
目前也有用电子调光膜贴在普通玻璃外，等同调光玻璃的效果。
填缝应采用中性玻璃胶处理。
调光玻璃在不通电的情况下，做不到超白透明的效果。

品牌推荐 | BRAND RECOMMENDATION

相关厂商详细信息，请参见附录品牌索引：

施工及安装要点 | CONSTRUCTION INTRO

（1）首先在安装调光玻璃处，根据建筑结构制作安装玻璃的四周框架。
（2）在框架上方槽中部的部位，玻璃宽度一半尺寸处钻孔 Φ15~Φ20mm 至顶棚上。如安装多块玻璃，每块玻璃宽度的一半尺寸处上方槽中的部位都需钻孔。
（3）每个导出电线预放导线一对，线径为 Φ0.5mm，长度为 2.5m，框体内预留 300mm，顶棚上从孔处至框体处放线到控制箱安放处。
（4）制作框架需确保玻璃安装在一个平面上并垂直于地面，框架内壁四周边沿口处粘橡胶条。
（5）安放调光玻璃时应注意安装一块固定一块，即固定上档块。如安装多块调光玻璃，需调整玻璃间隙在 3~5mm，使玻璃间隙整体一致。连接每块玻璃电源线至电源控制箱，固定上下左右档块。档块于玻璃内壁接触处都需粘接橡胶条。
（6）安装固定电源控制箱，逐块检测每块玻璃加电状态后，再进行整体联试、框体外部装饰。
（7）玻璃进行间隙封闭处理。

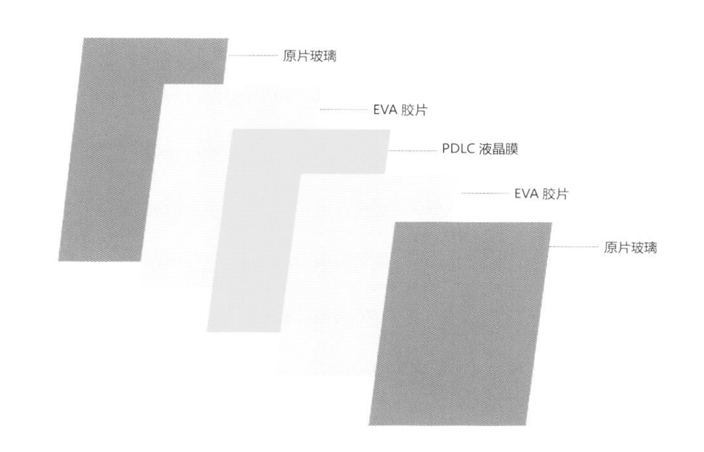

调光电子玻璃夹胶工艺

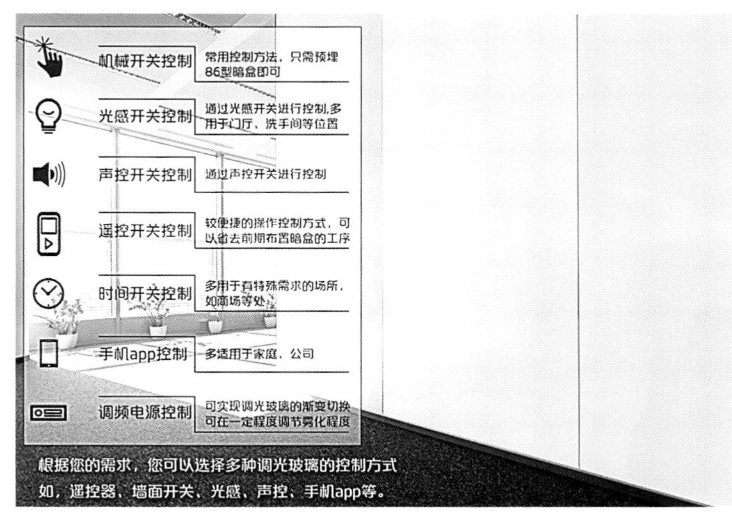

调光电子玻璃控制工艺

上海 OMG 电子竞技俱乐部

设计：上海谷腾设计师事务所

材料概况：电子玻璃明暗起伏，让人感觉到整个战舰像是一个机械生命体的存在。

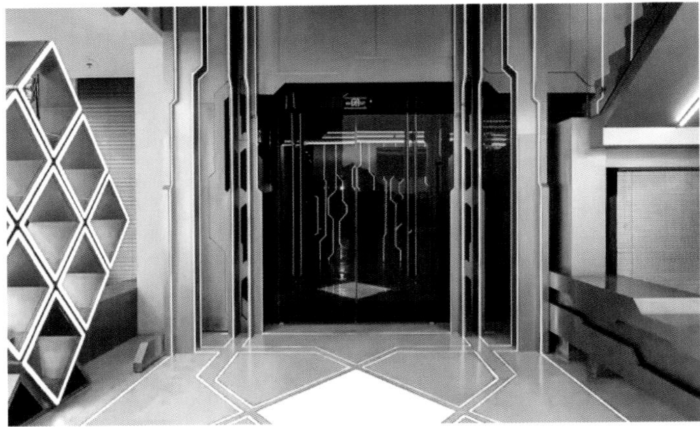

2015 年广州设计周共生形态馆

设计：C&C Design

材料概况：若干电子玻璃被设置在空间的尽端，观众可以隔着玻璃看到外面的世界，除非原路返回否则无法走出这个身处的空间。

荣宝斋咖啡书屋

设计：建筑营设计工作室

材料概况：二层有一个由调光玻璃围合成的发光的盒子作为会议室。调光玻璃可改变内外的透明状态，让会议室使用更加灵活。

Faber 意大利总部大楼

设计：GEZA

材料概况：调光玻璃和五种不同类型的混凝土，让建筑在保持形态和严格的工业化布局基础上，展现出细微的差别。

E 木材 WOOD

中国目前是世界上最大的木业加工、木制品生产基地和最主要的木制品加工出口国，同时也是国际上最大的木材采购商之一。我国的人造板、家具、地板等木材加工业已形成一个稳定的工艺系统，专业化程度不断提高。木材作为一种古老的材料，拥有亲切、温暖的材质感，保留了天然朴素的本质，从木造住宅的建材到室内装饰的内装材料，被广泛应用于建筑装饰中，其良好的装饰性和易加工性为设计带来了无限可能。建筑装饰木材主要可用于板材、地板、家具、贴面、工艺品等的制作。木材在装饰上分为三种用法，分别是实木类、夹板或复合板及木皮类。

自古以来，木材一直是应用最广泛的建筑装饰材料之一，其自然朴素的特性令人产生温暖感，很多的设计师认为最有人情味的材料就是木材，因此木材在室内设计中被大量应用在表面装饰，如门、家具、地板等。木材的品种非常多，根据不同的产地和不同品种，价格相差较大，在室内设计中应用最多的是表面装饰，目前广泛应用的是木皮工厂化加工成品木板或免漆板，木皮的发展呈现出三种趋势，一是展现木皮本身天然的纹理效果，二是通过油漆染色的效果加上纹理带来不同的视觉感受，三是通过拼贴的效果达到立体及平面构成的视觉图案。

由于木材属于天然生长，一是生长周期慢，可再生能力弱，二是有的木材比较稀有，因此随着科技的发展，人造木开始被大量使用，市场上应用最多的俗称科技木，可以高度仿真一些珍稀的天然木材，满足市场的消费需求。

传统的木材都是使用树干部位进行再加工生产，还有一些有一定产量及再生的树种，可以使用树皮加工处理，比如软木。

在充分挖掘木材的循环利用及特殊效果上，开始有厂家专业提供使用过的木材，或经过海水或河流浸泡过的木材，还有经过炭化的木材。这些木材的再利用，更有一些岁月的沧桑和一些背后的故事，在设计师的使用下，表达出另一种的美。

拼花木皮

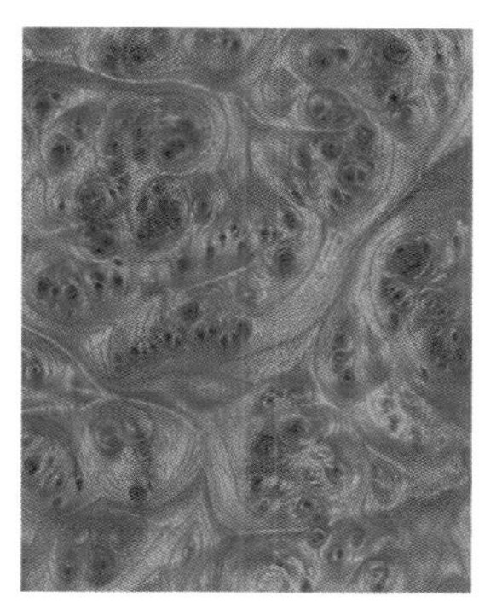

图片来源：TABU

古木

炭化木

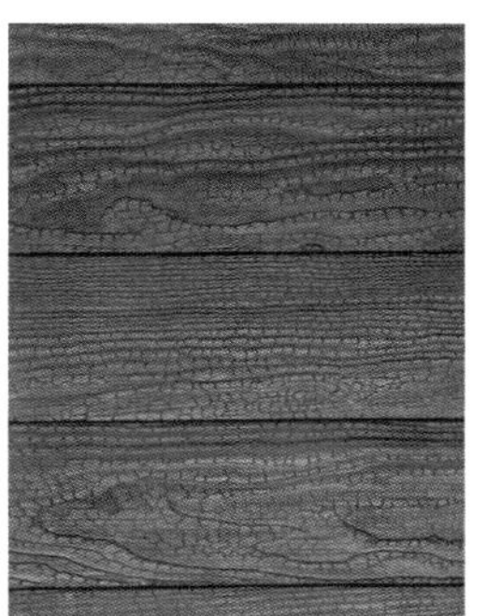

图片来源：DELTA MILLWORKS

木皮 | Wood Veneer

材料简介 | INTRODUCTION

木皮，又称薄木、单板，应用于家具与墙面等产品的贴面装饰，是一种具有珍贵树种特色的木质片状薄型饰面或贴面材料。距今发现最早的木皮使用是在 4 000 年前的埃及，由于当地是热带沙漠地区，木材资源稀缺紧张，但是统治阶级又对珍贵木材极度喜爱和追求，在此情况下，人们就发明了把木材切割开制作木皮的方法。现在，木皮作为最具装饰性的一种木制品，已经被应用于很多产品，这些产品不仅具备美观的外表，而且合理利用了材料。木皮的应用大大解放了木材的材料限制，在有效保护资源的前提下，可制造出高品质的木质贴面材料。

材料性能及特征 | PERFORMANCE & CHARACTER

（1）科技木皮（人造木皮）：是以普通木材（速生材）为原料，利用仿生学原理，通过对普通木材、速生材进行各种改性物化处理生产的一种性能更加优越的全木质的新型装饰材料，是天然木材的“升级版”。其选用原木为原材料，经过一系列的图案设计、染色、再构造、除虫处理、高温高压之后生成为科技木皮。处理之后的科技木皮，表面光滑，不仅色彩甚为丰富，而且可以很好地满足不同装修场所的要求和广大家具木门装饰厂家各自的需求。能够完成对原木材缺陷的改造，天然木材的变色、虫孔等不可避免的瑕疵也被克服，更好地保证和优化了科技木与天然木的结合。

（2）木饰面免漆板：属天然木材，没有经过人工修饰而呈现出木头的天然纹理和色彩。采用天然原木材直接生产木皮，其具有特殊而无规律的天然纹理，能触发回归自然的原始心动和美的享受。中端品种有水曲柳、红橡、杨木、桉木等系列品种，高端品种有球沙、珍珠木皮、法国尼斯等系列品种。

（3）天然染色木皮：天然木皮天然形成的矿物质结疤，纹理不统一，需要由人工添加颜色进行修饰以达到统一标准。这是一种新时代的装饰材料，用原天然木材加工染制，而不失天然木材特质（光线色差及自然纹理），亦可发挥创意制作出特别的颜色（普通油漆效果只会掩盖木材本身应有的明显纹理、色差等），可为现代设计增添丰富色彩。染色木皮的优势：经过处理之后的染色木皮，表面光滑，色彩丰富；可以重新还原各种稀有珍贵木材；能够完成对原木材缺陷的改造。

产品工艺及分类 | TECHNIC & CATEGORY

按厚度分类：厚度 >0.5mm 称为厚木皮，<0.5mm 称为微木皮。

按形态分类：可分为天然木皮、染色木皮、科技木皮、拼接木皮、成卷木皮（无纺布木皮）等。

按来源分类：国产木皮和进口木皮。

按树种分类：可分为胡桃木、水曲柳、樱桃木、枫木和柚木等。

（1）胡桃木颜色以黑褐色为主，略带紫色，切面的纹理是大山纹，木材优质，价格相对偏高。

（2）水曲柳颜色以黄褐色至灰黄褐色为主，色彩鲜艳，表面光泽，弦面有的像倒“V”形，有的像山水状花纹，径面有时像羊卷角状纹理。

（3）樱桃木颜色主要呈浅黄褐色，弦切面像中等大小的抛物线，中间穿插小圈纹，纹理呈现很雅致。

（4）枫木颜色呈浅黄，切面有小山纹且有影，在用材树木中属于中档木材。

（5）柚木具有耐腐蚀性，上蜡性较好，油性比较足，被全球公认为名贵树种。

木皮的切割方法有旋切、弦切、径切、剖料切和纵向切等。

（1）旋切：将原木安装在车床中央，切片刀以微少角度插入原木，然后将原木顶着切片刀旋转，便可造出旋切木皮。旋切木皮能阔至提供整板板面。

（2）弦切：又称平切、平面切片、平片，是切片刀沿着原木中心的平行线，切出木片。

（3）径切：径切是垂直切向原木的年轮，生产出呈现直纹的木皮。

（4）剖料切：剖料切木皮采用各种橡木制造。橡木的木髓射线由原木中心伸展开来，就像车轮的弯曲轮辐。以微少角度切向橡木的木髓射线，尽量减低鳞片状木纹的出现，生产出有直纹的木皮。

（5）纵向切：将平锯板材平放通过固定的切片刀，从板材底部切出木皮。纵向切木皮的纹理图案变化多端。

科技木皮

天然木皮

染色木皮

拼接木皮

无纺布木皮

斜编木皮

常用参数 | COMMON PARAMETERS

环保等级：E1 级；防火等级：B1 级；
甲醛释放量：≤ 1.5mg/L；
可溶性铅：≤ 90mg/kg；可溶性镉：≤ 75mg/kg；
可溶性铬：≤ 60mg/kg；可溶性汞：≤ 60mg/kg；
常用厚度：0.15~0.6mm。

（以上数据为市场部分厂家产品参数，不同厂家各有差别，仅供参考）

价格区间 | PRICE RANGE

30~600 元 /m²

由于木皮的种类、规格、木材稀缺度、工艺等不同，木皮价格差异较大，一般来说，价格在 30~200 元 /m²。木饰面免漆板根据木材的不同，价格在 100~600 元 /m²。科技木皮相应的造价会低，根据品牌不同，价格浮动较大。

（以上价格仅为市场普通中端产品价格，材料价格会因不同项目、不同品牌以及订制等多方原因有较大浮动，仅供参考）

设计注意事项 | DESIGN KEY POINTS

（1）板式家具：衣柜、综合柜、五斗柜、床组，大都是以人造板或细木工板或塑合板为柜架，再以空心夹板做门、夹板作抽屉，表面贴以各种材质木皮，边缘贴上封边条组合而成，以达到所需的效果及用途。
（2）木门：门芯采用实木、集成材或中密度板等，表面外层贴 0.12~0.6mm 木皮，经高温压制成整体门扇。
（3）木皮贴面的木质壁：木皮饰面具有自然风貌，予人亲切感。成品木皮饰面一般在工厂加工，油漆完成，到现场直接安装，对一些超常规尺寸的拼接方式、各种阴阳角收口，以及需要统一处理的暗门、机电末端都应在设计图纸上有处理方法。
注意设计标明纹理的施工方向及山纹或直纹的要求，注意木皮自然的长度和分缝的处理。

品牌推荐 | BRAND RECOMMENDATION

相关厂商详细信息，请参见附录品牌索引：
维木、科定、兔宝宝、达颜、活士、Tabu（意大利）。

（以上推荐仅为市场少数优秀品牌，供设计师参考学习。同一品牌实际可能涉及多种产品，更多详细内容可登录随书小程序）

施工及安装要点 | CONSTRUCTION INTRO

1. 贴木皮工艺过程：
贴木皮家具以中纤板、刨花板以及胶合板等人造板为基材，表面覆贴木皮，家具的支架仍为实木，以力争达到纯实木的效果。贴木皮工艺流程为：选木皮→裁木皮→拼木皮→涂胶、贴面→热压→修边、修补。

2. 选木皮
木皮有天然木皮和人造木皮两大类，应根据产品要求选择最合适的材质、规格和颜色的木皮。
（1）选等级：按国家标准，木皮有一级和二级之分。通常重要表面应选取一级木皮，次要表面则可选用二级木皮。所选木皮应无死节、腐朽、白边，一些部件的重要面不允许有矿物线过多等缺陷。
（2）选纹理：木皮的纹理分为直纹（呈直线状）和山纹（呈山形）。要根据产品的要求选定木皮的纹理。一组产品的纹理应基本一致。
（3）选颜色：同一树种木皮色泽有深浅，应选择合适的木皮以便涂饰。
（4）选规格：选择合适的长度和宽度，要考虑到余料最小。

3. 裁木皮
裁木皮是将木皮裁成能拼成符合部件规格尺寸要求的工序。为了达到装饰效果，可将不同纹理、不同颜色的木皮拼接成图案（简称拼花）。为了保证接缝严密，木皮平整，应对木皮进行裁剪处理。通常运用木皮裁剪机对木皮进行裁剪，先进行长度方向裁切，后进行宽度方向裁切。裁木皮时，应留余量，长度方向一般余量为 20mm。在裁切过程中为了防止木皮边缘出现毛刺，应在待切木皮底部放垫条。裁切要达到木皮切口光滑、平直，不允许有毛刺、撕裂。

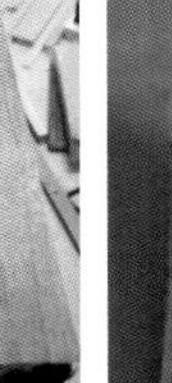

裁切木皮

布胶

贴上，裁边

熨斗熨服帖

上海柏悦酒店

设计：季裕堂

材料概况：采用了木皮贴面，展现细腻的木质纹路。

安宁木居

设计：禾筑设计

材料概况：纹理自然高贵的北美胡桃木木皮饰面为主，搭配白色银狐大理石，精确地规划木材材质及比例分配，嵌入条状分布的灯光设计与弧形的天花板造型让空间感开阔壮大，无高低差平整的地坪实现了全场域畅行无阻的理念。

世外酒店

设计：Mobil Arquitectos

材料概况：酒店的落叶松木皮从室外延伸进室内，形成天花，实现整体统一的效果。

比利时某画家工作室

设计：Tijl Vanmeirhaeghe + Carl Bourgeois

材料概况：黑色桦木皮饰面的墙体成为作品展陈的背景。

软木 | Cork

材料简介 | INTRODUCTION

软木采自橡树的皮肤保护层，学名栓皮栎，因为其质地轻软，故而俗称软木。软木从树上剥下时厚度一般为4~5cm，最厚的可达10cm以上，断面有天然纹理，呈淡土黄色。

软木原材料可重复采摘，周期为8~9年，一棵成木可进行十多次的树皮采剥，我们通常见到的高档红酒的瓶塞就是用软木整料冲压而成的，剩余的软木可打成颗粒，广泛用于很多工业和民用产品，比较常见的有软木地板、软木墙板、建筑用软木砖和绝缘软木，等等。

材料性能及特征 | PERFORMANCE & CHARACTER

软木在室内设计领域的应用主要有软木地板、软木墙板、隔音板和软木告示板等，除此之外，还有冷冻设备绝热层和大量的软木家具及工艺品，如：桌凳、灯具、玩具、瓶塞等。其具有弹性、密封性、隔热性、隔音性、电绝缘性和耐摩擦性好，无毒、无味、比重小、手感柔软、不易着火等优点，至今仍没有人造产品堪与其媲美。其主要特点如下：

（1）隔声：软木是一种多孔性材料，有吸声的作用，所以具有隔音的性能。若在普通高层房中铺设软木地板，其隔声效果可达到或接近1级隔声标准。

（2）耐腐朽、耐化学侵蚀：除会被浓硝酸、浓硫酸、氯、碘等腐蚀以外，对水、油脂、汽油、有机酸、盐类、酯类等都不起化学作用。

（3）防滑：地板表面有无数个被切开的木栓细胞，当脚踩下去时，木栓细胞就变成一个个真空小吸盘，其静摩擦系数大于1，而且产生负压，因此当脚与地面接触时，脚板就会被吸在地板上，从而减少了脚与地板的相对位移，减少磨擦，延长了地板的耐磨时间和使用寿命，更起到了防滑的作用。

（4）因为内部孔隙多，热传递慢，所以赤脚踩在软木地板上时，软木不会带走人体太多的热量，我们能感觉地板很“温暖”。

（5）可压缩性和弹性：由于软木特殊的细胞结构，软木地板承受家具的重量及人重量的同时，其横向不会变形，即压缩后会发生体积变化。但是压力卸除之后，即基本恢复原来的形状，尺寸稳定性好。由于弹性好，脚感舒适，人行走在上面，能减轻腿部和脊背的疲劳。

（6）防虫：无论在潮湿的地中海还是干燥的非洲大陆，还没有虫蛀软木地板的记录。

产品工艺及分类 | TECHNIC & CATEGORY

软木种类繁多，制成家具，价格能为大多数人接受。许多软木在使用时多和硬木搭配，如榉木、楠木、樟木、松木和杉木都是常见的材料。

软木制品分类有：

（1）天然软木制品：经蒸煮、软化、干燥后，直接切割、冲压 、旋削等制成成品，如塞 、垫 、工艺品等；

（2）烘焙软木制品：天然软木制品的剩料经粉碎再压缩成型，在260~316℃的烘炉里烤1~1.5h，放冷后即制成保温隔热的软木砖，另外也可用过热蒸汽加热方法制造。

（3）胶结软木制品：软木细粒和粉末、胶黏剂（如树脂、橡胶）混合后压制而成，如地板贴面、隔音板、隔热板等，广泛应用于航天、船舶、机械、建筑等领域。

（4）软木橡胶制品：以软木粉和用量约占70%的橡胶制成，具有软木的可压缩性和橡胶的弹性。主要用于发动机等作为优质低、中压静密封材料，也可用作抗震、隔音、抗摩擦材料等。

软木灯具

亮光系列艺术树脂

软木砖

软木新风盒

软木u盘

软木凳

软木手机壳

软木地板

常用参数 | COMMON PARAMETERS

成分：软木脂 45%，木质素 27%，纤维素 12%，丹宁酸 6%，蜡状物 5%，其他 5%；
氧指数：22.2；焰类高度：40mm；
防火等级：B1 级；
隔声效果可达到或接近 1 级隔声标准。

（以上数据为市场部分厂家产品参数，不同厂家各有差别，仅供参考）

价格区间 | PRICE RANGE

200~800 元 /m²

由于软木制成品最终形态各异，价格也不尽相同，此处主要列举使用面积较大的软木地板和软木墙板价格。

（以上价格仅为市场普通中端产品价格，材料价格会因不同项目、不同品牌以及订制等多方原因有较大浮动，仅供参考）

设计注意事项 | DESIGN KEY POINTS

软木地板遇水可能会膨胀。红酒塞之所以能够塞稳，是因为酒一直浸泡着瓶塞，瓶塞膨胀，能够隔绝空气进入酒瓶，这就是为何藏酒不会直立放置，一定要瓶口朝下的原因。由此可见，若是软木地板长期浸水，也一定会膨胀，因此不推荐把软木地板铺在卫浴间里。
软木地板应避免与砂粒或其他质硬物质产生流动磨损。不可将温度过高的物品直接放在地板上，以免导致烫坏表面漆膜。

品牌推荐 | BRAND RECOMMENDATION

相关厂商详细信息，请参见附录品牌索引：
得高、Corksribas（葡萄牙）。

（以上推荐仅为市场少数优秀品牌，供设计师参考学习。同一品牌实际可能涉及多种产品，更多详细内容可登录随书小程序）

施工及安装要点 | CONSTRUCTION INTRO

1. 锁扣式软木地板：两层软木之间夹一层高密度板，可以理解为软木款的强化复合地板。锁扣式的软木地板安装方便，和普通的木地板是完全一样的。

2. 粘贴式软木地板：
粘贴式的软木地板也叫纯软木地板，是薄薄的一层软木片，厚度只有 3~4mm。铺这种软木地板时，地面以水泥自流平进行精找平，然后直接在水泥上涂抹胶水，把软木地板贴上去即完成，粘贴时完全不留缝。

3. 安装注意事项：
（1）地面平整，如用水泥铺底后三天内不能安装，待水分彻底蒸发干爽后方能铺设锁扣式软木地板；
（2）地面不能堆放杂物；
（3）室内环境干爽，如地面有积水、渗水、漏水的现象均不能铺设；
（4）预留面层完成面空隙；
（5）施工现场安装期间不可以不同工种交叉施工；
（6）超出自流平水泥垫底层标高的物件必须清除（如小灰土、钢筋、钉头、小水泥包等）；
（7）地面裂缝如超过 20mm 不能安装。

锁扣式软木地板

粘贴式软木地板

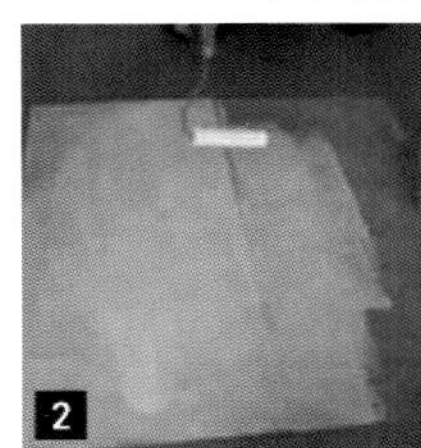

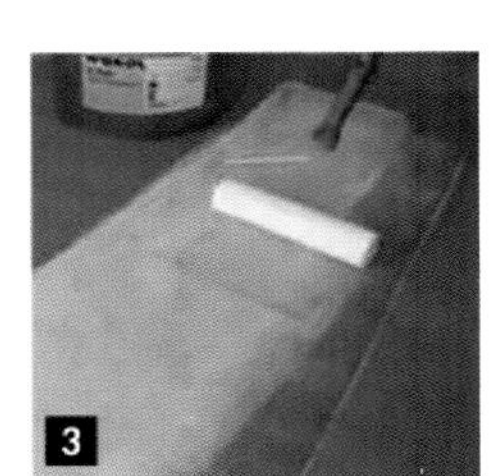

粘贴式软木地板安装步骤

上海 21Cake 复兴 SOHO 店

设计：非常建筑

材料概况：白色人造石表现出店面的简洁精致，配搭软木带来温暖氛围及经典格调。

Coffee Bar and B&B

设计：Office AIO

材料概况：咖啡馆一边的软木板墙既令人感觉温软舒适，也起到吸音的效果。

Villa Extramuros Hotel

设计：Vora Arquitectura

材料概况：白色体量因由暖色的软木墙连接，降低了白色的肃穆感，增加出温和的感觉。

软木公寓

设计：FORMAFATAL

材料概况：被切割成小圆片的软木如同马赛克砖片一样，覆盖了整个浴室墙面。

古木 | Ancient Wood

材料简介 | INTRODUCTION

古木是指有一定树龄的树木或使用过又重新再利用的木材。

名贵的古木，如经几千年所形成的乌木，即为上乘古木。因为乌木极其稀少，并且它的价值受形成它的古木树种、年份的影响，所以价格千差万别，不被更多的人了解。

废旧木材再利用，主要是再利用建筑废旧模板、工程方木圆木废料等；也有用使用过的木头、木地板、木墙板、船木，经过河流、海水浸泡的木头等，重新再进行设计和利用。

材料性能及特征 | PERFORMANCE & CHARACTER

古木家具有着统一和谐之美、简朴素雅之美以及含蓄内敛之美。

（1）从古木家具的结构上来说，最典型的连接方式，就是榫卯结构。很多家具几乎不用一枚铁钉，其结构受空气湿度的影响较小。在跨度较大部件之间的连接处，常常镶以牙板、牙条、圈口、券口、矮老、霸王枨、罗锅枨、卡子花等，既美观又加强了牢固性。

（2）古木家具在选材方面上，有讲究的方式，一般来说以家具的原有纹理特点来进行选择，挖掘木材本身的自然美。工匠们在用这些材料制作家具时，常常不再进行覆盖式的表面涂饰，而是用打蜡、上清油等方法，让木材本身的纹理、色调充分显现。严格的比例关系是古木家具造型的基础，典型的中式家具局部与整体的比例、图案与结构的形态关系都极为匀称而协调。

（3）中国古木家具经过了千百年来的不断发展，对于中国的一些家具技术人员来说，大多数都累积了丰富的装饰经验，装饰技法也达到了相当高的水平，就装饰技法而言，镶、嵌、雕、镂、描无所不能。然而在具体的某件家具上，决不因为材料技法多样而随意堆砌或进行炫耀式的装饰，而是局部装饰服从整体，以衬托整体的简洁之美， 做到锦上添花。

产品工艺及分类 | TECHNIC & CATEGORY

古木多用于高级装饰、高级工艺品及高级家具等，主要采用中国家具制造的雕刻、榫卯、镶嵌、曲线等传统工艺，使得工艺品更加空灵秀丽，富于观赏韵味。

较为常见与名贵的古木有：檀木、花梨木、黄花梨、黑酸枝木、红酸枝木、乌木、金丝楠木等。

老木墙板常见的搭配有：等高不等宽、厚度高差，形成阴影、完全自然风化面、彩色老木板等。

檀木示意图

花梨木示意图

等高不等宽

厚度高差

香枝木示意图

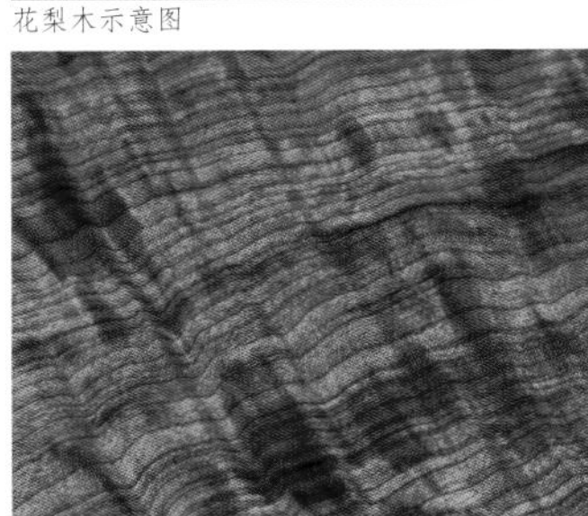
金丝楠木示意图

完全自然风化面

彩色老木板

红酸枝木示意图

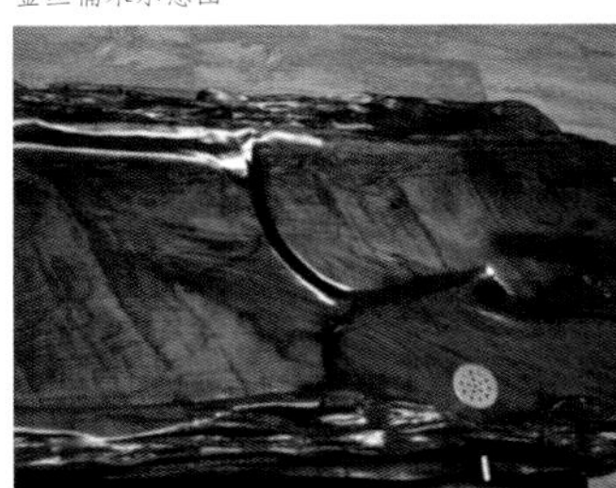
乌木示意图

常用参数 | COMMON PARAMETERS

防火等级：B1 级；
甲醛释放量：≤ 1.5mg/L；
可溶性铅：≤ 90mg/kg；可溶性镉：≤ 75mg/kg；
可溶性铬：≤ 60mg/kg；可溶性汞：≤ 60mg/kg。

（以上数据为市场部分厂家产品参数，不同厂家各有差别，仅供参考）

价格区间 | PRICE RANGE

500~5 000 元 /m²

古木家具的价格主要受材料的影响，金丝楠木较为昂贵，一般每件都要几十万甚至上百万，中间价位如榆木、榉木、水曲柳木、樟木等；墙板或地板价格，除了材质，还与回收价格及加工工艺有关。

（以上价格仅为市场普通中端产品价格，材料价格会因不同项目、不同品牌以及订制等多方原因有较大浮动，仅供参考）

设计注意事项 | DESIGN KEY POINTS

古木墙板在商业、餐饮、居家、办公、博物馆等场所空间应用广泛，其组合、施工方案各有不同。常用木种主要为老松木、老杉木等。和地板不同，墙面上的木墙板主要起装饰作用，可长期保持干燥，使用过程中，较少机会承受外力，因此，常用的铺墙方式为单边槽、明钉固定、特殊配件固定等。
古木墙板常采用老木板的自然风化面效果，做锁色处理，一般单面墙的颜色远观较为均匀。也有根据需要，对表面颜色做少量修色。
由于古木不属于标准化可复制产品，因此建议先预拼接，确定效果后再施工。

品牌推荐 | BRAND RECOMMENDATION

相关厂商详细信息，请参见附录品牌索引：
臻藏古木、全奇信。

（以上推荐仅为市场少数优秀品牌，供设计师参考学习。同一品牌实际可能涉及多种产品，更多详细内容可登录随书小程序）

施工及安装要点 | CONSTRUCTION INTRO

古木家具生产步骤：干燥→雕刻→刮磨→榫卯→表面涂饰。
（1）干燥：将木材干燥处理后开料成适合板材，再经过精选，去其糟粕，杜绝虫蛀等劣质木材进入生产流程。采用科学蒸汽的干燥方法烘干处理，让木料含水保持量达到科学标准，保证家具的经久耐用，防止开裂变形。
（2）雕刻：每件家具，都经过能工巧匠的精心雕琢。雕刻艺术大师们以凿、雕、修、刮、磨等精妙艺术手段，一丝不苟，精雕细刻，创造出构图生动、形象鲜明、技艺精湛的家具精品。
（3）刮磨：为了使古木家具线条流畅，表面平坦无波浪感，使其视觉流平度佳，纹理流畅清晰，该道工艺采用纯手工做法，用钢片对材质进行刮磨，同时对树材经过长年生长时所产生的材质缺陷进行修补，使其完好无损，达到经久耐用之效果。
（4）榫卯：以巧妙的结构设计使得整个家具中不需一颗钉子，且比“钉子”家具结构更牢固。榫卯结构精制而成的家具一般不会发生开裂、变形。
（5）表面涂饰：此工艺是经过多次反复的打磨擦漆、上色等纯手工做法进行的表面处理，其做出来的产品木纹清晰、平滑流畅，色泽清莹光澈，手感舒适。

茶台

桌椅

木板再利用

木板再利用

漂流木

原木

臻藏古木墙

材料概况：非常有味道的古木墙面。

老屋

材料概况：古木家具让老屋重焕生命，来安放内心的柔软。

意大利特雷维索老城 Fiera 宅

设计：Massimo Galeotti Architetto

材料概况：老宅利用原生原木装饰吊顶、加固吊顶，实现装饰和结构的双重作用，同时又展现出整个空间的朴素美。

重庆 s.n.d 时尚店

设计：3GATTI

材料概况：利用回收木板制作成地板。

F

石膏
PLASTER

我国是名副其实的石膏制品生产和销售大国，在世界石膏制品产业中占有重要地位。石膏不仅是重要的工业原料，而且是新型建材与装饰的主要材料。建筑石膏属气硬性胶凝材料，生产建筑石膏的原料主要是天然二水石膏。石膏建材产品具有环保、高强、轻质、防火、隔音、保温、造型可塑性强、无放射性等多种优良性能，石膏制品易于加工、施工采用干作业，文明、快捷。在装饰领域，石膏主要有石膏板、石膏线条和 GRG 等产品类型，尤其是以 GRG 为代表的石膏产品，应用在一些异形、曲线及一体化设计为主的空间环境中有不可替代的优势，是在造型美学上突出的建材制品。

应用前沿

建筑装饰石膏制品很早就应用在室内环境中，传统的主要有石膏板和装饰石膏制品两大类。石膏板作为基础材料具有质地相对较轻、防火性能良好以及防潮防虫的特点，装饰石膏制品主要有各种线条、浮雕，石膏柱，壁炉，各种花饰等。因为这些产品主要应用在欧式古典风格装饰中，所以使用场景有所局限。

近年来，由建筑师扎哈•哈迪德引领的未来主义风格，使用大量的流线、曲线的造型设计风格，让玻璃纤维加强石膏板（俗称 GRG）这一材料被广泛使用，GRG 可以根据设计师的实际需要，制作出不同形态的结构及产品，包括单曲面、双曲面、三维覆面等各种几何形状的艺术造型。因为材料加工的无限可塑性，可以满足设计师无限的想象力，加上表面还可以设计各种花纹、图案、孔洞，除了在肌理视觉上带来各种丰富的可能性，通过声学设计的具体要求更能满足一些室内的特殊声学效果，适于应用于音乐厅、歌剧院、报告厅等。

GRG

玻璃纤维增强石膏板 | Glass Fiber Reinforced Gypsum

材料简介 | INTRODUCTION

GRG 是玻璃纤维增强石膏板的缩写，它是由改良的纤维和阿尔法增强石膏合成的一种异形装饰材料，因可自由造型使其成为个性化设计的首选材料。它独特的材料构成方式足以抵御环境造成的破损、变形和开裂，可制成各种三维曲面板、镂空板以及各种功能型产品及各种艺术造型，是目前国际上建筑材料装饰界流行的更新换代产品。GRG 是一种极具想象力的魔术材料，它在空间、色彩和造型表现等方面的独特优势可以让建筑设计不再局限于传统的限制，使建筑艺术发展到一个更高的层次。

材料性能及特征 | PERFORMANCE & CHARACTER

GRG 选形丰富，可任意采用预铸式加工工艺来订制单曲面、双曲面、三维覆面各种几何形状、镂空花纹、浮雕图案等任意艺术造型，可充分发挥设计想象。其壁薄、质轻、强度高及不燃（A 级防火材料），并可对室内环境的湿度进行调节，使生活环境舒适。其主要性能及特征如下：

（1）无限可塑性： 产品根据工程项目的图纸转化成生产图，先做模具，再通过流体预铸式生产方式，可以做成任意造型。任意可塑性为建筑室内装饰的造型实现了产品的无缝对接。

（2）可呼吸，自然调节室内湿度： GRG 板是一种有大量微孔结构的板材，在自然环境中，多孔结构可以吸收与释放空气中的水分，起到调节室内相对湿度的作用，创造室内舒适的小气候。

（3）质量轻，强度高： GRG 板厚度通常为 15mm，每平方米重量为 16~18kg/m^2，能减轻主体建筑重量及负载。其强度高，超过国际 JC/T 799-1998(1996) 装饰石膏板断裂荷载强度 10 倍。

（4）声学效果好：GRG 的厚度可根据声学要求来订制，最薄可达到 4mm 左右，可以较好满足声学空间对高频、低频声学设计要求，并保持良好的造型设计。其作为吸声结构，可达到隔声、吸音的作用。

产品工艺及分类 | TECHNIC & CATEGORY

GRG 是在模具上经过层压工艺制成的预铸式石膏产品。GRG 的准确成型依赖于模具的精确生产，可以说高精细度模具的生产是产品质量的必要条件。首先由设计师对图纸进行深化设计，根据生产要求进行分块处理，然后交到生产部，生产部根据造型选择模具材料进行生产。

（1）制做模具：材料主要使用木材、硅胶、玻璃钢、泡沫等，各种模具均有不同用途和适用范围。泡沫模具适用于精度要求不高的一次性模具。木工板模具适于一些规则造型。硅胶模具用于造型复杂，同时数量大的板块。但是传统木工制模工艺正被先进的 CNC 数控雕模机床制模工艺取代。CNC 数控雕模机床有很大的优势，可以进行复杂造型数控雕模，2D、3D 任意造型均可生产；生产过程全自动，模具产品质量稳定；机器生产具有高精度，高可靠性，保障产品和建筑师电子模具的一致；模具产品一致性强，不受技术工人技术素质的影响；生产效率高，产能稳定，可有效保障工期；但 CNC 数控雕模机床设备、场地一次性投入大、生产成本高、系统复杂，维护成本高、要求高端的建模及相关软件应用人员，人力成本高。

（2）模具喷浆：目前国内以人工手糊工艺为主，也有模具制造出来以后，制模部对模具进行浇铸，等待 GRG 浆料硬化，最快 30min 后可以脱模，所以 GRG 的生产周期比较短。喷浆主要为预混工艺，是将短切玻璃纤维和石膏基体共同搅拌，形成均匀的玻璃纤维石膏混合料，然后通过浇筑或喷射的方法制成产品。

（3）产品养护：GRG 的养护看似简单，其实大有讲究，不论是平板还是曲面板，在干燥过程中都很容易变形。脱模后根据 GRG 板的造型订制专门用于养护的木托架，顺着曲面较小的方向垂直摆放。板块间隔不小于 100mm，在室温 15 度以上的情况下室内养护一周；冬季养护前两天不得低于 5℃，养护时长不小于一周。

GRG 木模制作工艺

GRG 数控雕刻模板制作

GRG 表面裱糊制作

GRG 表面喷射制作

GRG 表面装饰墙板

GRG 表面 3D 造型

常用参数 | COMMON PARAMETERS

抗弯强度：≥ 12MPa；抗拉强度：≥ 10MPa；
抗冲击强度：≥ 20kJ/m^2；抗压强度：≥ 15MPa；
吸水率：≤ 15%；巴氏硬度：≥ 20；
体积密度：≥ 1.6g/cm^3；
断裂荷载：平均值≥ 1 000N，最小值≥ 750N；
吊挂件与石膏板黏附力：≥ 4 000N；标准厚度：15mm；
核素含量：A 级；阻燃性能：A 级；耐火极限：≥ 3h。

（以上数据为市场部分厂家产品参数，不同厂家各有差别，仅供参考）

价格区间 | PRICE RANGE

500~1 500 元 /m^2

GRG 的价格主要由 GRG 造型的难度，比如单曲与双曲的差异，以及安装工艺所决定。其中背后的钢结构、表面涂装处理所采用的不同材料价格占到整体价格的很大部分，从而最终影响整体的完成价格。

（以上价格仅为市场普通中端产品价格，材料价格会因不同项目、不同品牌以及订制等多方原因有较大浮动，仅供参考）

设计注意事项 | DESIGN KEY POINTS

GRG 可以根据设计师的不同需要进行任意的艺术造型，可大块分割生产安装，装饰效果显著，并且通过表面处理可实现视觉无缝。GRG 与 GRC 的差别在于 GRG 主要用于室内。目前还主要采用传统木工制模工，生产模具生产成本低，模具通过修模等手段可重复利用，能大幅降低产品造价。
GRG 相对造价较高，适合用做异形部位，平面及无图案位置应适当减少使用。
由于现场需要接缝及局部修补处理，应谨慎使用高光漆，否则会影响视觉观感。
注意背后龙骨基层所需要的间距。

品牌推荐 | BRAND RECOMMENDATION

相关厂商详细信息，请参见附录品牌索引：
港英建科、恒豪、盈创。

（以上推荐仅为市场少数优秀品牌，供设计师参考学习。同一品牌实际可能涉及多种产品，更多详细内容可登录随书小程序）

施工及安装要点 | CONSTRUCTION INTRO

GRG 产品安装和施工时需根据安装节点图和安装定位图。
安装节点图：吊顶的安装是通过 M8 螺杆连接 GRG 板片上的预埋吊件悬吊于转换层钢架上；墙面的安装是用 4# 角铁焊接 GRG 板片的预埋件和墙面钢架连接。

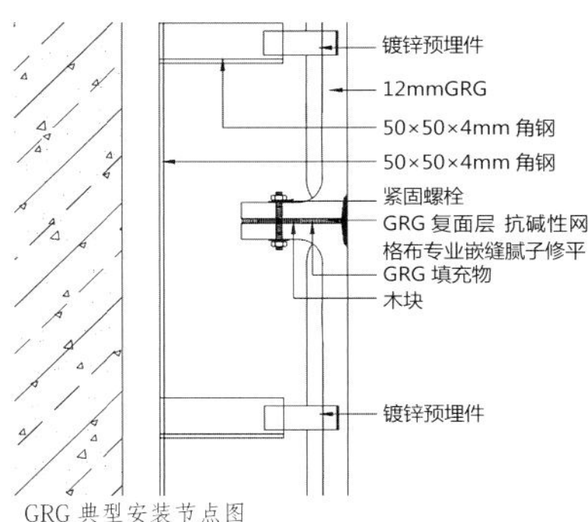

GRG 典型安装节点图

GRG 背后吊筋安装

安装定位图：由于造型曲面的每个点位三轴坐标都在变化，GRG 板片每片板的形状尺寸都是不同的，因此每块板片的定位都必须非常准确，安装定位图需要标示每片板片各角点三维坐标。
相接板块预留 10mm 拼接缝，并在各板片需拼接边沿处做 20mm×5mm 的填缝槽，在两片板片拼接时先用螺栓对锁，对锁处垫 10mm 厚木块（视板片尺寸误差大小木块厚度可改变），在 10mm 缝隙内填充粘接材料，10mm 缝隙填充满后，在两片板片凹槽内贴一到两层 40mm 宽玻璃纤维网带加强接缝处的强度，贴完网带后再次用填缝粘接材料填充补平凹槽，此时就达到无缝效果。

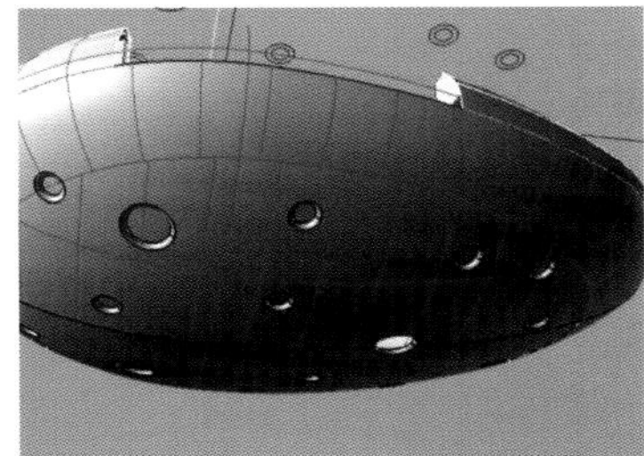
GRG3D 模型深化

GRG 现场制作安装

GRG 完成效果

香港理工大学赛马会创新楼

设计：Zaha Hadid Architects

材料概况：GRG 是扎哈流动空间最重要的材料语言。

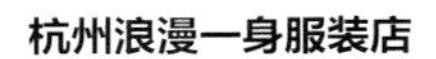

杭州浪漫一身服装店

设计：SAKO Architects

材料概况：GRG 通过模型打印等方式实现复杂的 3D 空间的构建。

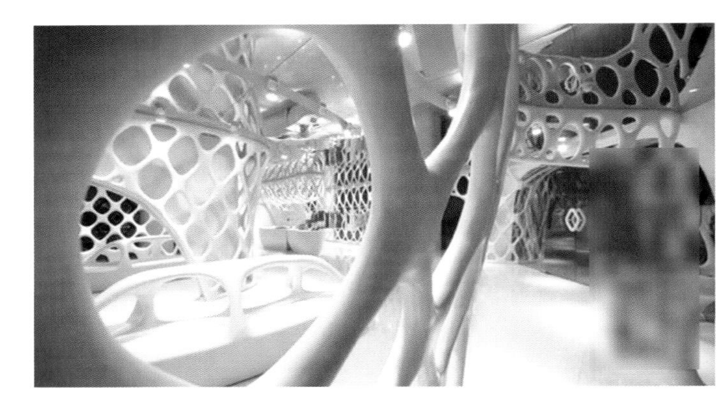

广州歌剧院

设计：Zaha Hadid Architects

材料概况：GRG 良好的声学性能非常适用于剧院空间。

鄂尔多斯博物馆

设计：马岩松

材料概况：GRG 创造如山洞般的大面积无缝空间，令人惊叹。

玻璃纤维增强复合材料 | Fiber Reinforced Polymer

材料简介 | INTRODUCTION

FRP，玻璃纤维增强复合材料，是英文 Fiber Reinforced Polymer 的缩写，现有 CFRP、GFRP、AFRP、BFRP 等，玻璃钢指的就是 GFRP。FRP 复合材料是由纤维材料与基体材料按一定的比例混合后形成的高性能材料，其中 GFRP 根据所使用的树脂品种不同，有聚酯玻璃钢、环氧玻璃钢、酚醛玻璃钢等种类。一般 FRP 具有质轻而硬、不导电、机械强度高、耐腐蚀等特性。

材料性能及特征 | PERFORMANCE & CHARACTER

随着社会科学技术的进步，土木工程结构学科的发展在很大程度上得益于性能优异的新材料、新技术的应用和发展，而 FRP 以其优异的力学性能，对现代工程结构向大跨、高耸、重载、轻质发展的适应性，正被越来越广泛地应用于桥梁工程、各类民用建筑、海洋工程、地下工程中，受到结构工程界广泛关注。其主要性能及特征如下：

（1）抗拉强度高：FRP 的抗拉强度明显高于钢筋，与高强钢丝抗拉强度差不多，一般是钢筋的 2~10 倍。

（2）FRP 复合材料热膨胀系数与混凝土相近，当环境温度发生变化时，FRP 与混凝土协调工作，两者间不会产生大的温度应力。

（3）因为 FRP 是纤维通过基体聚合而成，纤维间强度由基体决定（强度一般弱于纤维），所以垂直于纤维方向强度较弱。FRP 的抗剪强度低，其强度仅为抗拉强度的 5%~20%，这要求 FRP 构件在连接过程中需要研制专门的锚具、夹具，这也使得 FRP 构件的抗剪能力成为研究突出的问题。

（4）FRP 材料抗腐蚀、抗疲劳性能好，可以在酸、碱、氯盐和潮湿的环境中长期使用，从而可提高结构的使用寿命，这是一般结构材料难以比拟的。但同时，与一般混凝土相比较，FRP 复合材料的防火性能偏差，这又制约了该类结构产品的推广应用，成为今后要解决的一大问题。

（5）FRP 材料轻质高强，因此采用 FRP 材料可减轻结构自重，施工方便，其重量一般为钢材的 20%。

（6）FRP 属于人工材料，可根据工程需要，采用不同纤维材料纤维含量和铺陈方式等不同工艺设计出不同强度指标、弹性模量及特殊性能要求的 FRP 产品，且 FRP 产品形状可灵活设计，工厂化生产，现场安装，有利于保证工程质量，提高劳动效率，实现建筑工业化。

产品工艺及分类 | TECHNIC & CATEGORY

FRP 由增强纤维和基体组成，一般用不饱和聚脂、环氧树脂与酚醛树脂做基体，以玻璃纤维或其制品作增强材料。纤维（或晶须）的直径很小，一般在 10μm 以下，缺陷较少又较小，断裂应变约为 30‰以内，是脆性材料，易损伤、断裂和受到腐蚀。基体相对于纤维来说，强度、模量都要低很多，但可以经受住大的应变，往往具有黏弹性和弹塑性，是韧性材料。

常用的 FRP 主材主要有碳纤维（CFRP）、玻璃纤维 (GFRP) 和芳纶纤维 (AFRP)，其材料形式主要有片材（纤维布和板）、棒材（筋材和索材）和型材（格栅型、工字型、蜂窝型等）。

（1）FRP 片材：包括 FRP 布和 FRP 板，主要用来粘贴在混凝土结构的表面对其进行加固补强。

（2）FRP 棒材：包括 FRP 筋和 FRP 索；主要在 FRP 筋混凝土结构、FRP 预应力混凝土结构和桥索中替代钢筋和钢绞线。

（3）FRP 网格材和 FRP 格栅：可作为混凝土结构中的配筋或简易工作平台。

（4）FRP 拉挤型材：截面形式灵活多样，力学性能好，用途广，是 FRP 结构应用的主要产品。

（5）FRP 缠绕型材：主要用作 FRP 管混凝土结构，可以作为柱、桩，甚至梁，使构件性能大大优于普通钢筋混凝土。

（6）FRP 夹层结构和蜂窝板：由上下面的 FRP 板和夹心材料组成，充分利用了面层 FRP 材料强度，有很高的强度重量比和刚度重量比，是非常合理的构件形式，主要在梁和桥板中应用。

还有一些其他工艺的 FRP 产品，如模压产品、层压和卷管产品、热塑性成型产品以及手糊产品等。

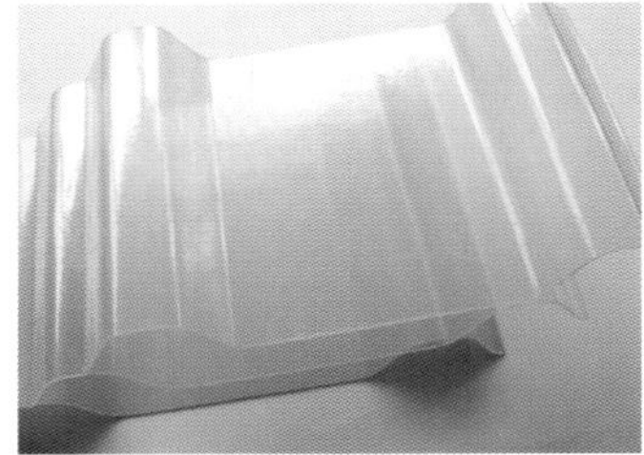

FRP 采光瓦

FRP 采光板

FRP 格栅

FRP 平板

FRP 吧台

FRP 机械外壳

常用参数 | COMMON PARAMETERS

密度：1.5~2.0g/cm^3；
抗拉、抗弯和抗压强度均达到 400MPa；
导热系数：0.4W/（m·K）；比热：1.26kJ/（kg·K）。

（以上数据为市场部分厂家产品参数，不同厂家各有差别，仅供参考）

价格区间 | PRICE RANGE

200~8 000 元 /m^2

FRP 价格 100~200 元 /m^2 的有，6000~10 000 元 /m^2 的也有。根据玻璃钢所用树脂类型，通常环氧树脂的价格高于聚酯树脂，阻燃树脂的价格高于普通树脂。从产品的成型工艺来说，手糊工艺成本最低，真空袋其次，再高就是 RTM 等。从产品模具复杂程度来说，通常要制作的模具如果造型简洁，产品价格就便宜，复杂模具开发成本会高很多倍。

（以上价格仅为市场普通中端产品价格，材料价格会因不同项目、不同品牌以及订制等多方原因有较大浮动，仅供参考）

设计注意事项 | DESIGN KEY POINTS

FRP 材料已用于新建结构的框架以提高其结构性能，还被大量应用于旧有民用建筑的维修加固。
目前，相对固定的异形家具及艺术景观造型，设计师更多地应用于独立异形家具。

品牌推荐 | BRAND RECOMMENDATION

相关厂商详细信息，请参见附录品牌索引：
港英建科、恒豪、盈创。

（以上推荐仅为市场少数优秀品牌，供设计师参考学习。同一品牌实际可能涉及多种产品，更多详细内容可登录随书小程序）

施工及安装要点 | CONSTRUCTION INTRO

FRP 采光板安装方法：
（1）采光板在固定前需先导孔，孔径必须大于固定螺钉直径的 6~9mm，以适应材料的热胀冷缩。
（2）采光板采用铝型材扣件固定，波形采光板采用采光板支架和自攻螺钉连接固定，再打胶密封。采光板的位置一般设置在跨中。
（3）采光板与钢板在纵向搭接时，最小必须有 200mm 的重叠，并贴置两条止水带。
（4）采光板与自攻螺钉连接，必须有盖板。阳光板冷热变形较大，容易被自攻钉剪破，因此阳光板在打自攻钉处应开较大孔。在安装采光板时要考虑采光板的伸缩性。
（5）采光板固定时，必须使用良好的泛水垫圈，使之介于螺钉与采光板之间，以便于防水防尘。将泛水垫圈套入螺钉内以后，用电钻锁入檩条内，即完成采光板的固定工作。
（6）采光板在 12m 以内无需搭接，超过 12m 则需要搭接，搭接长度为 200~400mm，搭接处施涂两道密封胶，横向搭胶不需收边，纵向彩钢板的搭接需看板型，普通压型钢板一般不考虑做收边，直接将其与彩板用自攻钉固定，并施涂密封胶，咬合板则需做收边。
（7）采光板施工时，严禁将脚直接踩在波峰上，以免采光板开裂。必须在采光板的横向位置，放置一块 1 200mm×300mm（L×W）的防滑厚木板，脚踩在其上进行采光板的导孔和固定螺钉工作。

正确安装

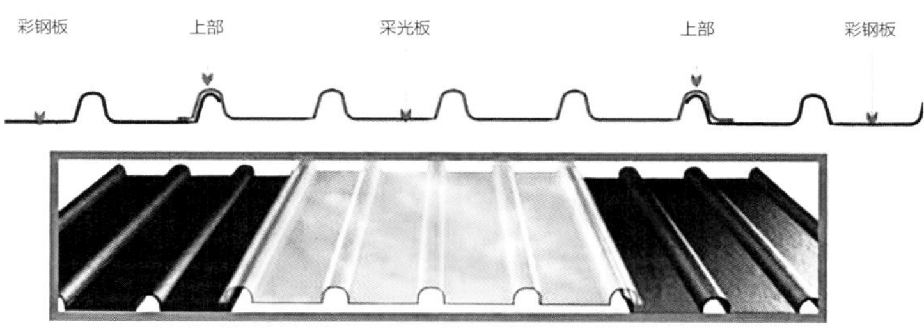

FRP 采光板正确安装示意

错误安装

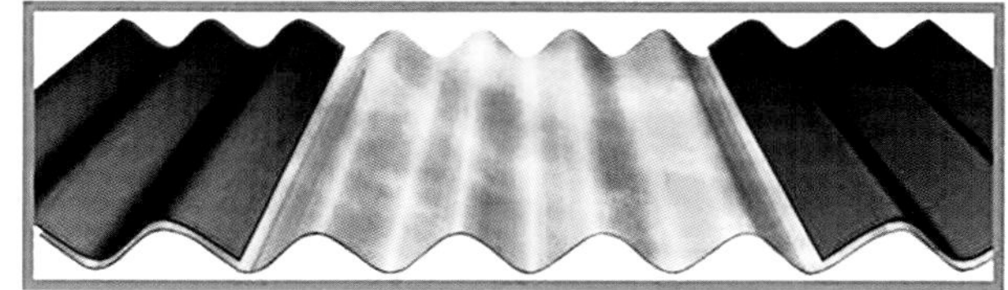

FRP 采光板错误安装示意

凌空 SOHO 租赁样板间

设计：GAP Architects

材料概况：家具单元通过电脑控制的三维车床来切割高密度泡沫，随后以高光喷涂的玻璃钢作为完成面。

北京 768 创意园

设计：阿普贝思

材料概况：透水的明黄色玻璃钢格栅是利用废旧材料再次加工而成，象征盛放的迎春花。

伦敦新作乐家展廊

设计：Zaha Hadid Architects

材料概况：Zaha 一如既往地运用新型材料来创作异形多维的家具和室内墙面造型。

旧金山当代艺术博物馆

设计：Snøhetta

材料概况：东立面灵感来源于常年环绕旧金山湾的水和雾，由多达 700 个形状独特、当地制造的玻璃纤维聚合面板组成。波纹立面嵌入产自蒙特雷县的硅酸盐水晶，以捕捉和反射不断变化的阳光，从而产生自然起伏的效果。

PU 线条 | Polyurethane Lines

材料简介 | INTRODUCTION

PU 线条是用 PU 合成原料制作的线条，中文名为聚氨基甲酸酯，简称聚氨酯，以硬质 PU 泡棉制成，这种硬质 PU 泡棉在灌注机中以两种成分高速混合，然后进入模具成型，且形成坚硬表皮。PU 线条采用无氟配方，不具化学争议性，是新世纪环保装饰产品。只需要简单修改配方，便可获得不同的密度、弹性、刚性等物理性能。

材料性能及特征 | PERFORMANCE & CHARACTER

PU 线条特性：

（1）抗蛀，防潮，防霉，耐酸碱，不会受天气变化影响而龟裂或变形，可水洗，使用寿命长。

（2）阻燃，不自燃，不助燃，离开火源可自动熄灭。

（3）质轻，硬度好，具有良好的弹性和韧性，施工简便。可锯、可刨、可钉、可洗，直接施工免钉胶或者枪钉安装，可随意弯成各种弧度的造型。施工时所花费的时间比正常石膏、木材节省。

（4）多样性，一般以白色为标准，在白色基础上可随意搭配色彩，也可做贴金、描金、水洗白、彩妆、仿古银、古铜等特殊效果。

（5）表面花纹清晰、逼真，立体效果明显。PU 线条模压成型工艺可完美实现极细小的纹路，立体，逼真。石膏线条由于模具较差，石膏本身材料特性，最终石膏线的纹路、凹凸感明显不如 PU 线条好。

（6）PU 线条重量轻，在大面宽的线条中优势明显。轻质能有效保障 PU 线条的安全性，有效避免石膏线脱落砸伤人的情况发生。

（7）价格为石膏线的 3 倍。

（8）环保型好，PU 高分子是国际通用的环保材料，无粉尘，无挥发，能有效避免石膏线的粉尘污染。

产品工艺及分类 | TECHNIC & CATEGORY

PU 线条按线条表现形式分为：

（1）素面线条系列：素面角线条、素面平面线条、素面线条弯角花、素面修边线条、素面门窗线条、素面包角、踢脚线条和素面订制角线条。

（2）雕刻线条系列：雕刻角线条、雕刻接角线条、雕刻平面线条、雕刻订制角线条、雕刻镂空线条和雕刻线条弯角花。

PU 线条按运用部位分为：

灯盘、饰花、壁饰、梁托、天花板、平面柱等。

雕花角线

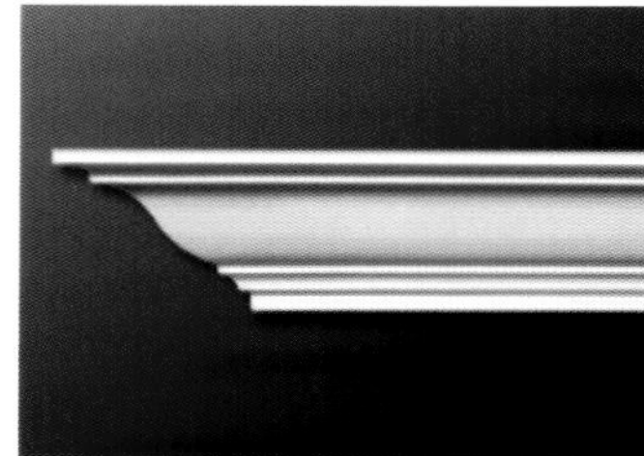

素面角线

饰花

壁饰

雕花平线

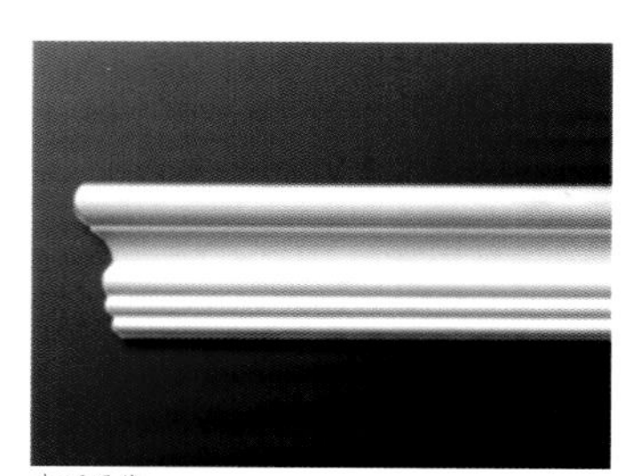

素面平线

梁托

天花板

彩金线板

灯盘

常用参数 | COMMON PARAMETERS

每支线条的长度为 2.4m。

（以上数据为市场部分厂家产品参数，不同厂家各有差别，仅供参考）

价格区间 | PRICE RANGE

15~250 元 /m

因 PU 线条的尺寸有大有小，以 10cm 面宽的平线为例，市场上一般价格在 20~40 元 /m。

（以上价格仅为市场普通中端产品价格，材料价格会因不同项目、不同品牌以及订制等多方原因有较大浮动，仅供参考）

设计注意事项 | DESIGN KEY POINTS

适用场所：高档住宅、酒店宾馆、美式沙龙、俱乐部、酒吧、KTV、寺庙、会议厅、会展中心等装饰风格鲜明的场所。

品牌推荐 | BRAND RECOMMENDATION

相关厂商详细信息，请参见附录品牌索引：
德瑞斯诺。

（以上推荐仅为市场少数优秀品牌，供设计师参考学习。同一品牌实际可能涉及多种产品，更多详细内容可登录随书小程序）

施工及安装要点 | CONSTRUCTION INTRO

PU 线条安装方法：
（1）将要安装的线板在墙角用铅笔标识定位；
（2）用手工具裁出所需之长度及角度；
（3）在线板背面与天花板和墙体的接触面涂上白胶；
（4）用钉枪将线板固定在墙上，水泥墙则用钢钉固定；
（5）线板安装后，在缝隙处用硅胶填补；
（6）用布擦去线板上未干的胶水；
（7）用砂纸精致打磨需修补的地方，使之完美；
（8）根据不同的需求，人工描绘达成各种效果。

PU 线条

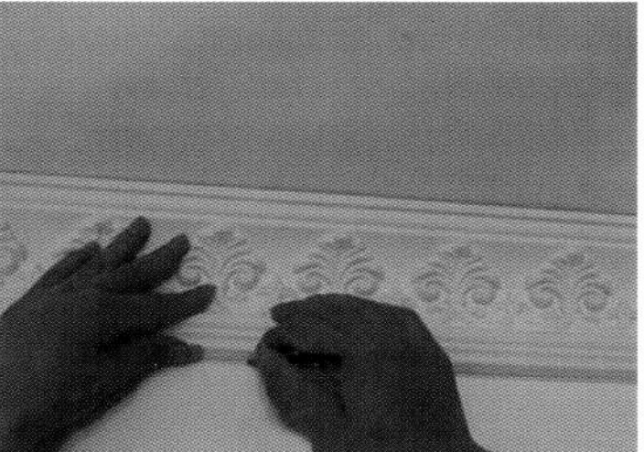
定位

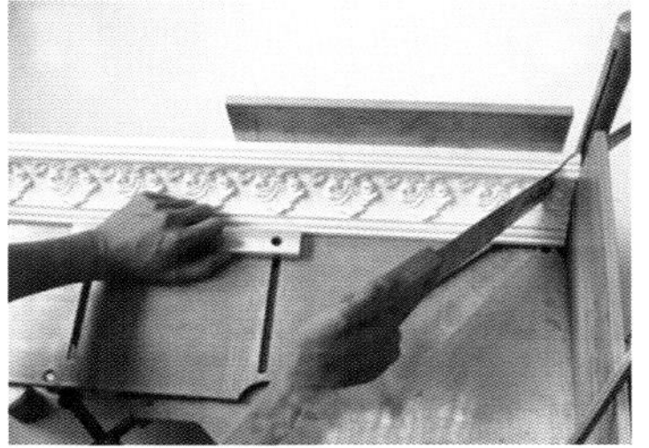
裁切

刷胶

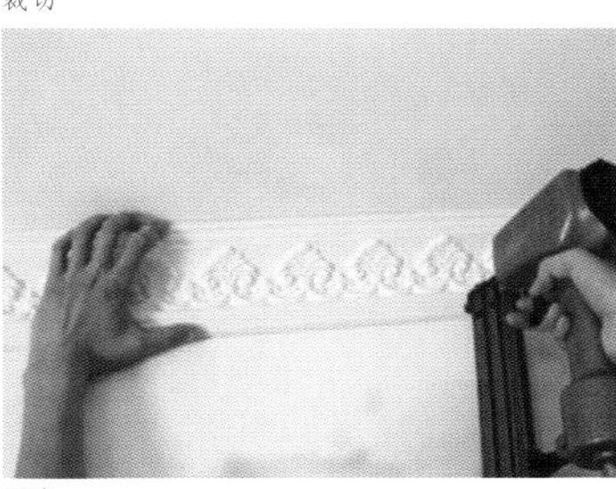
固定

补胶

清理

打磨

描绘

巴黎香水博物馆

材料概况：博物馆吊顶采用 PU 线条装饰。

斯德哥尔摩办公室改造住宅

设计：NOTE Design Studio

材料概况：吊顶采用 PU 线条装饰。

OBEROI 酒店

材料概况：PU 线条还能制作墙饰。

别墅设计

材料概况：PU 线条在天花上的运用。

G

地材

FLOORING

相对于其他行业，我国地材行业多数企业投资规模偏小，经营模式及科技含量不高，虽然在近 10 多年里地材行业有了较快的发展，但是市场占有率还很低。地坪材料产品，除去常用的石材、陶瓷，主要分为木地板类、地毯类、软性地板类和油漆类等。木地板行业的发展空间非常广阔，目前大城市普及率较高，未来品牌的集中度越来越明显，按结构和材料主要分为实木地板、实木复合地板、强化复合地板、竹地板和软木地板。地毯行业在国内比较分散，高端品牌由国外垄断，在品牌传播、设计及研发上占据优势。地毯在室内装饰中按照供应的款式分为方块地毯、满铺地毯和订制地毯；按材料成分和编织工艺分为羊毛地毯、尼龙地毯、簇绒地毯、无纺地毯和手工编织地毯等。软性地板包括 PVC 地板、橡胶地板、亚麻地板等。相对软木地板及地毯而言，软性地板的市场规模及普及率小很多。近年来，由于在设计款式研发上有很多突破，得到了设计师们的认可。

地材包括范围很广，本书主要介绍木地板类、地毯类、软性地板等。虽然称呼上叫地材，但并不排除设计师把它们应用到其他部位。比如非常多的室内案例将木地板应用于墙面及天花，又如亚麻地板作为背景墙面使用等。

地毯主要分为方块地毯及满铺地毯，在未来地毯的设计使用趋势方面，除了在质量、环保等硬性指标上，关键在图案设计上，有点像服装行业，需要对流行趋势及风格有一定的研究才能获得市场竞争力。

木地板主要分为实木地板、实木复合地板和强化地板三类。实木地板主要和原材料有关，目前来说在加工上没有太多技术壁垒，因为纯实木是天然材料，因此虫害、变形、开裂等木材通病难以避免，只有极少数的木种可以相对好一些，但价格很贵。实木复合地板有被广泛使用的趋势，一是因为在原材料的利用上，更加经济；二是因为技术的进步，带来生产设备及加工工艺的改进；让实木复合地板结构更稳定，质量更有保障，而且能生产更大，目前国内已有长度达 1 800mm 的实木复合地板，让木材的自然纹理更加完美地得以展现。

强化地板通常以人造材料通过专业技术热压而成，更多使用在商业领域，因为可以大量工业化生产，相对价格较低，耐磨、抗污，表面花色图案选择很多，可以满足各种商业设计的需求。

软性地板因为块面大，整体性强，接缝少，因此抗菌性最好，加上防滑、耐磨且有弹性等功能，是医院、学校、幼儿园场馆等空间的首选，目前技术的发展在表面纹理图案方面能够提供丰富的选择。

木地板

图片来源：I VASSALLETTI

方块地毯

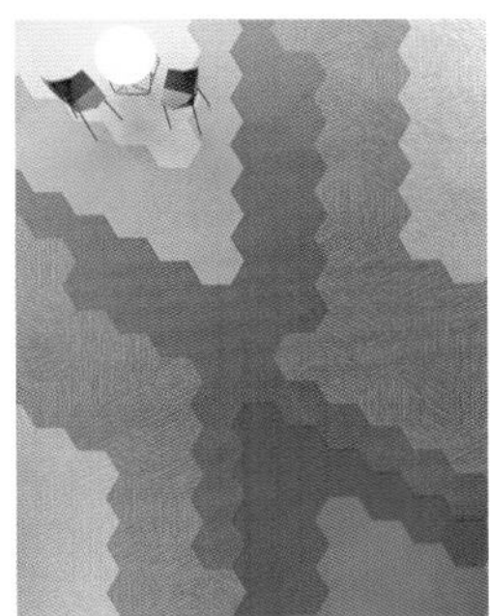

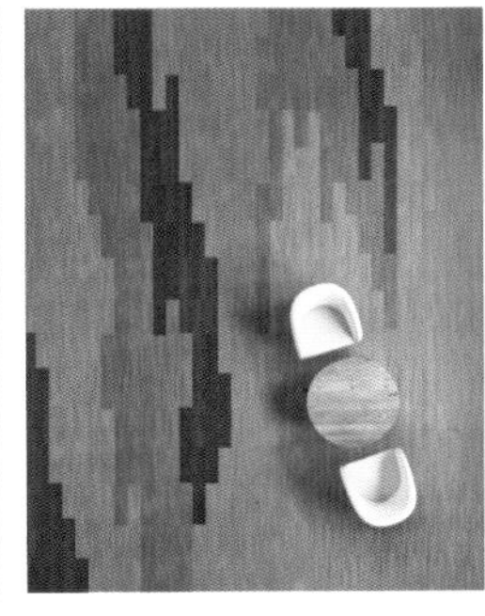

图片来源：Interface、Milliken

亚麻地板

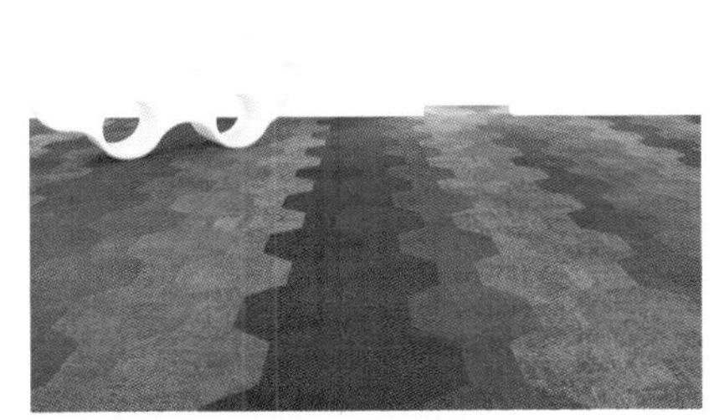

图片来源：Bolon

方块 / 满铺 / 手工地毯 | Carpet Tile/Wall-To-Wall/Handmade Carpet

材料简介 | INTRODUCTION

方块地毯也叫拼块地毯，是按照地毯的铺设方法和形状规格来划分的一种地毯品种。方块地毯和其他机制地毯一样，都是以地面铺设的方式来达到静音、舒适、美观的地面效果。

满铺地毯是地毯的一种。满铺即指铺设在室内两墙之间的全部地面上，当铺设场所的室宽超过毯宽时，可以根据实际情况进行裁剪拼接以达到满铺要求，地毯的底面可以直接与地面用胶黏合，也可以用钉子定位于四周的墙根，绷紧毯面使地毯与地面之间极少滑移。

手工地毯是指以手工工艺生产的地毯，包括纯手工地毯和手工枪刺地毯。手工地毯不受宽幅的限制，在大幅作品中也能体现完整性。

材料性能及特征 | PERFORMANCE & CHARACTER

方块地毯是地面材料的一种表现形式，它属于软性铺装材料，具备良好的防滑性和柔软性，人在上面不易滑倒和磕碰。

（1）以大化小，便于存储、装卸、搬运和铺装。方块地毯的主流规格为 50cm×50cm，与满铺地毯相比，特别适合于办公建筑中的铺设。以小拼大，可任意组合图案，通过对不同颜色、图案、纹路的创意性搭配，按业主意图或特定场所的风格对地毯整体视觉效果进行再创作。

（2）随时随地，按需更新，易于保养、清洗、更换。对局部磨损、脏污的方块地毯只需逐块取出更换或清洗即可；

（3）有显著的防潮性能，因此特别适用于地面铺装。同时，方块地毯还具有良好的阻燃、抗静电特性和优异的尺寸稳定性及外观保持性。

满铺地毯不仅能够增添家中舒适的感觉，而且与木板、瓷砖等硬地板不同，地毯可以帮助恒温。冬天铺设满铺地毯能够保暖，夏天则能够防止冷气流失，达到节约能源的功效。除此之外，它还可以有效地防止噪声。由于地毯的纺织结构，灰尘、花粉、皮屑等被吸附在地毯纤维中，可减少空气中悬浮粉尘的量高达 50%。

如全部采用满铺地毯，长时间不清理容易滋生螨虫，因此应及时拆卸清洗，清理死角。

手工编织的地毯以天然纤维为原料，在防火、抗静电、隔潮、透气和染色牢度等方面均优于以化学合成纤维为原料的机织地毯。其工艺精巧，凡是图画能描绘的形象在高级的手工丝织地毯上都能表现出来。

产品工艺及分类 | TECHNIC & CATEGORY

方块地毯根据材质主要分为丙纶、尼龙两种。

根据工艺分为丙纶素色、丙纶提花、尼龙素色、尼龙提花等。

根据地毯底背分为沥青底、PVC 底、软底等。PVC 底方块地毯底部是 PVC 防潮层，是目前主流使用的方块底背。

软底方块地毯具有弹性好、脚感好、隔音隔热效果好等特点，而且非常环保，时间久了也不会释放有毒有害气体，可以回收再利用，是一种非常环保节能的地毯。

满铺地毯按照材质可分为手工地毯、簇绒地毯、威尔顿地毯、阿克明斯特地毯等。

（1）簇绒地毯：最引人注目的地方是图案立体并且色彩鲜艳，拥有的绒头比较丰满，品种丰富，并且其地毯图案像浮雕的工艺比较生动，一般适合办公室、酒店等场所使用。

（2）威尔顿地毯：其采用的原料是半精梳纱，并且一般织造密度比较大，毯面看上去非常丰富，比较平整，经纬比较清晰饱满，具有隔音、保暖的作用。

（3）阿克明斯特地毯：其表面纤维看上去比较自然，图案丰富艳丽，编制工艺特殊，所以地毯的稳定性能比较好，不容易变形，比较适合铺放在大堂、宴会厅以及走廊等公共区域。

手工地毯按图案可分为波斯图案、美术图案和几何图案。

按工艺又可分为手工编织（也称东方毯）和手工枪刺（胶背毯）两种。

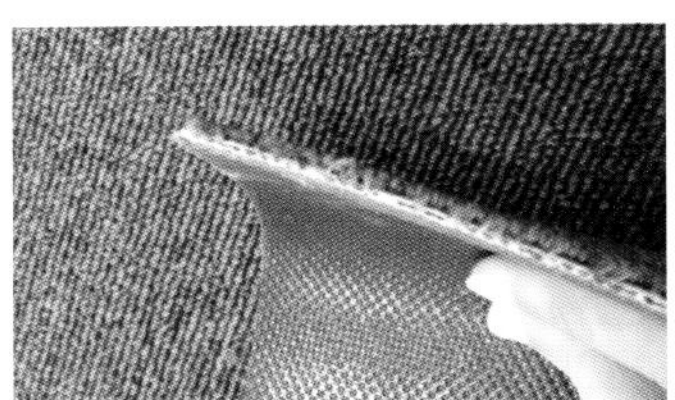

PVC 底方块地毯

软底方块地毯

沥青底方块地毯

威尔顿地毯

阿克明斯特地毯

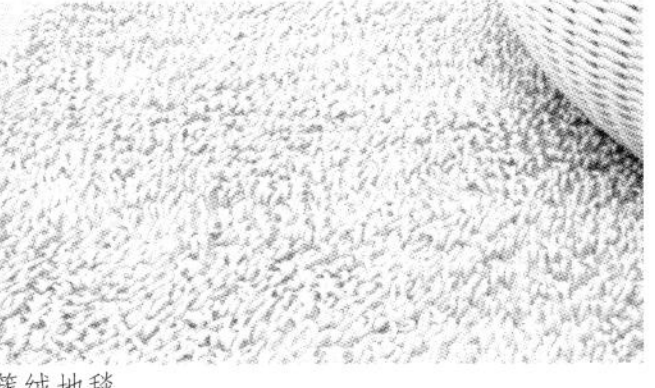

簇绒地毯

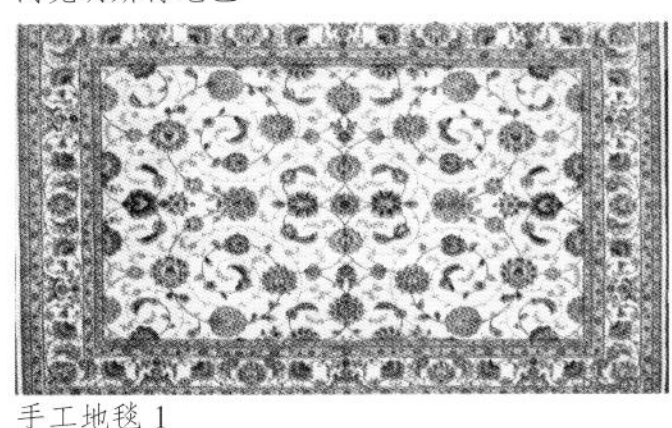

手工地毯 1

手工地毯 2

常用参数 | COMMON PARAMETERS

防火性能：B1 级；耐磨度：一般专业使用级（耐磨次数 5 000 次）；
方块地毯重量：3~6kg/m^2；
方块地毯规格尺寸：一般为 50cm×50cm 或 60cm×60cm；
满铺地毯幅宽：一般为 3.66~4m；
方块毯绒重绝大部分在 475~814g/m^2。

（以上数据为市场部分厂家产品参数，不同厂家各有差别，仅供参考）

价格区间 | PRICE RANGE

100~650 元 /m^2

方块地毯视材质、厚度、款式、基层底材的不同，价格区分很大。
满铺地毯的材质有很多，一般根据满铺地毯的材质、使用面积以及使用场所不同，价格不同。市场上的满铺地毯的价格一般在 100~650 元 /m^2 之间。尼龙的盎司数越高，密度越大价格越高。

（以上价格仅为市场普通中端产品价格，材料价格会因不同项目、不同品牌以及订制等多方原因有较大浮动，仅供参考）

设计注意事项 | DESIGN KEY POINTS

地毯设计中色彩的搭配最重要，可以传达不同的风格和文化内涵。
地毯的色彩不能抢了家具的风采，地毯本身的性质就是辅助的，是来衬托家具的，所以颜色尽量配合整体家居色彩。
方块地毯的选择要考虑材质的健康安全，产品需取得相关权威机构认证。
若铺设在架空地板上面，尽量选用与架空地板一样的规格，避免铺设后出现高低起伏的情况，影响美观。
满铺地毯与其他材质的收口建议采用订制收口条处理。

品牌推荐 | BRAND RECOMMENDATION

相关厂商详细信息，请参见附录品牌索引：
Interface、华腾、东帝士、山花、MILLTKEN、太平、海马。

（以上推荐仅为市场少数优秀品牌，供设计师参考学习。同一品牌实际可能涉及多种产品，更多详细内容可登录随书小程序）

施工及安装要点 | CONSTRUCTION INTRO

（1）方块地毯铺装对基层地面的要求较高，地面必须平整和洁净，含水率≤ 8%，并已安装好踢脚板，踢脚板下沿至地面间隙应比地毯厚度大 2~3mm。
（2）地面要求有较高的平整度。方块地毯的厚度和形状须相当精确，如果铺设于不太平整的地面，必然会出现拼缝痕迹。
（3）选好起铺点。应根据房间的长宽形状制订铺设方案，经过计算，使得拼铺到四周墙边的最后一块地毯都保证有一定的宽度，一般为 20~50cm。
（4）注意方向性。每块地毯的背面都有打印的箭头，反映相同的毯面簇绒方向，铺设时要注意顺着箭头保持方向的一致性，因为即使同一色号同一批次的地毯，只有铺设方向完全相同，才不会产生视觉色差。
（5）块块顶紧。如地面平整，起铺点的四块交角于一点，则延续后铺的任意四块都应交角于一点。
（6）仿形裁切。最后要根据墙边和柱子的形状进行合适的裁剪以达到严丝合缝的效果。
（7）开放边的固定。铺设到门口或其他开放边时使用地毯边压条收头。

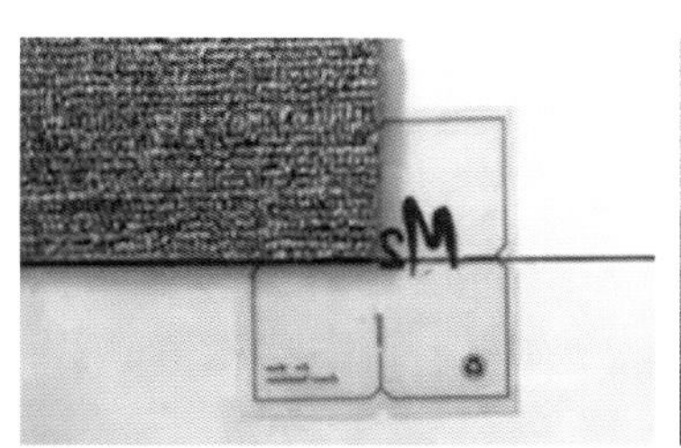

满铺地毯固定粘结式流程：地毯实量、放线→裁割地毯→刮胶、晾晒→铺设、辊压→清理、养护。
（1）地毯实量、放线：根据实际的测量，量出实际用料，但是测量一定要精准，并且找出拼缝线。
（2）铺设清理：从拼缝处开始铺设，向两边铺设展开。之后用 25~50kg 的毡辊压实，将地毯下面的气泡擀出。

满铺地毯倒刺板卡条铺装法流程：地毯裁割→钉倒刺板→铺垫层→接缝→张平→地毯固定、收边→修理、清理。
（1）进行地毯裁割，并且钉好倒刺板。
（2）进行铺设的时候应按倒刺板之间的净距离下料，并且设置垫层拼缝时应考虑到与地毯拼缝至少错开 15cm。
（3）张平：将地毯张开，并且用撑子进行推移，使地毯平服、拉紧。
（4）收边，并且利用倒刺板固定地毯，使得地毯固定。

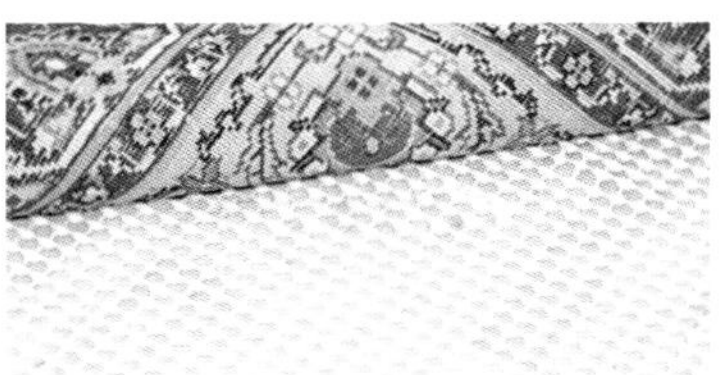

地面铺垫

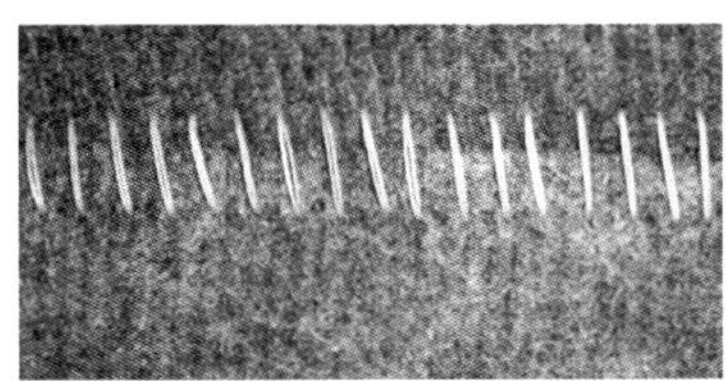

地毯拼缝

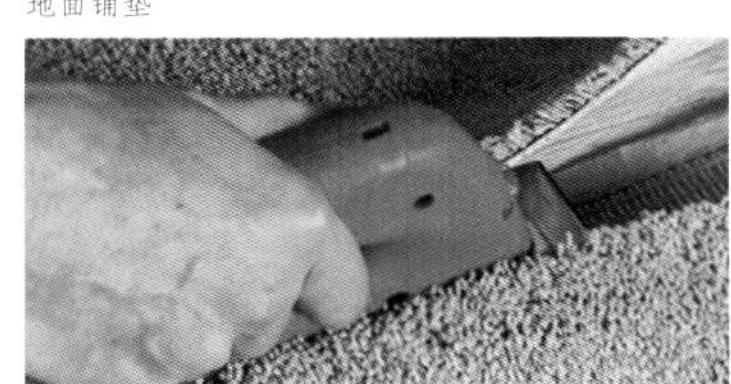

裁割地毯

地毯铺设、辊压

巴黎“岛屿”办公室

设计：Studio Razavi Architecture

材料概况：办公室方块地毯宁静通透、清新自然，空间格局不仅要适应常见的工作方式，同时也需要提供小空间供不定时的小型会议使用。

南京证大喜玛拉雅中心办公室

设计：集艾设计

材料概况：延续办公区域的地面整体装饰，小会议室把满铺地毯分割为内外两块并局部抬高，别有韵味。

某会议厅

材料概况：会议厅采用满铺地毯，非常大气，选择适当的地面图案对于空间的主题起到画龙点睛的作用。

Home 11

材料概况：为了模糊室内外的联系，设计师在客厅临近庭院的位置设计了一张面积 20m^2 的手工地毯，地毯上的绿色花纹像是自然的苔藓。

实木地板 / 竹地板 | Solid Wood Flooring/Bamboo Flooring

材料简介 | INTRODUCTION

实木地板是天然木材经烘干、加工后形成的地面装饰材料，又名原木地板，是用实木直接加工成的地板。它呈现出的天然原木纹理和色彩图案，给人以自然、柔和、富有亲和力的质感，同时由于它冬暖夏凉、触感好，因此成为卧室、客厅、书房等地面装修的理想材料。

竹板拼接采用胶黏剂，施以高温高压而成。地板无毒，牢固稳定，不开胶，不变形。经过脱去糖分、脂肪、淀粉、蛋白质等无害处理后的竹材，具有超强的防虫蛀功能。地板各面以优质耐磨漆密封，可阻燃、耐磨、防霉变。地板表面光洁柔和，几何尺寸好，品质稳定，是住宅、宾馆和办公楼等的高级装潢材料。

材料性能及特征 | PERFORMANCE & CHARACTER

实木地板具有木材自然生长的纹理，是热的不良导体，冬暖夏凉，脚感舒适，使用安全。其物理性质优越，耐污、耐磨、耐腐蚀、耐水、耐燃、耐热、抗冲击。用于实木地板的树种要求纹理美观，材质软硬适度，尺寸稳定性和加工性都较好。其主要性能与特征如下：

（1）色泽鲜艳，纹路清晰，花色给人以美感。木材单板的加工以刨切为主，不仅有径向切割纹理，具有不规则的深浅直线条，纹理清晰、顺畅，富有立体感；还有旋向切割纹理，具有山纹或波浪纹线条，纹理华丽、起伏，富有动感。

（2）实木地板也有一些缺点，会出现虫蛀、扒缝、受潮起鼓等现象。尽管是同一品种的地板，也会有色差，安装不当容易出现“花脸”现象。

竹地板具有很多特点，首先竹地板以竹代木，具有木材的原有特色，而且竹在加工过程中，采用符合国家标准的优质胶种，可避免甲醛等物质对人体的危害，此外竹地板利用先进的设备和技术，通过对原竹进行 26 道工序的加工，可兼具原木地板的自然美感和陶瓷地砖的坚固耐用。

（1）冬暖夏凉是竹地板的突出优点，竹子因为导热系数低，自身不生凉放热，特别适合客厅、卧室、健身房、书房、演播厅、酒店等地面及墙壁的装饰。

（2）竹地板色差小。竹材地板可分为两种，一是自然色，色差比木质地板小，具有丰富的竹纹，而且色彩匀称；二是人工漆色，漆料可调配成各种色彩，不过竹纹已经不太明显。竹地板的天然色泽美观，富有弹性、可防潮、不发霉、硬度强，用竹子的弧面作为外观面，有一种独特的韵味。

（3）竹地板使用寿命长，稳定性好，开裂变形率小于实木地板，其中碳化地板材质较轻，竹纤维呈“空心砖”状排列，抗拉抗压强度及防水性能大大提高。

产品工艺及分类 | TECHNIC & CATEGORY

根据材质、表面结构、加工处理方式等不同，实木地板有着不同的分类方法：

（1）根据表面有无涂饰，可分为漆饰地板和未漆饰地板（素板），现在最常见的是 UV 漆漆饰地板。

（2）根据地板铺装方式可分为榫接地板、平接地板、镶嵌地板等。

（3）根据加工处理方式可分为素板和碳化地板。

（4）根据原木树种材质不同，可分为中等实木地板（柚木、菠萝格等）、软实木地板（水曲柳、桦木等）、浅色实木地板（加枫、桦木等）、中间色实木地板（红橡、亚花梨等）、深色实木地板（柚木、胡桃木等）、粗纹实木地板（柚木、水曲柳等）、细纹实木地板（水青冈、桦木等）。

根据材质、表面结构、加工处理方式等不同，竹地板有着不同的分类。

（1）按材质可分成竹制地板和竹木复合地板两类。

（2）按表面结构可分成径面竹地板——侧压竹地板，弦面竹地板——平压竹地板，重组竹地板三大类。

（3）按色彩可分为两种：一是自然色，具有丰富的竹纹，而且色彩匀称；自然色又可分为本色和碳化色，本色以清漆处理表面，采用竹子最基本的色彩，亮丽明快；碳化色平和高雅，是竹子经过烘焙制成的，在凝重沉稳中依然可见清晰的竹纹。二是人工上漆色，漆料可调配成各种色彩，竹材地板的表面处理大多采用清漆、亮光漆、亚光漆和耐磨漆等。

（4）按层数不同可将竹地板分成单层竹地板、双层竹地板和多层竹地板。

（5）按拼接结构可将竹地板分成条形地板、块状拼花地板、三角形地板、菱形地板等。

（6）按安装接口可将竹地板分为榫槽式地板、平口式地板、沟槽式地板等。

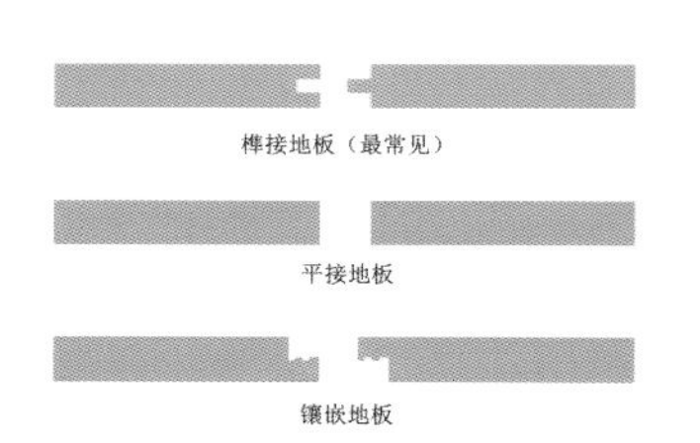

榫接、平接、镶嵌

碳化地板

柚木地板

桦木地板

红橡木地板

水曲柳木地板

弦面竹地板

碳化竹地板

常用参数 | COMMON PARAMETERS

实木地板：
含水率：8%~13%；
漆板表面耐磨：≤ 0.08g/100r，且漆膜未磨透。
竹地板：
含水率：6.0% ~ 15.0%；磨耗值：≤ 0.15g/100r；
甲醛释放量：≤ 1.5mg/L。

（以上数据为市场部分厂家产品参数，不同厂家各有差别，仅供参考）

价格区间 | PRICE RANGE

150~800 元 /m^2

不同品牌的实木地板价格是不同的，同一品牌，但是不同的规格、材质，价格也不同，特别是原木木材树种对价格影响较大，如橡木地板价格高于桦木地板。
加工程度越深，各方面性能越好，竹地板价格越高。比如说，碳化竹地板价格高于本色竹地板。目前市场上有质量保证的竹地板价格在 150~400 元 /m^2。

（以上价格仅为市场普通中端产品价格，材料价格会因不同项目、不同品牌以及订制等多方原因有较大浮动，仅供参考）

设计注意事项 | DESIGN KEY POINTS

实木地板的油漆涂装，基本保持了木材的本色韵味，色系较为单纯，大致可分为红色系、褐色（咖啡色）系、黄色系，每个色系又分若干个不同色号，几乎可以与所有常见家具装饰面板相配色。
竹材地板是一种较高档次和较高品味的装饰材料，被广泛应用于家居、办公楼、宾馆及部分娱乐、体育运动场所的装修。从理论上说，一切通风干燥、便于维护的室内场所均可使用竹材地板。一般不适宜使用竹材地板的地方有：防潮处理不好的楼房底层及地下室、经常接触水的地面、大型室内公共场所、公共通道等。竹地板要注重基层的防潮、防虫处理、铺贴的起铺点，并需考虑到其是否与整体协调。

品牌推荐 | BRAND RECOMMENDATION

相关厂商详细信息，请参见附录品牌索引：
安信、圣象、大自然、大庄、永裕。

（以上推荐仅为市场少数优秀品牌，供设计师参考学习。同一品牌实际可能涉及多种产品，更多详细内容可登录随书小程序）

施工及安装要点 | CONSTRUCTION INTRO

实木地板和竹地板常用铺设方法有以下几种：悬浮铺设法、龙骨铺设法、直接粘贴铺设法。
木地板龙骨铺设法安装施工流程：清理→铺设防潮隔离层→放线→安装木龙骨→安装铁件→木龙骨固定→墙骨砂浆→毛地板→隔潮层→铺设木地板→圈边条→成品保护。

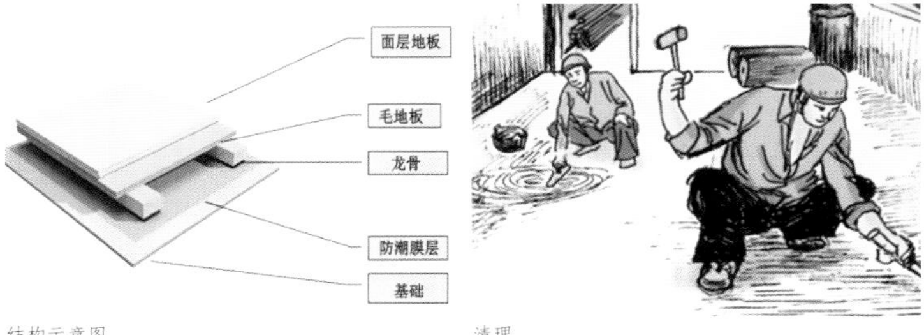

结构示意图

清理

铺设防潮隔离层

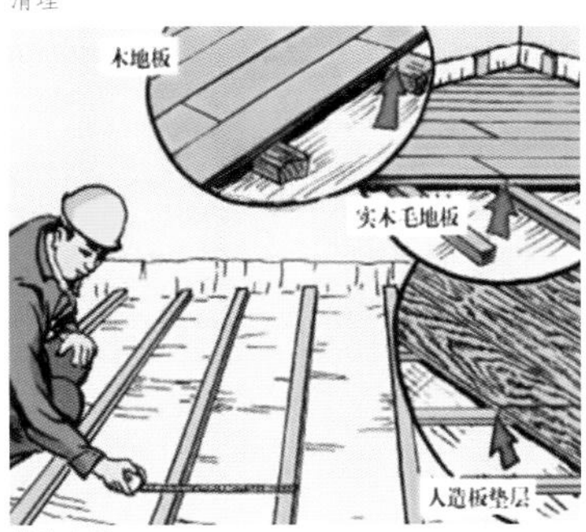

铺设龙骨

铺设地板

铺装验收

竹地板常用铺设方法有以下几种：直接粘贴法、龙骨安装法、悬浮铺设法、固定式安装法等。
（1）悬浮铺设法：竹地板采用科学的悬浮式安装法，符合竹地板的物理特性，充分考虑到水泥地板与竹地板的伸缩因素，利用竹地板四面企口拼接在一起，不与地面粘接，在墙的四周留一定的伸缩缝（安全缝），缝上面用地脚遮盖，保持地板的总体美观，又给竹地板留有变形空间，竹地板不会弯凸。悬浮铺设法，不需打龙骨架，不铺平面板，不施胶，不打钉，不砂磨，不上漆（每片竹地板已用进口 UV 漆六面全封闭，表面已形成坚固的耐磨层），省时、省工、省料、省钱（铺装工料费仅为木地板铺装工料费的 1/3），拆装自如。
（2）固定式安装法：把安装地面修平整、透干、清洁。在地面上铺上一层油毡或防潮纸，将普通长条（龙骨）固定于水泥地上，龙骨间隔一般以 30cm 为宜。用 1cm 的胶合板铺在木条上并固定好，然后将竹地板铺装在胶合板上，公榫处用少许铁钉即可。竹地板切断处要清油，以免复潮。地板的周边留 1~1.5cm 伸缩缝，安装地脚线。

古北一号地下森林

设计： Wutopia lab

材料概况：温暖的木材使居住者在此能卸下外界物质忙碌的包袱，回归到家庭邻里亲近往来的轻松氛围中，愿意主动地与同在一个社区但总是彼此错过的邻居结识，促进邻里之间的交流。

毕马威安康社区中心

设计：郝琳

材料概况：秉承以人为本、节能环保和可持续发展的绿色乡村建设理念，致力于采用被动式生态环境调节系统和本地区可更新素材之创新实践。

巴黎 Talent.IO 办公室

设计：Vincent & Gloria Architects

材料概况：对多种木材的细节和叠加的聚焦，创造出充满个性的高度订制，广受欢迎的空间。

大理柴米多农场餐厅和生活市集

设计：赵扬建筑工作室

材料概况：竹木的运用，完美还原了一个淳朴自然的白族特色的市场。

复合地板 / 强化地板 | Composite Flooring/Laminate Flooring

材料简介 | INTRODUCTION

复合地板是人为改变地板材料的天然结构，来达到预期的性能要求进行工业化加工生产的一种地材。复合地板在市场上经常泛指强化复合木地板、实木复合地板。

强化地板也称浸渍纸层压木质地板，强化地板由耐磨层、装饰层、高密度基材层、平衡（防潮）层组成。是以一层或多层专用纸浸渍热固性氨基树脂，铺装在刨花板、高密度纤维板等人造板基材表层，背面加平衡层，正面加耐磨层，经热压后成型的地板。

材料性能及特征 | PERFORMANCE & CHARACTER

复合地板一般由四层材料复合组成：平衡层、基材层、木纹层和耐磨层，其中最重要的耐磨层决定了复合地板的寿命。其主要性能及特征如下：

（1）复合地板具有良好的吸音性能和耐冲性，质量稳定，不容易损坏；

（2）与传统实木地板相比，规格尺寸大，但价格要比实木地板便宜很多；

（3）安装工艺简单，不打地龙骨只要找平就好，可以提高室内实际使用层高；

（4）缺点是如果水泡损坏后修复比较困难。

强化地板适用范围广、耐污、抗酸碱性好、免维护。其主要性能及特征如下：

（1）耐磨、稳定性好：强化地板表层为耐磨层，它由分布均匀的三氧化二铝构成，能达到很高的硬度，用尖锐的硬物如钥匙去刮，也只会留下很浅的痕迹。强化地板的耐污染、抗腐蚀、抗压、抗冲击性能均比其他种类木地板好；

（2）性价比较高：强化地板的耐磨层、装饰层以及平衡层为人工印刷，基材采用速生林材制造，成本较实木地板低廉，同时可以规模化生产；

（3）防火性能好，强化地板达到了 B1 级，具有较高的阻燃性能，相较其他种类木地板更安全。

产品工艺及分类 | TECHNIC & CATEGORY

（1）倒角工艺：两片地板拼接自然过渡，立体感强。

（2）槽口工艺：槽口光滑整洁无毛刺，公母榫长短、间隙均匀稳定，另外榫槽四边均采用专利防水彩色油漆封边处理，大大加强了地板的防水功能，可杜绝开裂。

（3）锁扣工艺：地板的接缝处，采用锁扣形式，既控制地板的垂直位移，又可控制地板的水平位移。

（4）漆面工艺：立体感强，花纹通透清晰，油漆面附着力强，完美地保障了视觉冲击及使用效果，同时极大地提高了地板耐磨、抗压、抗划伤性，环保上更能达到欧洲标准 E0 级。

（5）浮雕工艺：稳重大气、质地硬朗，立体清楚的自然纹理就像一幅幅重山翠叠的风景画，乍一看仿佛能瞬间远离喧嚣的都市，置身重山碧水之中。

（6）静音工艺：即在地板的背面加软木垫或其他类似软木作用的垫子，使踩踏地板的噪声降低 20dB 以上，起到增加脚感、吸音、隔声的效果。

（7）防水工艺：在地板的企口处，涂上防水的树脂或其他防水材料，使地板外部的水分潮气不容易侵入，内部的甲醛不容易释出，地板的环保性和使用寿命都得到明显提高。尤其是在大面积铺设，不便留伸缩缝、加压条的条件下，可以防止地板起拱，减少地板缩缝。

实木复合地板分为三层实木复合地板、多层实木复合地板、新型实木复合地板三种，由于它是由不同树种的板材交错层压而成，因此克服了实木地板单向同性的缺点，干缩湿胀率小，具有较好的尺寸稳定性，并保留了实木地板的自然木纹和舒适的脚感。

强化复合地板彻底打散了原来木材的组织，破坏了各向异性及湿胀干缩的特性，尺寸极稳定，尤其适用于铺设地暖系统的房间。强化复合地板由原木打成浆压成，表层有三氧化二铝的耐磨层，其耐磨指数比实木复合地板要高，脚感和导热不如实木复合地板好，但是造价较低。

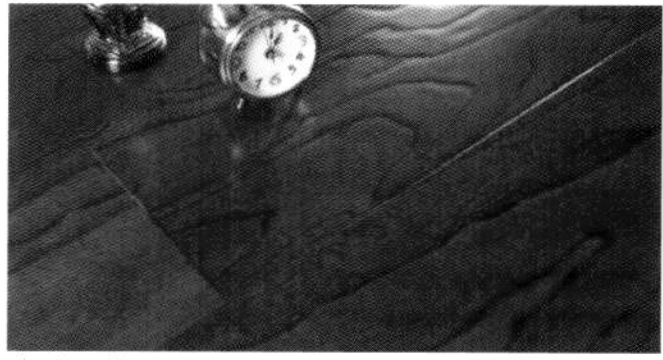
漆面工艺

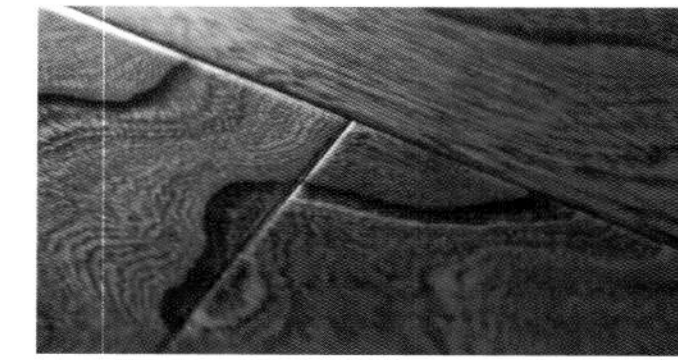
倒角工艺

钢琴漆面工艺

浮雕工艺

槽口工艺

锁扣工艺

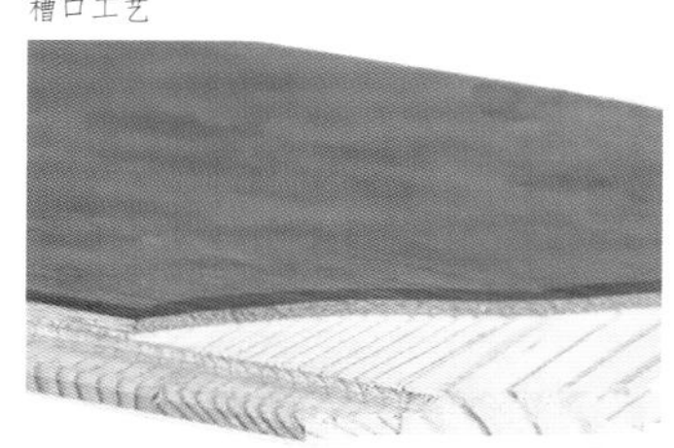
三层实木复合地板

多层实木复合地板

常用参数 | COMMON PARAMETERS

含水率：＜ 3%；甲醛含量：＜ 0.5mg/L；

密度：0.82~0.96 g/cm^3；

强化地板家庭使用耐磨转数：6 000 转以上；

强化地板公共或商用场所耐磨转数：9 000 转以上。

（以上数据为市场部分厂家产品参数，不同厂家各有差别，仅供参考）

价格区间 | PRICE RANGE

150~500 元 /m^2

复合地板表面光滑，色泽华丽自然、背面防潮平衡层厚，总的来说，目前市场上有质量保证的复合地板价格在 200~500 元 /m^2。

强化木地板是科技含量较高的产品，从外观上来看，除非经过质量检验否则极不易区分质量的好坏，地板价格与品牌、质量、工艺、环保、基材、树种等有关。

（以上价格仅为市场普通中端产品价格，材料价格会因不同项目、不同品牌以及订制等多方原因有较大浮动，仅供参考）

设计注意事项 | DESIGN KEY POINTS

复合木地板无需上漆打蜡，使用范围广、易打理，是最适合现代家庭生活节奏的地面材料。

房间比较大的，建议选大板，铺贴效果好；房间比较小的，建议选小板，能够节省材料。

耐磨性能方面强化地板遥遥领先。

强化地板虽然有防潮层，但不宜用于浴室、卫生间等潮湿的场所。

强化地板的防水性能不好，不适合暴晒，绿色环保方面需要有专业机构认证。

实木复合地板的稳定性相对较好，适合有地暖的空间。

品牌推荐 | BRAND RECOMMENDATION

相关厂商详细信息，请参见附录品牌索引：

DeZign、乐迈。

（以上推荐仅为市场少数优秀品牌，供设计师参考学习。同一品牌实际可能涉及多种产品，更多详细内容可登录随书小程序）

施工及安装要点 | CONSTRUCTION INTRO

施工工艺：基层清理→找平→铺防潮垫→安装地板→木踢脚板安装。

（1）基层处理：基层分为楼面钢筋混凝土基层、水泥砂浆基层、木地板基层（毛木板）等，要求仪器找平，不合要求的要修补，基层应干燥。

（2）铺垫层：垫层为聚乙烯泡沫塑料薄膜，宽 1 000mm 卷材，铺时按房间长度净尺寸加 100mm 裁切，横向搭接 150mm。垫层可增加地板隔潮能力，增加地板的弹性并增加地板稳定性和减少行走时地板产生的噪声。

（3）预排木地板：长缝顺入射光方向沿墙铺放。槽口对墙，从左至右，两板端头企口插接，直到第五排最后一块板，切下的部分若大于 300mm 可以作为第十排的第一块板铺放，第一排最后一块的长度不应小于 500mm，否则可将第一排第一块板切去一部分，以保证最后的长度要求。木地板与墙留 8~10mm 缝隙，用木楔调直，暂不涂胶，拼铺三排进行修整、检查平直度，符合要求后按排拆下放好。

（4）铺贴：按预排板块顺序，接缝涂胶拼接，用木槌敲击挤紧。复验平直度，横向用紧固卡带将三排地板卡紧，每 1 500mm 左右高一道卡带，卡带两端有挂钩，卡带可调节长短和松紧度。从第四排起，每拼铺一排卡带就移位一次，直至最后一排。每排最后一块地板端部与墙仍留 8~10mm 缝隙。在门洞口，地板铺至洞口外墙皮与走廊地板平接。如为不同材料时，留 5mm 缝隙，用卡口缝条盖缝。

（5）清扫、擦洗：每完一间待胶干后扫净杂物，用湿布擦净。

（6）安装踢脚板：安装时，先按踢脚板高度弹水平线，清理地板与墙缝隙中杂物，标出预埋木砖位置，按木砖位置在踢脚板上钻孔，用木螺钉固定。踢脚板接头尽量设在拐角处。

清理现场

地面找平

铺设防潮层

锯地板

打胶

铺设地板

Natural Finland 商店

设计： YATOFU Creatives

材料概况：地面采用人字交叉图案的复合木地板，其上放置的家具为桦木复合板制造，表面上油以突出其自然的木纹。

荷兰政府大楼

设计：Cepezed Architects

材料概况：设计师巧妙地利用了淡色木地板，使原本昏暗消极、无人问津的室外公共空间，改造为两座大楼共用的、明亮开敞的入口中庭。

京都四季酒店全日餐厅

设计：Hirsch Bedner Associates

材料概况：木地板以最精细的状态呈现出来，与空间的昼夜光景产生交互作用，使空间整体呈现强大的表现力。

香海禅寺

材料概况：强化地板，木之简，禅之意。

PVC 地板 | Polyvinyl Chloride Flooring

材料简介 | INTRODUCTION

PVC 地板是当今世界上非常流行的一种新型轻体地面装饰材料，也称为“轻体地材”，在国内的大中城市已经得到普遍的认可，使用非常广泛。PVC 地板是指采用聚氯乙烯材料生产的地板，具体是以聚氯乙烯及其共聚树脂为主要原料，加入填料、增塑剂、稳定剂、着色剂等辅料，在片状连续基材上，经涂敷工艺或经压延、挤出或挤压工艺生产而成的地材。

材料性能及特征 | PERFORMANCE & CHARACTER

PVC 地板发展前景非常广阔，由于其优越的性能和对环境的保护，在发达国家已经普遍替代了瓷砖和木质地板，是软质地板中最常用、最普及的地板，成为地面装修材料的首选。PVC 地板导热保暖、吸音防噪、耐酸碱腐蚀，非常适合安静的环境如医院病房、学校图书馆、报告厅、影剧院等，以及必须经受较高损耗的地方，如医院、实验室、研究所等。其主要性能及特征如下：

（1）绿色环保：生产 PVC 地板的主要原料是聚氯乙烯，聚氯乙烯是环保无毒的可再生资源，原材料是非天然材料，不破坏森林资源。

（2）超轻超薄：PVC 地板厚度只有 1.6~9mm，每平方米重量仅 2~7kg，不足普通地面材料的 10%。在高层建筑中对于楼体承重和空间节约，有着无可比拟的优势。同时在旧楼改造中有着特殊的优势。

（3）超强耐磨：PVC 地板表面有一层特殊的经高科技加工的透明耐磨层。

（4）高弹性和超强恢复性 :PVC 地板质地较软，弹性很好，同时具有很强的抗冲击性，对于重物冲击破坏有很强的弹性恢复能力，不易损坏。

（5）抗菌性能 :PVC 地板表面经过特殊的抗菌处理，对绝大多数细菌都有较强的杀灭能力和抑制细菌繁殖的能力。

产品工艺及分类 | TECHNIC & CATEGORY

1. PVC 地板按形状可分为：片材和卷材。

（1）片材地板的规格较多，主要分为条形材和方形材。

条形材的规格主要有：101.6mm×914.4mm，152.4mm×914.4mm，203.2mm×914.4mm，厚度：1.2~3.0mm。

方形材的规格主要有：304.8mm×304.8mm，457.2mm×457.2mm，609.6mm×609.6mm，厚度：1.2~3.0mm。

（2）卷材地板是质地较为柔软的一卷一卷的地板，一般其宽度有 1.5m、2m 等，每卷长度有 20m, 总厚度为 1.6~3.2mm（仅限商用地板，运动地板更厚，可达 4mm、5mm、6mm 等）。

2. PVC 地板从结构上分主要有多层复合型、同质透心型及半同质体型三种。

（1）多层复合型 PVC 地板有多层结构，一般由 4~5 层结构叠压而成，一般有耐磨层（含 UV 处理）、印花膜层、玻璃纤维层、弹性发泡层（高密度承压层）、基层等。

（2）同质透心型 PVC 地板是上下同质透心的，即从上到下，从表面到底面颜色花纹完全一致，此类材料具有可修复性。

（3）半同质体是结合了同质透心的耐磨优势和多层复合的良好的吸音效果，一般由纯 PVC 耐磨层（厚度在 1mm）和背层结合在一起。

3. 根据耐磨程度 PVC 地板分为通用型和耐用型两种。

国内主要生产和使用的都是通用型 PVC 地板。

一些人流量非常大的场所，如机场、火车站等需要铺设耐用型 PVC 地板，其耐磨程度更强，使用寿命更长，同时价格也更高。

多层复合型

同质透心型

半同质体型

木纹 PVC 地板

地砖上直接铺设 PVC 卷材

吸音底复合卷材

常用参数 | COMMON PARAMETERS

密度 ：1 380 kg/cm^3；

杨氏弹性模量：2 900~3 400 MPa；抗拉强度：50-80 MPa；

熔点： 212℃；导热率：0.16 W/（m·K）；热容：0.9 kJ/(kg·K)；

吸水率：0.04~0.4。

（以上数据为市场部分厂家产品参数，不同厂家各有差别，仅供参考）

价格区间 | PRICE RANGE

100~400 元 /m^2

PVC 地板的施工价格主要包含几部分：面材、胶水、2~5mm 厚自流平基层处理、人工费，其中面材为最重要的部分。市场上 PVC 地板的价格和质量参差不齐，而价格与品牌、总厚度、耐磨层厚度等因素都有很大关系，应根据 PVC 地板在不同空间使用的分级标准，选用适合的产品。

（以上价格仅为市场普通中端产品价格，材料价格会因不同项目、不同品牌以及订制等多方原因有较大浮动，仅供参考）

设计注意事项 | DESIGN KEY POINTS

PVC 地板使用非常广泛，如家庭、医院、学校、办公楼、工厂、公共场所、超市、商场等场所。

常规无透明耐磨层的品种需要在表面打蜡处理。

PVC 地板对基层平整度及基层质量要求很高，与地毯相比具有使用寿命长、清洁保养便捷、地面阻力小、有利于有轮推车运行、以及可以拼贴、切割设计各种订制图案等优势。

医院选用注意有抗菌参数的产品，并且选用地翻墙的踢脚，避免藏污纳垢。

机房可选用抗静电的 PVC 地板。

有地暖的空间应选用适合的 PVC 地板，注意所选择 PVC 地板的幅宽与空间尺寸的匹配，避免损耗过大。

品牌推荐 | BRAND RECOMMENDATION

相关厂商详细信息，请参见附录品牌索引：

阿姆斯壮、LG、洁福、他喜龙、FORBO、TOLI。

（以上推荐仅为市场少数优秀品牌，供设计师参考学习。同一品牌实际可能涉及多种产品，更多详细内容可登录随书小程序）

施工及安装要点 | CONSTRUCTION INTRO

施工流程：基层处理→自流平施工→预铺→ PVC 安装 →接缝焊接→清理现场。

1. 基层处理

（1）墙面、顶棚及门窗等安装完成后，将地面杂物清扫干净；

（2）清除基层表面起砂、油污、遗留物等；

（3）清理干净地面尘土、砂粒；

（4）地面彻底清理干净后，均匀滚涂一遍界面剂。

2. 自流平施工

（1）检查水泥自流平是否符合有关技术标准，如过期的自流平不得使用；

（2）将自流平适量倒入容器中，按产品说明，用洁水将自流平稀释；

（3）充分搅拌直至水泥自流平成流态物；

（4）顺序将自流平倒在施工地面，用耙齿刮板刮平，厚度为 2~3mm；

（5）自流平施工完后 4h 内不得行人和堆放物品，48h 后才能铺设主材。

3. 放线

（1）根据设计图案、胶地板规格、房间大小，进行分格、弹线定位；

（2）在基层上弹出中心十字线或对角线，并弹出拼花分块线；

（3）在墙上弹出镶边线，线条必须清晰、准确；

（4）地板铺贴前按线干排、预拼并对板进行编号。

4. 地板安装

（1）先将地面基层用毛扫或干毛巾擦抹一遍，清洁除灰尘；

（2）将粘贴剂用齿形刮板均匀涂刷在基层面上，将板材由里向外顺序铺贴，一间或一个施工面铺好后用滚筒或推板加压密实；

（3）板材铺贴好以后，根据气温情况判断黏结剂干洁情况，然后进行板缝焊接；

（4）焊接前将相邻的两块板边缘切成 v 形槽，焊条采用与被焊板材成分相同的焊条，用热空气焊枪调至 180~250℃进行焊接；

（5）焊条冷却后用铲刀将高于板面多余的焊条铲切平整，操作时应注意不铲伤地板面。

经典案例 | APPLICATION PROJECTS

深圳百川国际影城

设计： 由原设计

材料概况：同质透心的塑胶地板以不同明度的灰色和有趣味性的铺设图案使地面富有变化而毫不张扬。

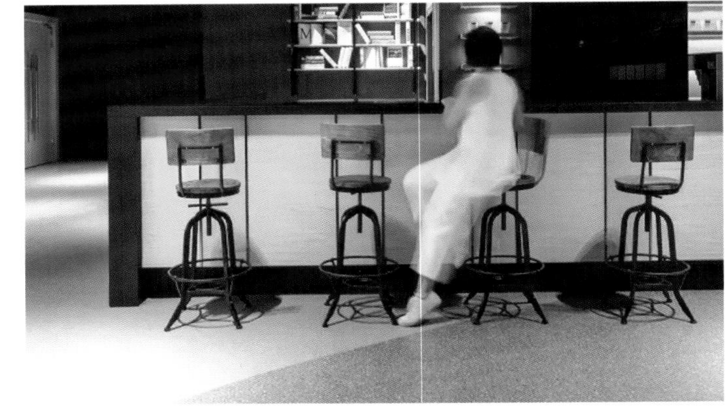

东京西武涩谷商业大厦

设计：Nendo

材料概况：Nendo 为东京西武涩谷商业大厦的女士时装层用 PVC 弹性地板设计了锯齿形图案铺装，以此打破室内的单调感。

拉马特甘幼儿园

设计：Sarit Shani Hay

材料概况：一个房间是蓝色 PVC 地板，墙面有许多自然界劳作的场景图案，以及动物的图案；一个房间是绿地板，墙面描绘了一副农庄景象。材料方面，使用经济型材料、PVC 地板以及人造革。

洛桑理工大学研究楼

设计： Dominique Perrault Architect

材料概况：或哑光、或光洁的黑白灰混凝土、金属墙面和水泥、PVC 地板为空间添上了一份素雅和干净。

橡胶地板 | Rubber Flooring

材料简介 | INTRODUCTION

橡胶地板是指由天然橡胶、合成橡胶和其他成分的高分子材料所制成的地板。天然橡胶是指从人工培育的橡胶树采下来的橡胶。合成橡胶是石油的附产品，包括丁苯、高苯、顺丁橡胶等，在外观上，橡胶地板颜色鲜明亮丽，质感像橡胶一样柔软，尤其适合运动场所的铺垫。作为一种新型的地面铺装材料，橡胶地板凭借其优质的本体环保性能、创新的生产工艺和多样迷人的色彩逐渐受到市场的青睐。

材料性能及特征 | PERFORMANCE & CHARACTER

橡胶地板主要采用合成橡胶、天然橡胶和其他高分子材料，质地柔软，具有耐磨防滑、色泽艳丽、易铺设、易清洗等特点，与传统地板有很大不同。具体来说，橡胶地板具有以下一些特点：

（1）绿色环保：无毒无害，对环境无污染，不含放射性元素；

（2）防水防滑：遇水变涩，可消除老人、儿童的安全忧虑；遇水不变形，能有效抑制有害菌滋生；

（3）质轻体薄：减轻楼房承重，是高层建筑的最佳选择；

（4）铺装简单快捷：橡胶地板铺设简便，在平整、坚硬、干净、干燥的地面上用合适的胶黏剂粘上即可，施工现场无灰沙、脏土，无明显施工噪声，不会对周围环境构成危害；

（5）超强耐磨：表面的耐磨层可经受大量的踩踏，寿命长；

（6）静音舒适：抗冲击，有弹性，吸音性好，脚感舒适；

（7）耐酸碱性：耐酸碱腐蚀，可经受恶劣环境考验；

（8）导热保暖：导热性好，散热均匀，无瓷砖冰冷之感；热膨胀系数小，可适用于北方寒冷地区。

产品工艺及分类 | TECHNIC & CATEGORY

橡胶地板作为新型的柔性铺地材料，可以通过不同的制作工艺，仿制成石材、水磨石及木质地板图案，而且橡胶地板色彩多样，花色新颖，可以多样搭配，因此广泛适用于医院、商超、展馆、车间、健身房等人流量大的商业和工业地板空间。

橡胶地板的种类包括：同质透心地板、切复合地板（即片材）、运动地板、防静电地板等。

（1）同质透心地板：硬度不亚于瓷砖，又很薄，因此适用范围很广，但是其对地坪的要求非常高，材料的价格不便宜。

（2）片材：又叫印花砖，花色漂亮是其一大特色，施工简便和适用性广则是其主要优势。目前除了学校图书馆和医院用得较少之外，片材几乎应用在所有的室内地板上。

（3）运动地板：所有的标准运动场馆、健身房、跳舞房一般都使用运动地板。

（4）防静电地板：又叫做耗散静电地板、方管凳子，当它接地或连接到任何较低电位点时，会使电荷耗散。

应用在医院

应用在商场

应用在幼儿园

应用在室内

应用在篮球场

应用在健身房

常用参数 | COMMON PARAMETERS

硬度：≥ 88（绍尔 A）度 ；
撕裂强度：≥ 30 kN/m；
加热尺寸变化：≤ ±0.05%；脆性温度：≤ -15 ℃；
耐烟头灼烧：≥ 3 级；吸音性能：≥ 13dB。

（以上数据为市场部分厂家产品参数，不同厂家各有差别，仅供参考）

价格区间 | PRICE RANGE

100~400 元 /m²

橡胶地板是一种可再生资源，所以橡胶地板价格并不很贵，但是不同品牌的橡胶地板由于在厚度、材质等方面的差异，价格会有所不同。

（以上价格仅为市场普通中端产品价格，材料价格会因不同项目、不同品牌以及订制等多方原因有较大浮动，仅供参考）

设计注意事项 | DESIGN KEY POINTS

橡胶地板广泛应用于娱乐活动场所、健身房、舞台、微机房、办公室、写字楼、别墅区人行步道、轮船防滑步道、幼儿园、老年人活动中心、儿童游乐场馆、浴场、游泳馆、按摩室、医疗单位、各种社交场合的迎宾楼道、门厅、贵宾室球场、体育跑道、屋顶防水球场及其他有减震要求的区域。
橡胶地板相对于 PVC 地板更适合用于运动场所，安装方法要求更加严格，可选择的花色和图案比较少。
注意选择环保要求高的产品。

品牌推荐 | BRAND RECOMMENDATION

相关厂商详细信息，请参见附录品牌索引：
阿姆斯壮、洁福、NORA、美固坦。

（以上推荐仅为市场少数优秀品牌，供设计师参考学习。同一品牌实际可能涉及多种产品，更多详细内容可登录随书小程序）

施工及安装要点 | CONSTRUCTION INTRO

橡胶地板施工流程：检查基层→修补基层→弹线→刮胶→铺贴橡胶地板→清理→养护→粘贴踢脚板。
（1）弹线：根据铺贴部位的实际情况，按照材料的规格，弹好分格线。
（2）刮胶：在弹线完毕的情况下，随铺随刮，胶不能刮得过早。刮胶前，应先在基层刮一层底子胶，其目的是增强橡胶地板与基层之间的粘结力。刮胶从一个方向刮向另一端，粘结剂的厚度不宜太厚，一般控制在 1mm 以内。刮胶的速度和铺贴的速度相协调，刮过胶的表面应停静一段时间，使其溶剂得以挥发。一般粘结剂表面不黏手指时铺贴即可。
（3）铺贴地板：铺贴主要控制三个问题，一是橡胶地板铺贴牢固，不得有脱胶空鼓现象；二是缝格顺直，避免错缝发生；三是表面平整、干净，不得有凹凸不平及破损与污染。
①橡胶地板就位后，先用拍板轻轻拍打，然后用小辊子滚压。滚压时注意滚压的方向，一般宜横竖交替进行。对于拼缝时挤出的粘结剂，要及时用棉纱清理。
②铺贴时掌握好铺贴的速度，每贴一块，都要照顾前、后、左、右之间的关系，使之在接缝高低及缝格顺直等方面符合要求。
③当有异形块时，可用裁刀裁割，但要注意尺寸准确及裁口平直。
④要格外注意边角部位及墙边部位的铺贴。因为这些部位容易积灰尘，甚至表面有残留的灰迹。清理时也因边角部位较难操作而忽略，所以，此处刮胶可较其他部位适当多刮，拍打时，宜用力反复拍打，直到气体赶出，粘结牢固即可。
⑤清理：铺贴完毕及时清理表面。
⑥养护：橡胶地板铺贴完毕后，要有一定的养护时间。一是禁止行人在刚铺好的地面上频繁行走；二是在养护期间避免沾污或用水清洗表面。
（4）粘贴踢脚板：踢脚板的粘贴应与地面铺贴同时进行。一是上口平直，二是粘结牢固，三是踢脚板的拼缝宜同地面的拼缝协调一致。

现场施工图

现场施工图

深圳蛇口邮轮中心

材料概况：橡胶地板非常适合人流量大的邮轮中心。

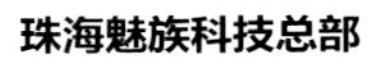

珠海魅族科技总部

材料概况：运用橡胶地板的不同配色来分割办公功能区域。

多伦多金巴利集团办公室

设计：I-V

材料概况：整个空间使用橡胶地板来划分区域。

巴塞罗那幼儿园

设计： Batlle I Roig Arquitectes

材料概况：采用不同孔隙度的穿孔金属板和不透光金属板作为建筑的外围护，充盈的阳光进入到建筑之中，与室内暖色系的木材和橡胶地板以及其他色彩形成温暖的氛围。

亚麻地板 | Linoleum Flooring

材料简介 | INTRODUCTION

亚麻地板相对于硬性地材而言（如石材、瓷砖等）属于弹性地材。亚麻地板是由亚麻籽油、松香、石灰石、黄麻、木粉和矿物颜料六种天然原材料经物理方法加工而成的。天然环保是亚麻地板最突出的特点，产品生产过程中不添加任何增塑剂、稳定剂等化学添加剂，并且具有良好的耐烟蒂性能。亚麻地板以卷材为主，是单一的同质透心结构。目前已有公司成功研发出锁扣型片材，具有安装简便，可拆卸，可 DIY 安装，不变形，不怕泡，不怕划，脚感舒适等优点，适用于地暖，未来在民用市场会有更多的应用。

材料性能及特征 | PERFORMANCE & CHARACTER

亚麻地板的生产材料取自天然，具有静音、脚感舒适、花色多、遇水不滑、耐热、抗油污、材质轻、易清洁保养、安装快捷、环保等特点。具体如下：

（1）纯天然材料，具有天然防菌功能，能有效抑制有害细菌生长，健康环保，不易吸附灰尘，对患有哮喘病等过敏疾病的人群是最理想的地材。

（2）除了传统的热熔焊接方法之外，还可用特殊接缝胶水进行实靠工艺，可达到零接缝效果，使地面的整体效果得到最大限度的优化。

（3）可以卷边上墙，无卫生死角，极易清洁打理，整体效果好。亚麻地板软木成分有助于消音，提供舒适的脚感并且凹陷能迅速复原。

（4）色彩丰富，效果舒适柔和，可拼花、配色、订制 logo 等各种高端和复杂图案，可起到功能分区、导向的作用。

（5）适用性好，装、卸、改造都方便。瓷砖、石材、水磨石上均可直接铺设，节省施工时间；材质轻，减轻建筑荷载；并且整体系统高度小，主材 + 辅材 <6mm，节省标高。

（6）为同质透心结构，花纹和色彩由表及里纵贯如一，物理性能稳定，在使用环境下自然形成包浆，耐磨性优异，在欧洲有很多使用上百年的亚麻地板依然光鲜亮丽，是地面寿的实证；

（7）具有良好的抗压性能和耐污性，办公室桌、椅轮辊重压，不留痕迹；皮鞋、轮辊划过，不留下难以去除的黑印；并且可以抗烟头灼伤。

（8）亚麻地板源于 100 多年前的古老配方和物理加工工艺，可生物降解，有益于人类生存环境。

产品工艺及分类 | TECHNIC & CATEGORY

亚麻地板是由可再生的纯天然原材料制成：亚麻籽油，松香，木粉，黄麻及环保矿物颜料，收获或提取这些原材料所消耗的能量都非常小。

（1）亚麻籽油：从亚麻籽中榨取，是亚麻地板中最为重要的原材料，亚麻地板的名称也来源于此。

（2）松香：取自于松树，所使用的提取方法不会危害松树的生长。作为亚麻地板的黏结剂，与亚麻籽油一起，赋予亚麻地板独特的强度及韧性。

（3）木粉：被使用在亚麻地板中是由于它有独特的吸附颜料的特性，给予亚麻地板美丽的色彩，并确保其长久的色牢度。精细碾磨后的木粉还能提供特别平滑的表面，使亚麻地板非常容易清洁。

（4）石灰石：遍布全球，有着巨大的储量，经精细研磨后的石灰石粉是生产亚麻地板的重要原料。

（5）颜料：亚麻地板亮丽、美观的色彩是由环保有机颜料创造出来的，所使用的颜料不含重金属（如铅或镉）或者其他有害物质，而且对环境没有任何影响。

（6）黄麻纤维：用生长在印度和孟加拉国的黄麻植物纺成，首选它作为产品的背衬是因为它的天然。同时不仅仅因为这里有可再生的、丰富的黄麻植物来源，而且能为这些发展中的国家提供重要的出口贸易机会。

亚麻地板结构示意图

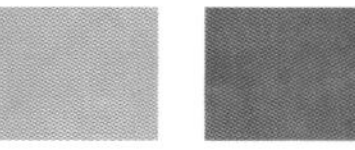
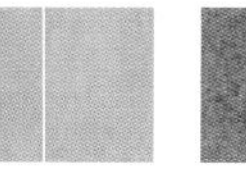

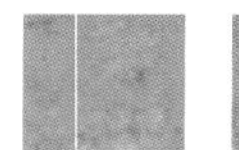
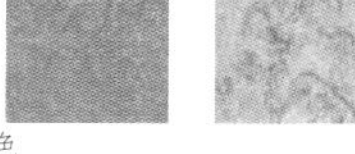
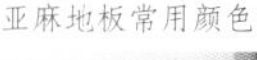

亚麻地板常用颜色

亚麻地板拼花示意

亚麻地板卷材上墙示意

亚麻地板在样板房中的使用示意

亚麻地板在餐厅中的使用示意

常用参数 | COMMON PARAMETERS

材质质量：3kg/m^2；
燃烧等级：B1；防滑等级：R9；吸音性能：≤ 4dB；
卷宽：2m；卷长：≤ 32m；
2.0mm 厚亚麻地板最小弯曲直径 30mm。

（以上数据为市场部分厂家产品参数，不同厂家各有差别，仅供参考）

价格区间 | PRICE RANGE

100~400 元 /m^2

亚麻地板卷材的施工价格主要包含以下几部分：面材、胶水、2~5mm 厚自流平基层处理、人工费，其中面材为最重要的部分。市场上亚麻地板价格和质量参差不齐，而价格与品牌、总厚度、耐磨层厚度等因素都有很大关系，应根据亚麻地板在不同空间使用的分级标准，选用适合的产品。目前亚麻地板片材全球仅有 3~4 家工厂生产，价格主要与厚度、性能、基层条件、施工工艺等有关。亚麻片材根据厚度（2~10mm）不同，价格有差别。

（以上价格仅为市场普通中端产品价格，材料价格会因不同项目、不同品牌以及订制等多方原因有较大浮动，仅供参考）

设计注意事项 | DESIGN KEY POINTS

亚麻地板常用于学校、图书馆、博物馆、商业办公大厦等场所。
亚麻地板很薄，热能在传递过程中损耗小，能高效发挥地面的供暖效果。亚麻地板受热不会变形、老化，更不会因原料原因释放有毒有害气体，特别适合用作地暖系统的表面地材饰面。
亚麻地板表面多孔，不适于有洁净要求的空间，室内温度过低的情况下，亚麻地板容易断裂。
亚麻地板因为表面凹凸多孔，适合产生立体效果，并且图案丰富，容易提升空间的效果，加上近年来一些高级写字楼的使用，使其成为整体地材里相对高档的产品。

品牌推荐 | BRAND RECOMMENDATION

相关厂商详细信息，请参见附录品牌索引：
波龙（BoLon）、东帝士、环亚、阿姆斯壮、特立龙。

（以上推荐仅为市场少数优秀品牌，供设计师参考学习。同一品牌实际可能涉及多种产品，更多详细内容可登录随书小程序）

施工及安装要点 | CONSTRUCTION INTRO

施工工艺：地坪检测→地坪预处理→预铺及裁割→粘贴→排气、滚压→面层缝隙焊缝密闭处理→清洁和保养。
施工要点：亚麻卷材的施工质量与基层的施工质量关系很大，其对基层的要求，可归纳为：平、干、洁、滑四点。
（1）平：即表面平整，用 2m 直尺检查，其表面凹凸度不应大于 2mm。若基层不平，易使面层贴后成波浪形、翘边、空鼓。另外胶粘剂中有杂质小颗粒，也会使面层局部拱起，造成表面不平。
（2）干：即表面干燥。铺贴时基层残留水分（含水率）不应大于 3%。当基层含水率大于 3% 时铺贴的弹性地材面层容易空鼓。因此，用水泥拌和物铺设的基层，施工结束后按规定进行养护，并应加强通风干燥。首层应设置隔离层进行防潮，普通混凝土地面不能满足其防潮要求，应在混凝土垫层上增设一层防潮层。
（3）洁：即表面应清洁。由于基层施工日期与弹性地材面层的铺贴总要相差一段时间，中间难免上人踩踏，或其他物品堆放、散落，因此面层铺贴前，应认真进行处理（不能用水冲洗），如有油脂等杂质，应用火烤或碱水洗擦。
（4）滑：即基层表面应坚硬、光洁，不应粗糙、起砂。基层表面光滑的粘结力比粗糙的粘结力要大。这是因为粗糙的表面形成很多细孔隙，刮胶粘剂时，不但增加胶粘剂用量，而且厚薄也不均匀。粘贴后，由于细孔隙内胶粘剂较多，其中分散性气体继续散发，当积聚到一定程度后，就会在粘贴的薄弱部位形成板面起鼓或边角起翘的现象。

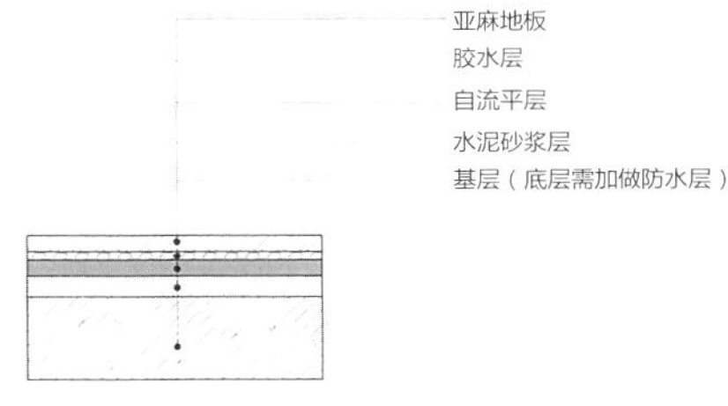

注：自流平高度最低为 2mm
水泥砂浆层高度最低为 25mm

亚麻地板构成剖面图

·拉丝铝合金材质，简单美观
·与基层通过胶水和螺钉双重固定，适用于各种基面
·带圆弧扣顶，与主材紧密连接，易于安装

铝合金压条
螺钉固定
胶地板

上墙地板压条

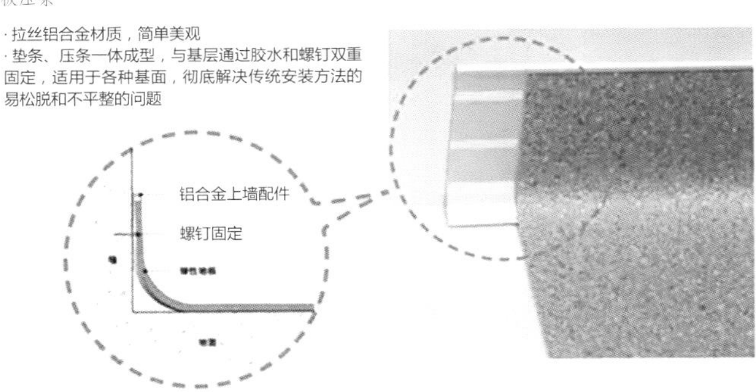

一体化上墙构件

经典案例 | APPLICATION PROJECTS

北京大院改造

设计：BWAO

材料概况：地面为铺设地暖的亚麻地板。

通快公司波兰技术中心

设计：Barkow Leibinger

材料概况：亚麻地板适合用于大空间人流密集场所。

Hometherapy 物理治疗诊所

设计：ov-a

材料概况：诊疗室的地面铺设的是亚麻地板。

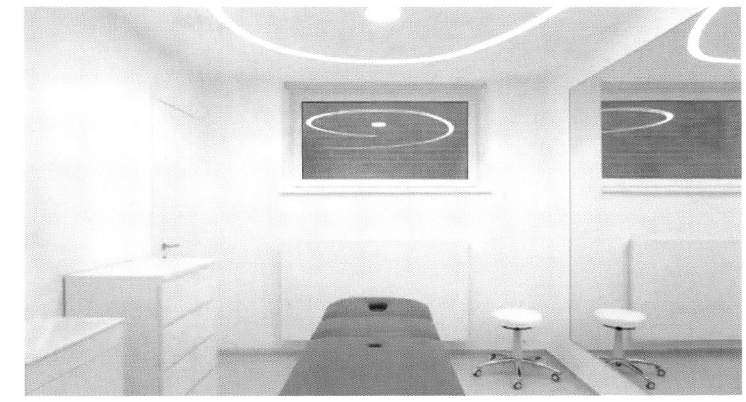

丹麦 NGF 公司

材料概况：五颜六色的亚麻地板活跃了办公气氛。

聚氨酯地坪 | Polyurethane Flooring

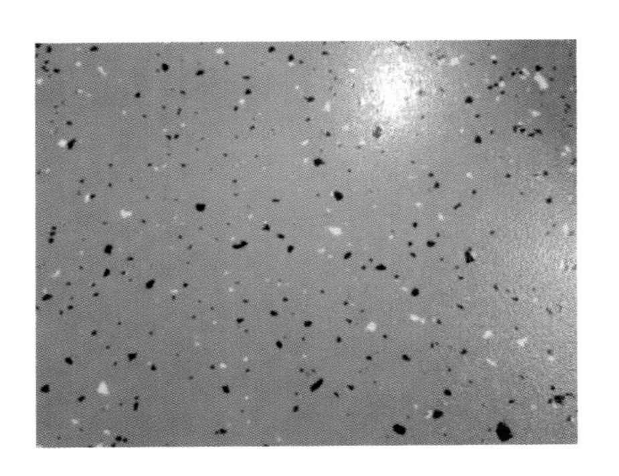

材料简介 | INTRODUCTION

聚氨酯地坪是指用聚氨酯地坪涂料结合一种新型无溶剂或水性、无污染的地面功能施工技术，制成能满足某些特定使用要求（高档会议或娱乐中心注重舒适要求，工矿企业注重防腐和耐磨要求，食品行业注重耐高低温，物流行业要求快速投入使用等）的一类地坪，故特别适用于各种工矿企业车间、停车场、运动场等有防滑、防腐、耐磨要求的地坪涂装。

材料性能及特征 | PERFORMANCE & CHARACTER

聚氨酯地坪轻柔温和，足以为在该区域内长时间站立的人员提供充足的舒适度。这种弹性地坪材料解决方案不但压低了脚步声和水平噪声传播，而且能够通过自变形及回复抵抗划痕。

（1）涂膜具有较好的机械性能，抗拉强度高、耐冲击、耐磨；

（2）装饰效果好，整体无缝，表面光滑，不积聚灰尘、细菌，易清洗，色彩艳丽；

（3）经济效益高，具有适当的耐久性，其技术经济综合性能较好，适用场合具有与竞争材料相比的优势；

（4）可塑性强，可以配制各种颜色；涂膜厚度可以调节；可施工成无毒型，满足卫生要求；还可施工成抗渗、耐化学腐蚀、耐油等防腐蚀性地坪及导电型、防滑型、阻燃型等多种功能性地坪；

（5）具有极佳的施工性和流平性，易维修、保养；

（6）耐候性好，不易老化，使用寿命长，耐磨损强度高；

（7）适应性强，尤其适用于华东、华南这些多雨高湿地区。

产品工艺及分类 | TECHNIC & CATEGORY

聚氨酯地坪涂料的分类有多种方法：

（1）按产品供应形式分类：单组分聚氨酯地坪涂料、双组分聚氨酯地坪涂料、多组分聚氨酯地坪涂料。

（2）按分散介质分类：溶剂型聚氨酯地坪涂料、无溶剂型聚氨酯地坪涂料、水性聚氨酯地坪涂料。

（3）按成膜物的化学结构分类：芳香族聚氨酯地坪涂料和脂肪族聚氨酯地坪涂料。

（4）按用途分类：底漆、中间漆和面漆。

（5）按外观分类：清漆和色漆等。

（6）按面漆分类：聚氨酯自流平地坪、防静电聚氨酯地坪、防滑性聚氨酯坪、弹性聚氨酯地坪等。

（7）按荷载分类：轻度荷载聚氨酯地坪、中度荷载聚氨酯地坪、重度荷载聚氨酯地坪等。

聚氨酯自流平地坪有优异的抗划伤、抗冲击、高耐磨损性，使用年限可长达10年以上；降噪静音，富有弹性；颜色多样，色彩丰富，适用于设备车间。

聚氨酯超耐磨地坪有优异的抗划伤、抗冲击、高耐磨损性、抗紫外线性能，使用年限可长达10年以上；涂层表面有均匀微粒，光泽柔和、装饰效果好，适用于物流通道。

水性聚氨酯砂浆耐化学品腐蚀，抑菌防霉，无缝美观，适用于防腐原料区。

聚氨酯重载防滑砂浆：涂层坚韧耐磨，抗开裂；防尘、防潮、耐磨、耐冲击、防火、易清洁，适用于热震生产区。

无溶剂环氧自流平 + 聚氨酯罩面：洁净，易清洁，优异的抗划伤、抗冲击、高耐磨损性，适用于洁净区。

聚氨酯自流平地坪

聚氨酯超耐磨地坪

水性聚氨酯砂浆

聚氨酯重载防滑砂浆

无溶剂环氧自流平 + 聚氨酯罩面

常用参数 | COMMON PARAMETERS

表干时间：≤ 8h；实干时间：≤ 48h；
抗压强度：≥ 45MPa；
耐磨性：≤ 0.06g。

（以上数据为市场部分厂家产品参数，不同厂家各有差别，仅供参考）

价格区间 | PRICE RANGE

40~200 元 /m²

聚氨酯地坪的施工价格主要包含几部分：材料，人工，品牌，面积及场所区域等，其中人工和面积是最重要的影响因素。市场上通常按照施工面积计算价格，不同项目根据用户要求各有差别。

（以上价格仅为市场普通中端产品价格，材料价格会因不同项目、不同品牌以及订制等多方原因有较大浮动，仅供参考）

设计注意事项 | DESIGN KEY POINTS

优异的耐磨性能及机械性能，耐化学药品性能好，耐候性好，所以广泛适用于制造工厂车间和仓库，尤其适用于食品加工场所及冷库。
聚氨酯地坪的施工要求比较高。
聚氨酯地坪整体无缝，易清洁，不产生霉菌。
注意基层施工的管线预埋准确，聚氨酯地坪无法二次施工。

品牌推荐 | BRAND RECOMMENDATION

相关厂商详细信息，请参见附录品牌索引：
多乐士。

（以上推荐仅为市场少数优秀品牌，供设计师参考学习。同一品牌实际可能涉及多种产品，更多详细内容可登录随书小程序）

施工及安装要点 | CONSTRUCTION INTRO

（1）基层处理：按照素地情况进行地面打磨、清理、清洁；
（2）聚氨酯底漆：用聚氨酯底漆材料对已经处理并清理干净的基层进行渗透封闭滚涂处理 1~2 遍，增加附着力；
（3）聚氨酯中涂：待聚氨酯底漆渗透固化后，使用聚氨酯中涂镘涂地面施工 2 遍，增加耐磨、耐压性能；
（4）聚氨酯批涂：最后一遍中涂层固化干燥后，用小型研磨机进行细磨，并点补孔洞，清理浮尘、砂粒后用聚氨酯批涂施工 2 遍；
（5）聚氨酯面漆：待聚氨酯批涂固化干燥后，用小型研磨机进行细磨，并点补孔洞，清洁除尘后用聚氨酯面漆满涂地面；
（6）地坪养护：待聚氨酯面涂层施工结束，应固化保养不少于 24h 才能上人行走（期间严禁在地面拖、拉物品），保养 7d 后可投入正常使用。

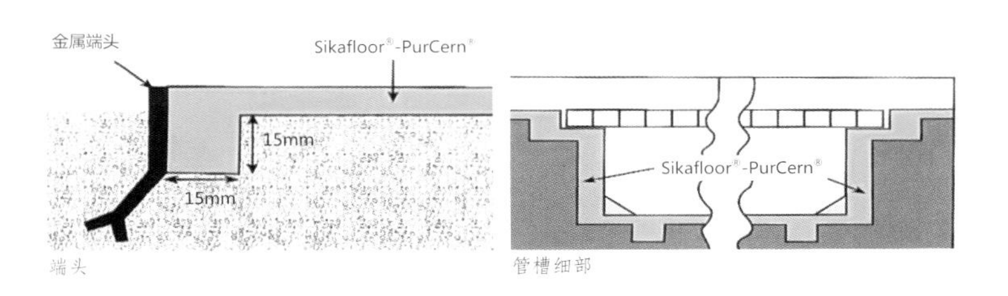

端头　管槽细部

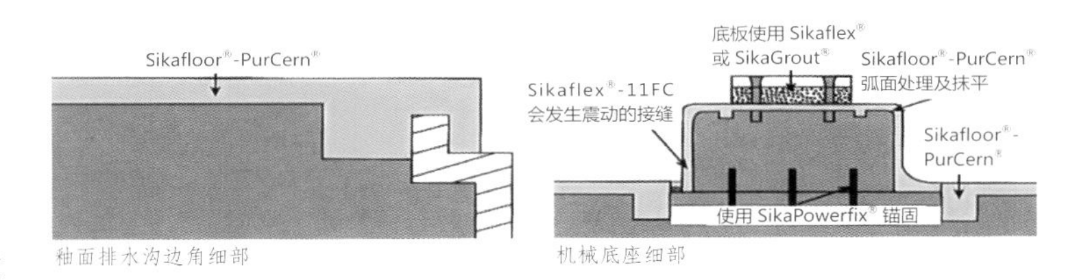

釉面排水沟边角细部　机械底座细部

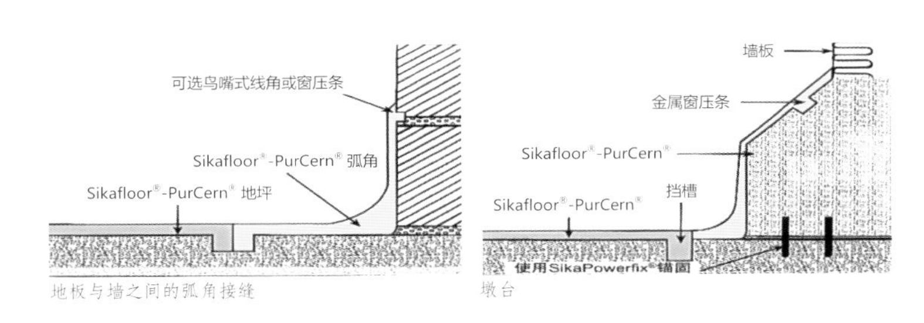

地板与墙之间的弧角接缝　墩台

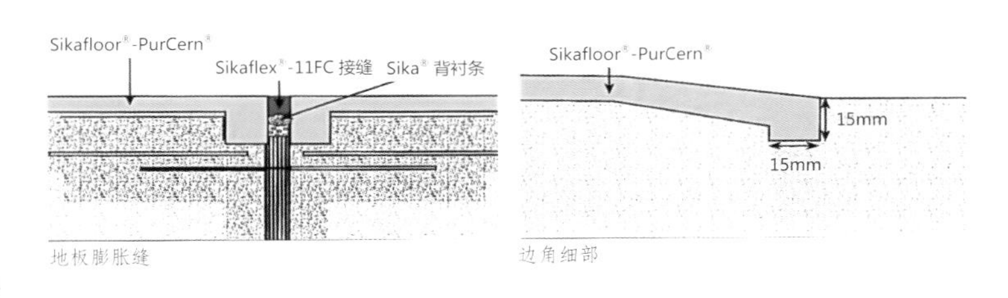

地板膨胀缝　边角细部

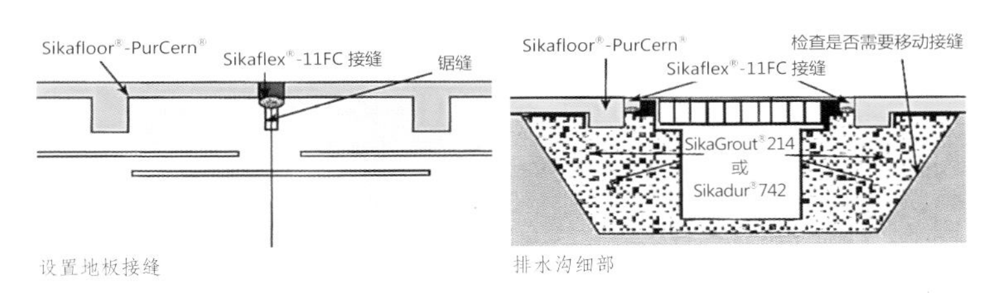

设置地板接缝　排水沟细部

螺旋花园美甲店

设计： 建筑营设计工作室

材料概况：美甲厅在地面材料的运用上选择了较为新兴的聚氨酯地坪。

斯凯奇儿童用品展示室

设计：Zemberek Design

材料概况：白色聚氨酯材料形成了一个曲线形的隧道，极具活力感。

慕尼黑分形空间

设计：Dear design

材料概况：简单性对于这个项目在于节省材料——只有光滑的白漆铁及周边结构，Corian 刻字，巴力软膜天花拉伸天花板照明，自然铁用于细木工，光泽漆覆盖白色聚氨酯树脂完成地板装饰。

工厂

材料概况：功能性地使用聚氨酯地坪。

H

吊顶
CEILING

近年来，我国吊顶行业涌现出一批产品设计水平较高、生产技术能力较强、规模较大、产品质量有保证的品牌吊顶企业，企业实力不断增强，发展形势良好，增速较快，并且积极提高自主创新能力，着力从设计、生产、质量、服务等诸多方面提高品牌的知名度和美誉度。吊顶是房屋居住环境的顶部装修的一种装饰，简单地说，就是指天花板的装饰，是室内装饰的重要部分之一。吊顶具有保温、隔热、隔音、吸声的作用，也是电气、通风空调、通信和防火、报警管线设备等工程的隐蔽层。根据装饰板的材质不同，吊顶可分为石膏板、硅钙板、金属板、矿棉板、PVC 板及各种复合板吊顶等。

吊顶材料包括范围很广，在国内因为防火规范的要求，限制了一些材料的使用，本书介绍的材料主要有矿棉板、金属吊顶及软膜天花。

矿棉板很早就应用于各种室内空间，具有吸声、质轻、不燃等特点，因为性价比高且施工便捷而被大量使用，近年来因为环保因素，市场也出现了一些可以替代矿棉板的产品，比如硅酸钙板、高丽板等，它们的材料成分主要是石膏，在防潮性能上要优于矿棉板。

金属吊顶应用最多的是铝板，也有不锈钢板、铜板、钢板等材质，因为铝板具有易加工、可塑性强、性价比好等优点而被使用最多。常见的铝板类型有铝扣板、铝方通、铝挂片、铝格栅、勾搭板等。因为铝板的组合方式不同，加工造型不同，以及表面图案不同，当与不同的灯具及设备带组合时，可以创造出千变万化的吊顶视觉肌理效果。铝板加工制作技术目前很成熟，在未来的设计空间中会有更多的用武之地。另一类订制金属吊顶从创新视觉效果出发，营造出大面积序列性很强的金属效果，显得更为精致和具有立体层次的肌理效果，比如蜂窝铝板、金属网等材料。

软膜天花因为能与灯光完美结合，可以营造出非常现代以及视觉冲击力很强的空间感受，部分厂家已经有防火 A 级膜，接下来去在公共空间使用的范围将更广。

金属吊顶 / 蜂窝铝板

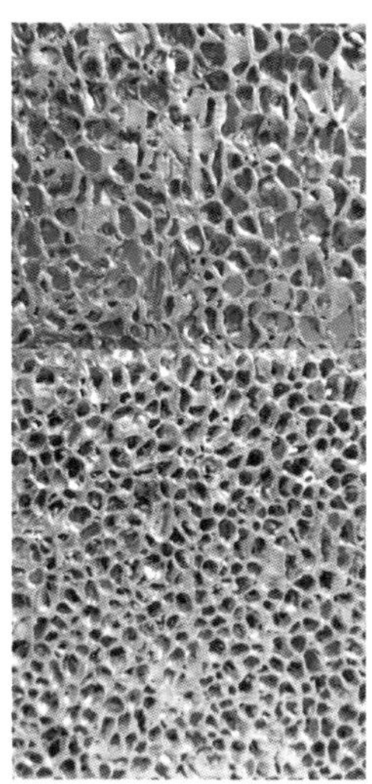

图片来源：ALUSION

软膜天花

图片来源：NITTOBO

矿棉板 | Mineral Wool Board

材料简介 | INTRODUCTION

矿棉板一般指矿棉装饰吸声板，是以矿物纤维棉为主要原料，加适量的添加剂，经配料、成型、干燥、切割、压花、饰面等工序加工而成的。矿棉板具有吸声、不燃、隔热、装饰等优越性能，广泛应用于各种室内吊顶。

材料性能及特征 | PERFORMANCE & CHARACTER

矿棉板作为被广泛应用的顶面材料，其优点如下：

（1）降噪性：矿棉板以矿棉为主要生产原料，而矿棉微孔发达，可减小声波反射、消除回音、隔绝楼板传递的噪声。

（2）吸音性：矿棉板是一种多孔材料，由纤维组成无数个微孔，声波撞击材料表面，部分被反射回去，部分被板材吸收，还有一部分穿过板材进入后空腔，大大降低反射声，有效控制和调整室内回响时间，降低噪声。在用于室内装修时，平均吸音率可达 0.5 以上，适用于办公室、学校、商场等场所。

（3）隔音性：通过天花板材有效地隔断各室的噪声，营造安静的室内环境。

（4）防火性：防止火灾是现代公共建筑、高层建筑设计的首要问题， 矿棉板是以不燃的矿棉为主要原料制成，在发生火灾时不会产生燃烧，从而可有效地防止火势的蔓延，是最为理想的防火吊顶材料。

（5）装饰性：矿棉吸声板表面处理形式丰富，板材有较强的装饰效果。表面经过处理的滚花型矿棉板，俗称“毛毛虫”，表面布满深浅、形状、孔径各不相同的孔洞。另一种“满天星”，则表面孔径深浅不同。经过铣削成形的立体形矿棉板，表面制作成大小方块、不同宽窄条纹等形式。 还有一种浮雕型矿棉板，经过压模成形，表面图案精美，有中心花、十字花、核桃纹等造型，是一种很好的装饰用吊顶型材。

产品工艺及分类 | TECHNIC & CATEGORY

1. 按产品规格处理分类：

有条形板和方形板；厚度上可以根据不同需求做成 14~20mm 厚；常用的产品规格有 600mm×600mm、600mm×1 200mm、300mm×1 200m、300mm×1 800mm 等。

2. 按照表面处理分类

表面有毛毛虫孔、大小孔、高密度孔、喷砂和覆膜等处理方式，也有一些更为艺术性的处理，如表面条形凹槽板、方格板、瓦楞板等。

（1）毛毛虫：这是最常见的矿棉板花纹，吸音效果很好，开放型的表面处理方式，因其形状类似于毛毛虫而得此俗称。

（2）针孔花纹矿棉板：表面排布密集的针孔，增加矿棉板的吸音能力，也让矿棉板更美观。大针孔花纹矿棉板比较常见。

（3）喷砂矿棉板：比较高档，是在矿棉板表面喷涂一层密集的砂状颗粒，表面与真石漆类似，适宜做各种造型，不仅美观，而且提高了矿棉板的防潮能力。

（4）条形花纹矿棉板：主要目的为吸音，需要基层，粘贴上去，达到美观、吸音等功能。

（5）浮雕立体矿棉板：也是粘贴为主，与条形板类似，表面凹凸不平，达到很好的吸音效果。

3. 按照边角处理分类

有平板、跌级板、暗架板，而跌级板又分为宽边跌级板和窄边跌级板，暗架板分为可开启暗架板和不可开启暗架板。因为不可开启暗架板不利于安装后的维修，已经渐渐被市场淘汰。

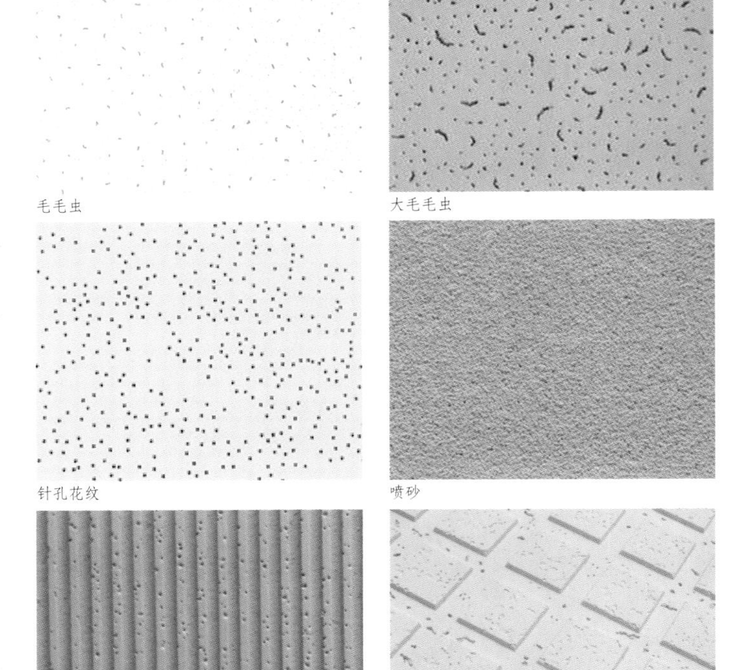

毛毛虫　大毛毛虫

针孔花纹　喷砂

条形花纹　浮雕立体

常用参数 | COMMON PARAMETERS

密度：≤ 500kg/m³；含水率：≤ 3；
抗折强度：≥ 1.0MPa；
导热系数：0.08 W/（m·K）；吸音系数：0.4~0.6；
阻燃性 ：A 级；防潮性：≥ 95%。

（以上数据为市场部分厂家产品参数，不同厂家各有差别，仅供参考）

价格区间 | PRICE RANGE

50~200 元 /m²

不同品牌的矿棉板价格不一样，运用于不同功能空间及不同纹样图案的矿棉板价格也不一样。

（以上价格仅为市场普通中端产品价格，材料价格会因不同项目、不同品牌以及订制等多方原因有较大浮动，仅供参考）

设计注意事项 | DESIGN KEY POINTS

矿棉板具有吸声、不燃、隔热、装饰等优越性能，广泛应用于各种建筑吊顶、贴壁的室内装修，如宾馆、剧场、商场、办公场所、播音室、演播厅、计算机房及工业建筑等。
矿棉板能控制和调整混响时间，改善室内音质，降低噪声，改善生活环境和劳动条件。
矿棉板的不燃性能， 均能满足建筑设计的防火要求。
注意公制和英制的尺寸选择，避免与灯具尺寸出现误差，注意潮湿空间或地区应采用防塌陷的产品。

品牌推荐 | BRAND RECOMMENDATION

相关厂商详细信息，请参见附录品牌索引：
阿姆斯壮、大建、OWA（欧洲）、USG（美国）。

（以上推荐仅为市场少数优秀品牌，供设计师参考学习。同一品牌实际可能涉及多种产品，更多详细内容可登录随书小程序）

施工及安装要点 | CONSTRUCTION INTRO

安装矿棉板的工艺流程：基层清理→弹线→安装吊杆→安装主龙骨→安装次龙骨→安装边龙骨→隐蔽检查→安装矿棉板→施工验收。
（1）弹线：根据吊顶设计标高弹吊顶线作为安装的标准线。
（2）安装吊杆：根据施工图纸要求确定吊杆的位置，安装吊杆预埋件（角铁），刷防锈漆，吊杆采用直径为 8mm 的钢筋制作，吊点间距 900~1 200mm。安装时上端与预埋件焊接，下端套丝后与吊件连接。安装完毕的吊杆端头外露长度不小于 3mm。
（3）安装主龙骨：一般采用 C38 龙骨，吊顶主龙骨间距为 900~1 200mm。安装主龙骨时，应将主龙骨吊挂件连接在主龙骨上，拧紧螺母，并根据要求吊顶起拱 1/200，随时检查龙骨的平整度。房间内主龙骨沿灯具的长方向排布，注意避开灯具位置；走廊内主龙骨沿走廊短方向排布。
（4）安装次龙骨：配套次龙骨选用烤漆 T 型龙骨，间距与板横向规格同，将次龙骨通过挂件吊挂在大龙骨上。
（5）安装边龙骨：采用 L 型边龙骨，与墙体用塑料胀管自攻螺钉固定，固定间距 200mm。
（6）隐蔽检查：在水电安装、试水、打压完毕后，应对龙骨进行隐蔽检查，合格后方可进行下道工序。
（7）安装饰面板：矿棉板选用认可的规格形式，明龙骨矿棉板直接搭在 T 型烤漆龙骨上即可。随安板随安配套的小龙骨，安装时操作工人须戴白手套，以防止污染。

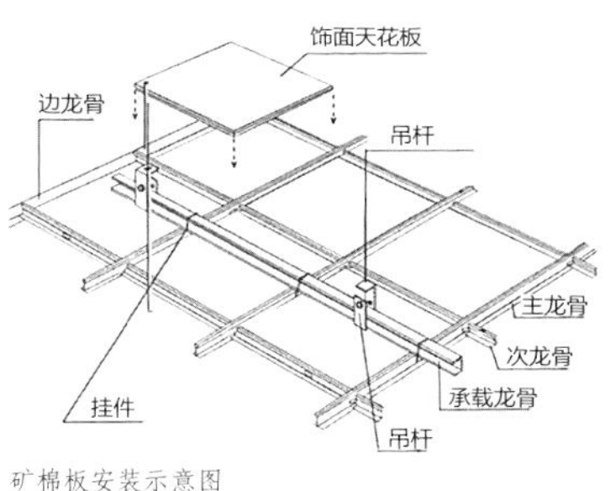

矿棉板安装示意图

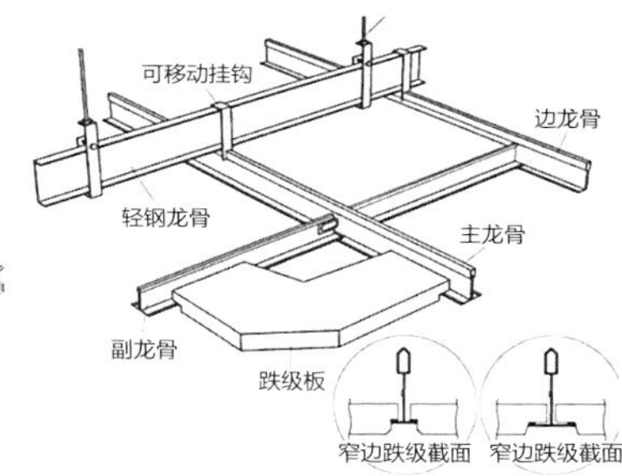

跌级系统矿棉板安装示意图

矿棉板安装实景图 1

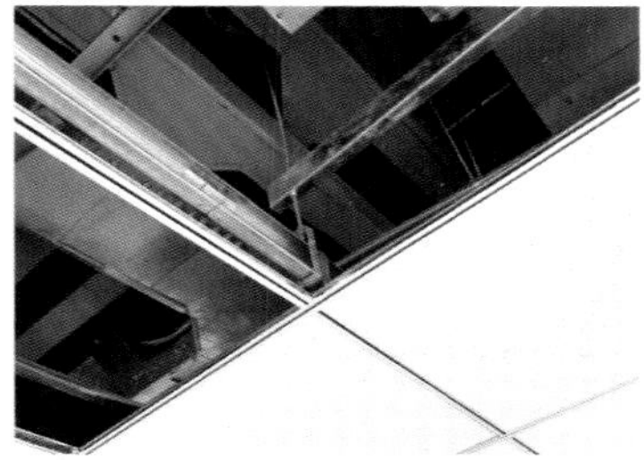
矿棉板安装实景图 2

brandstar 公司总部

材料概况：矿棉板在办公空间的运用。

Food City HQ

材料概况：异形矿棉板的应用。

美国 Blackbaud 公司办公室

设计：Fusion Design Consultants

材料概况：该项目的设计充分利用了内室，并且注重拓展外部视野空间，从而为员工们营造出一个开放而且充满活力的工作场所。

Ionline studio

材料概况：矿棉板使办公空间呈现出简洁大气的风格。

金属吊顶 | Metal Ceilings

材料简介 | INTRODUCTION

金属板（网）吊顶是采用铝及铝合金基材、钢板基材、不锈钢基材、铜基材等金属材料经机械加工成型，而后在其表面进行保护性和装饰性处理的吊顶装饰工程系列产品，具有不燃性。金属板（网）吊顶广泛用于公共建筑、民用建筑的各种场所吊顶，品种繁多，变化丰富，常见于火车站、地铁站、航站楼等交通类建筑。

材料性能及特征 | PERFORMANCE & CHARACTER

金属板（网）吊顶材料本身易加工，好成型，耐火极限高，形式多样，颜色丰富，可塑造千变万化的设计形态。其主要性能与特征如下：

（1）金属方板安装方式有明架式、暗架式、钩挂式（半明半暗），均可随时拆卸，便于检修吊顶内部设备。

（2）金属条板安装方式有暗架式、挂钩式，均可随时拆卸。可做成密闭式吊顶，也可做成半开敞式吊顶，便于设备末端的安装。

（3）金属格栅是一种连续的通透式装饰块，对吊顶内部水、风、电、消防设备等起到一定隐藏作用。

（4）金属网多用于室内的吊顶工程，主要分为钢质和合金质金属拉伸扩张网及编织网两种，适用于开敞的大空间，但多为固定式板块。造型简洁、拆装方便，也便于对吊顶内的设备进行检修，不易变形且具有耐腐蚀性。

（5）为提高金属板（网）吊顶的吸声性能，常在金属面板上做穿孔处理，并在金属板背面贴覆 0.2mm 厚玻璃纤维无纺布，孔形规格及间距根据建筑室内所需混响时间确定。

（6）金属吊顶面板采用钢板制作时应采用热镀锌或镀铝锌钢板，以保证其良好的抗蚀性能，且钢板吊顶厚度大于等于 0.5mm。

（7）金属吊顶面板采用铝合金板制作时，应选用铝镁合金或铝锰合金。铝镁合金具有较好的强度和延展性，适用于板宽 < 300mm 的铝合金条板；铝锰合金具有较好的刚度，适合用于板宽≮ 300mm 的铝合金宽条板或铝合金方块板加工。铝及铝合金吊顶板厚度≥ 0.6mm。

产品工艺及分类 | TECHNIC & CATEGORY

金属吊顶按使用区域可分为：室内型、室外型。

金属吊顶按表面处理工艺可分为：辊涂、喷涂（液体 / 粉末）、覆膜、阳极氧化、染色、实木、烤瓷、搪瓷、电喷、丝网印刷、做旧仿古、转印等。

金属吊顶按材料可分为：铝及铝合金、钢板、不锈钢、铜、铝及相近材料复合。

金属吊顶按形状可分为：条、块、格栅、异形、网。

金属吊顶按功能可分为：无吸声（平板）、微吸声（针孔板）、吸声（针孔附吸声纸板）。

铝条板

铝锤片

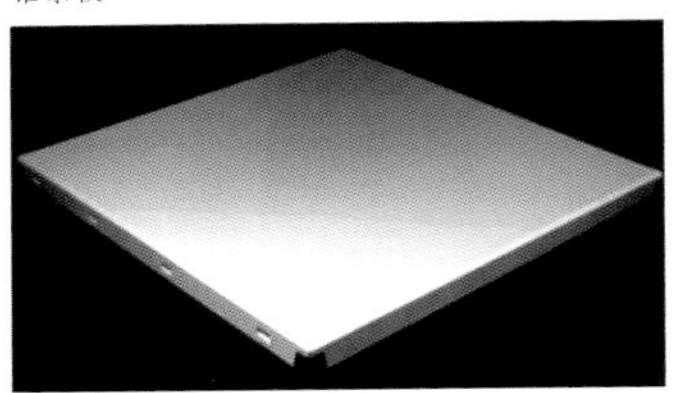

铝方板

木纹穿孔铝方板

铝方通吊顶

金属拉伸网

铝方格栅

铝三角形格栅吊顶

铝方格栅与设备末端的配合

U 型铝锤片吊顶

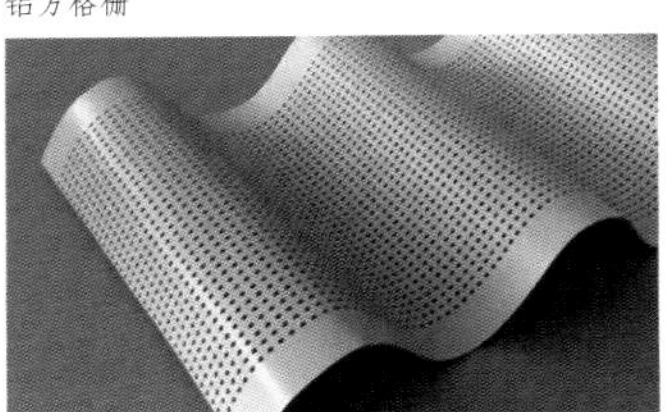

异型穿孔铝单板

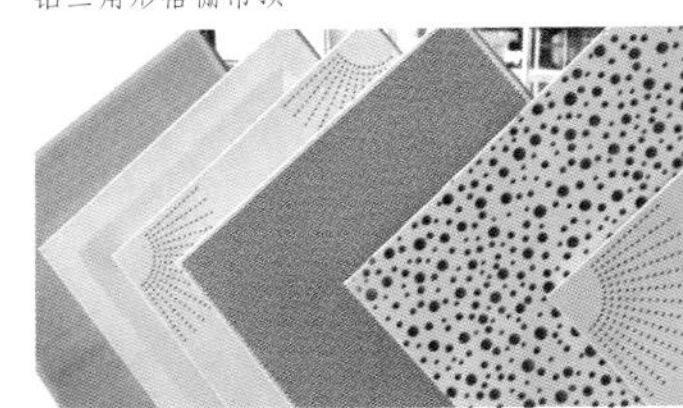

穿孔铝方板

常用参数 | COMMON PARAMETERS

金属方板常用规格为 600mm×600mm、500mm×500mm、600mm×1 200mm 等；

金属格栅常用规格为 100mm/200mm 垂片、20mm/50mm/15mm 方格、100mm/150mm 型网格等；

金属条板常用规格为 82mm、100mm、150mm、200mm、300mm 宽。

（以上数据为市场部分厂家产品参数，不同厂家各有差别，仅供参考）

价格区间 | PRICE RANGE

200~1 000 元 /m²

金属板（网）吊顶的材料价格为市场上常规材料，其基材、大小、厚度、表面处理工艺等会影响材料价格。不同项目根据施工难度及面积、工期要求，价格各有差别，比如曲线比直线，异形比常规，阳极氧化比喷涂，铝及铝合金板比钢板价格更高。同时，工期更短，模板的周转率降低，投入量更大，会导致整体价格更高。

（以上价格仅为市场普通中端产品价格，材料价格会因不同项目、不同品牌以及订制等多方原因有较大浮动，仅供参考）

设计注意事项 | DESIGN KEY POINTS

明装放置式块形金属装饰板适用面积广，可单独应用，也可与不一样高度、不一样宽度、不一样色彩的装饰板组合成单元或组合吊顶，其方式多变，具有强烈的装饰感。

铝格栅选择注意选用的厚度，金属拉伸网注意平整度的问题。

暗装嵌入式块形金属装饰板块有折边，但不带翼，折边向上且有卡口，选用特制的金属龙骨可使折边的金属面板很方便地嵌入其间。

当常用金属条形吊顶装饰板需要加长时，可选用配套条板接长衔接件或板缝嵌条以及配套的封头。

金属材料吊顶品种、规格尺寸、造型及图案丰富，而且可以自由组合，因此给设计师很大的发挥空间，但是要注意与天花上的灯具、机电末端等设备完美结合。

品牌推荐 | BRAND RECOMMENDATION

相关厂商详细信息，请参见附录品牌索引：

阿姆斯壮、金霸、乐思龙、林德纳、蒲飞尔、西蒙。

（以上推荐仅为市场少数优秀品牌，供设计师参考学习。同一品牌实际可能涉及多种产品，更多详细内容可登录随书小程序）

施工及安装要点 | CONSTRUCTION INTRO

（1）底层弹线：根据装饰楼层的标高水平线、轴线、装饰完成面线，依照设计标高，找出所装饰房间的基点，并沿着全部顶棚的标高水平，在墙上画好龙骨的分档方位线。在正式施工前，工人先要用水平管来测量墙面弹的墨线是否水平，只有弹线的确水平，才不会让后来装置的吊顶发生歪斜或存在凹凸落差。

（2）装置主龙骨吊顶、装置主龙骨（依据现场是否做转换层及加强支吊架）：主龙骨通常选用 C38/C50/C60 轻钢龙骨，距离控制在 1 200mm 范围内，装置时应选用与主龙骨配套的吊顶与吊杆衔接。

（3）装置金属板：主龙骨、边龙骨、次龙骨装置好后，在装配面积的方位沿着笔直次龙骨的方向设置好一条基准线，然后对齐基准线分别向两边装置。

（4）清洗：装置吊顶后，吊顶的清洗度查看对日后运用有十分重要的影响。

（5）收边收口。

（6）终端设备匹配。

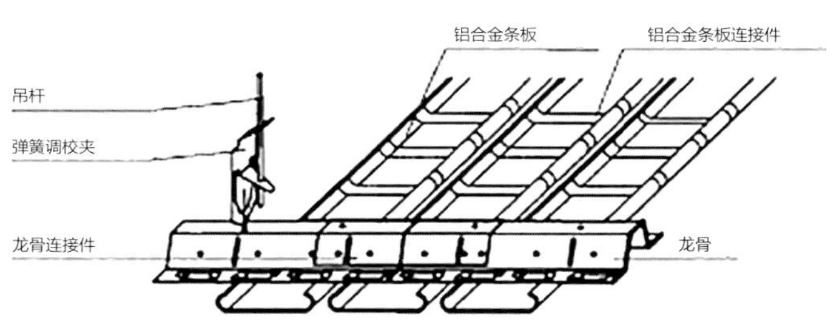

构造示意图

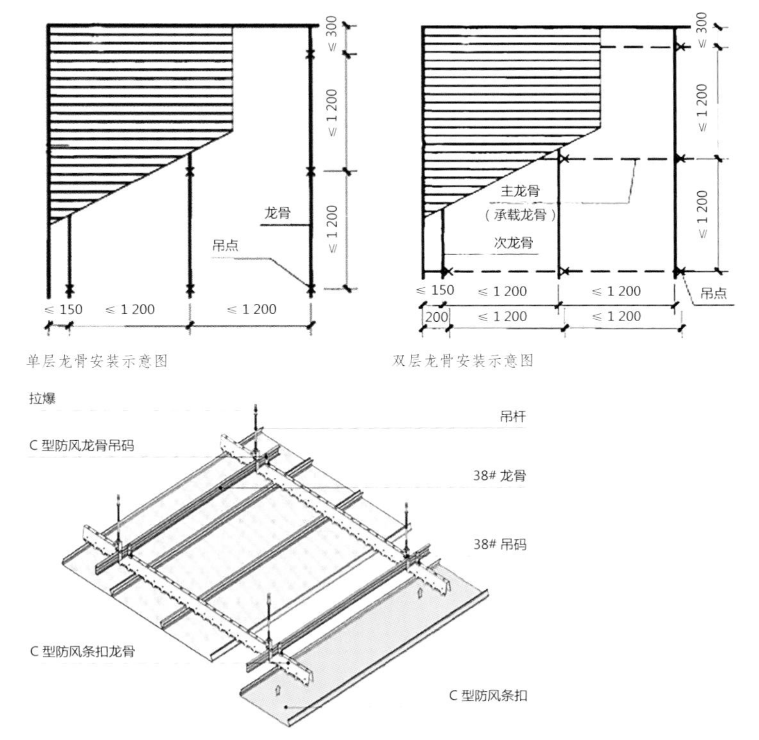

单层龙骨安装示意图

双层龙骨安装示意图

C 型防风条板安装示意图

三里屯设计师品牌配饰集合店

设计：木又寸建筑事务所

材料概况：金色的金属网云被几何化定格在 3.9m×8.1m 大小的房间上部，像素化之形体在高度上变化，形成静止空间内部的动势。

麦丘梵面包店第二分店

设计：啊嗯设计

材料概况：吊顶主要材料为黄铜，通过曲线造型划分空间，通风口也用黄铜包裹。

Cheval 酒吧咖啡厅

设计：Ark4 lab Of Architecture

材料概况：顶部折叠金属制成的参数化 3D 图案吊顶形成了丰富多样的室内。

保利 WeDo 教育机构

设计：建筑营设计工作室

材料概况：吊顶采用木纹转印铝制格栅和铝板，除了具有隔音能力之外，坡屋顶的形态和格栅的起伏表面也起到混音的作用。

软膜天花 | Strech Ceiling

材料简介 | INTRODUCTION

软膜天花是一种近年被广泛使用的室内装饰材料及照明光学材料，主要分 PVC 及玻璃纤维两种材质，PVC 材质膜材通过切割成形，现场特制型材固定。软膜需要在实地测量尺寸，在工厂定制化加工完成。软膜在 -15℃ ~45℃时尺寸稳定性最好。其中透光型膜材可配合各种灯光系统（如像素灯、荧光灯、LED 等）营造柔和健康、无影的室内光环境，与玻璃及有机板等透光材料相比，更加安全、环保；还具有单块规格大、重量轻、便运输、可塑性强等优点，已成为新的装饰亮点。

材料性能及特征 | PERFORMANCE & CHARACTER

（1）防火功能：软膜天花符合多国的防火标准。在中国的防火标准 PVC 材质为 B1 级、玻璃纤维材质可达到 A 级不燃标准；

（2）节能功能：首先，光面天花的表面是依照电影银幕工艺制造，如细看表面可发现有无数凹凸纹，此方法可减少灯源数量。再者，软膜天花本质是用 PVC 材料做成，能大大提高绝缘功能，更能大量减低室内温度流失，尤其是经常需要开启空调的地方；

（3）防菌功能：软膜天花在出厂前已预先进行了抗菌处理，经此特别处理后的材料能够抵抗及防止微生物（如一般发霉菌）生长于物体表面上，能提供一种额外的保障给予一般用户，尤其小孩睡房及浴室等；

（4）防水功能：软膜天花是用 PVC 材质做成的，安装结构上采用封闭式设计，所以当遇到漏水情况时，能暂时承托污水，让用户及时做出处理；

（5）色彩丰富：软膜天花有好多种颜色、多种类型可供选择，如哑光面、光面、绒面、金属面、孔面和透光面等，各种面料都有自己的特色；

（6）创造性：因软膜天花具有软性特征，表面可打印，从而在形态上和表面图案上极具可创作性；

（7）方便安装：可直接安装在墙壁、木方、钢结构、石膏间墙和木间墙上，适合各种建筑结构，并且软膜龙骨只需用螺丝钉按一定距离均匀固定即可；

（8）抗老化：专用龙骨分为 PVC 和铝合金两种材质，软膜的主要构造成份是 PVC，软膜扣边也是由 PVC 以几种特殊添加剂制成。所有这些组件的寿命都可达 10 年以上。在正确的安装使用过程中不会产生裂纹，绝对不会脱色或小片脱落。

产品工艺及分类 | TECHNIC & CATEGORY

软膜从防火性能分为 A 级不燃及 B 级阻燃防火，从应用上分，可分为照明类和装饰类膜材，从表面机理可分为基本膜、光面膜、透光膜、哑光面膜、金属面膜和图案定制膜等不同的类型。

基本膜：软膜天花中较原始的一种类型，价格最低，表面类同普通油漆效果，适用于经济性装饰。光面膜：软膜有很强的光感，能产生类似镜面的反射效果。透光膜：软膜本品呈乳白色，半透明。在封闭的空间内透光效果可达 50%~75%，能产生均匀柔和完美、独特的灯光装饰效果。哑光面膜：软膜光感仅次于光面，但强于基本膜，整体效果较纯净、高档。鲸皮面膜：软膜表面呈绒状，有优异的吸音性能。很容易营造出温馨的室内效果。大理石膜：采用膜材超高清打印技术，仿生天然大理石、云石等不可再生自然资源，超大门幅（5m），重量轻而安全、环保等特点很受欢迎。孔状面膜：软膜有 Φ1mm、Φ4mm、Φ10mm 等多种孔径供选择，主要用于建筑吸声、消音用途，是歌剧院与音乐厅的良好选材，透气性能好， 有助室内空气流通，小孔可按要求排列成所需的图案，具有很强的展示效果。图案定制膜：采用膜材打印技术，可印制特定风格的图案或仿生材质效果，丰富了软膜的装饰效果和弥补一般材质不可造型的短板。透明膜：类似透明玻璃或磨砂玻璃，特性幅宽大，易运输，承担一般玻璃达不到的装饰效果。

透光膜

光面膜

哑光面软膜

金属面软膜

精印膜

贝壳马赛克

常用参数 | COMMON PARAMETERS

厚度 0.18~0.2mm；每平方米重约 180~320g；
防火等级：B1 级（A 级）；防霉抗菌：0 级；

（以上数据为市场部分厂家产品参数，不同厂家各有差别，仅供参考）

价格区间 | PRICE RANGE

100~1 500 元 /m²

软膜天花系统造价主要包含：型材结构，人工，配件及膜材、光源及控制系统等，其中材料配置和样式是最重要的部分。总成本是由不同方案的用材选配标准及施工的难以程度来决定；
其中膜材的价格：30 元 ~500 元，结构单价：150 元 ~500 元，光源及控制：300 元 ~1 500 元；人工：50 元 ~200 元；（单位：每平方米）

（以上价格仅为市场普通中端产品价格，材料价格会因不同项目、不同品牌以及订制等多方原因有较大浮动，仅供参考）

设计注意事项 | DESIGN KEY POINTS

软膜 80% 的应用都需与灯光 N 结 O 合 T，E 光 S 源分为内置光源和外置光源，内置光源设计关键在于不同空间应用的色温选择和照度设计。在安装光源时，如何精准达到设计的照度非常重要，且须考虑光源检修。不同场合的结构需要选择相应的节点，在选择 A 级防火系列时，须遵守材质的特殊性，因材质不具有延展性，所以不可空间造型；同时 A 级防火膜安装型材较大，龙骨也不具有夸张的造型能力；在光幕天花应用上，应抓住以下特点发挥优势：
（1）无炫光特点：适用于频繁仰面的场所，如运动场、游泳馆、休息场所等；
（2）匀光特点：能提供良好环境光，适用于图书馆、学校、超市、展馆（环境光）、商务办公楼等；
（3）高照度场所：适用于法院、电视台等录像场所；
（4）大规格发光面：适用于大件商品的重点照明，如汽车、楼宇沙盘模型等。

品牌推荐 | BRAND RECOMMENDATION

相关厂商详细信息，请参见附录品牌索引：
杜基膜材、barrisol、平冈膜材。

（以上推荐仅为市场少数优秀品牌，供设计师参考学习。同一品牌实际可能涉及多种产品，更多详细内容可登录随书小程序）

施工及安装要点 | CONSTRUCTION INTRO

（1）根据图纸设计要求，在需要安装软膜天花的水平高度位置，四周围固定一圈 4cm×4cm 支撑龙骨（可以是木方或方钢管）。面积比较大时要求分块安装，以达到良好效果。
（2）当所有木方固定好之后，在支撑龙骨的底面固定安装软膜天花的铝合金龙骨。
（3）所有的安装软膜天花的铝合金龙骨固定好以后，再安装软膜。先把软膜打开，用专用的加热风炮充分加热均匀，然后用专用的插刀把软膜张紧，插到铝合金龙骨上，最后把四周多出的软膜修剪完整即可。
（4）安装完毕后，用干净毛巾把软膜天花清洁干净。注意：
现场条件许可方进场施工，注意灯架、风口、光管盘要与周边的龙骨水平，并且要求牢固平稳不能摇摆方可。烟感、吸顶灯，先定位再做一个木底架，木底架底面要打磨光滑，并注意水平高度，太低容易凸现底架的痕迹。安装天花之前，认真检查龙骨接头是否牢固和光滑，喷淋头要粘上白胶带，风口要处理好。安装天花时要先从中间往两边固定，同时注意两边尺寸，注意焊接缝要直，最后做角位，注意要平整光滑。四周做好后把多出的天花修剪去除，达到完美的收边效果。
开灯孔：在灯孔的位置上做好记号，把 PVC 灯圈小心准确地粘在软膜的底面，待牢固后把多出的天花去除即可。

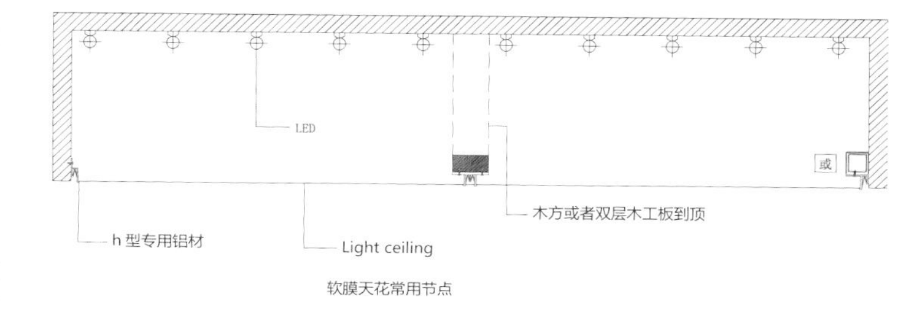

软膜天花常用节点

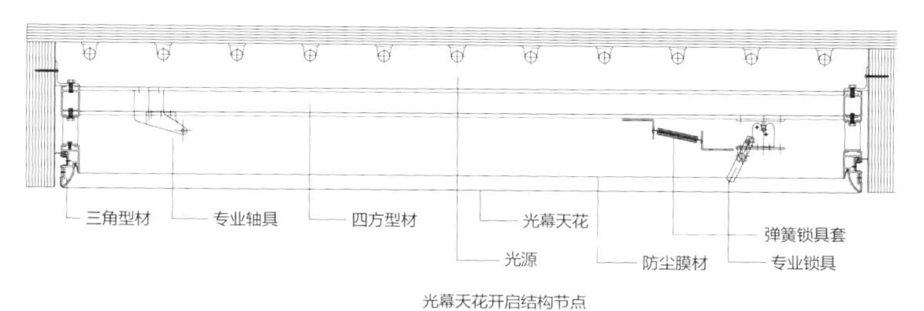

光幕天花开启结构节点

h 型龙骨

铝合金专用龙骨

云展厅

设计：Schmidt Hammer Lassen Architects

材料概况：展厅创造了一处形似突起云朵般的独立空间。云朵形态的软膜天花如同出自孩子们卡通画般稚趣可爱，也与中国传统文化中的祥云图腾形似。

荣宝斋咖啡书屋

设计：建筑营设计工作室

材料概况：中心岛上方的软膜天花形成均匀的整体照明，宛如室内的灯笼，而咖啡座则围绕中心散布于周边。

螺旋花园美甲店

设计：建筑营设计工作室

材料概况：屋顶采用软膜天花，软膜表面印刷有不同密度的花朵图案，使室内光均匀而富于变化。

健康天空健身会所

设计：4 of 7

材料概况：选择了镜面树脂地面，以及半透光的巴力软膜天花，两者与自由的平面布局相结合，布置以流线形健身设备，塑造出明亮、活力、科技感的健身环境。

I

板材
BOARD

近几年来，低端板材产能过剩，结构不合理等问题都影响着我国板材产业的可持续发展。在这种困境之下，“绿色”赋予了板材行业的高附加值和新生命力。真正的绿色人造板，是全产业链的“绿色”，包括人造板的生产工艺、生产设备以及企业的质量管理和终端产品的设计、材料、性能等，全部达到“绿色”的要求，才能实现人造板行业的绿色发展。板材最早是指木工用的实木板，用做家具或其他生活设施，在科技发展的现今，板材的定义已很广泛，在家具制造、建筑业等都有不同材质的板材，常用来作墙壁、天花板或地板的构件，广泛使用于各类工程项目的基层及找平及表面装饰，包括实心板、夹板、水泥板、纤维板、吸音板、装饰面板、刨花板和耐火板等各种复合型装饰板材。

板材的覆盖范围很广，主要分为基层板材和饰面板材，某些基层板材因为独特的表面肌理被设计师用于表面装饰，比如刨花板、欧松板、麦秸板等，饰面板材有些除了装饰效果还具备使用功能，比如吸音板，材质类型很多，有木质、木丝、布艺、纤维、石膏等，其表面纹理和质感也比较多变，加上拼贴组合方式不同，可以营造出不同的视觉效果，还有些纤维材料可以结合设计师的想法，做出不同的艺术装置，达到吸音和装饰的双重作用。

耐火板又叫防火板，这里描述的是指用作表面装饰的板材，与用作基层功能防火用途的不同。通过与基层板复合使用，具备防水、防火、耐久等特点，在室内被大量应用于隔断、家具、门及墙面造型。耐火板因为表面的图案纹样非常多，而且能模仿出不同材质的视觉效果，因此使用场景比较多。

树脂板是近年来出现的新材料，树脂板不仅具有玻璃的视觉效果，在使用上比玻璃更为安全，能与各种材质，比如植物、布料、木材、编织物相结合，既美观又耐用，加上材质特性的原因，可以订制各种造型，作天花装饰、造型灯具、墙面装饰、隔断系统，等等。

未来在板材领域会有很多厂商投入创新，因为市场需求很大，但变化很多，没有太多大企业，因此竞争很激烈，将有更多的不同材质以及肌理的装饰板材供设计师选择。

防火板

图片来源：FORMICA

吸音板

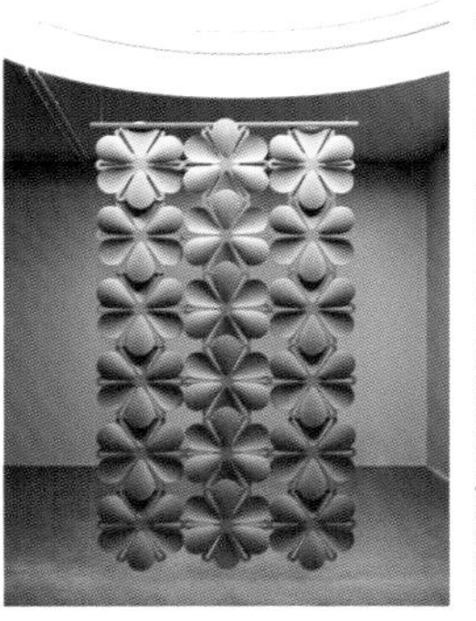

图片来源：ABSTRACTA，DEVORM

树脂板

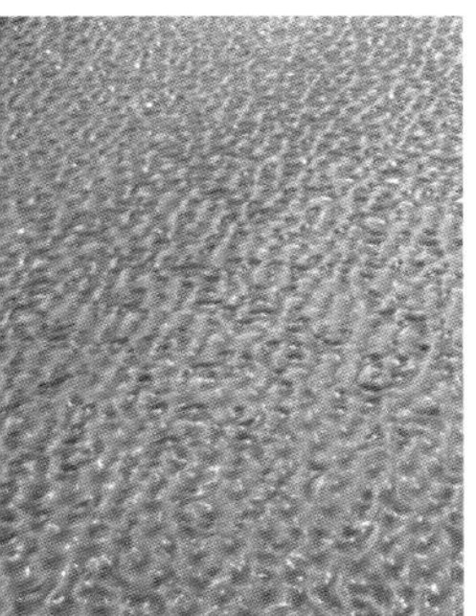

图片来源：3FORM

吸音板 | Acoustic Panel

材料简介 | INTRODUCTION

吸音板是指板状的具有吸音减噪作用的材料，主要应用于影剧院、音乐厅、博物馆、展览馆、图书馆、审讯室、画廊、拍卖厅、体育馆、酒店、医院、商场、学校、演播室、录音室、酒吧、工业厂房、机房等对声学环境要求较高的场所。

材料性能及特征 | PERFORMANCE & CHARACTER

吸音板的表面有很多小孔，声音进入小孔后，便会在结构内壁中反射，直至大部分声波的能量被消耗转变成热能，由此达到隔音的功能。吸音板内包含着许多细小的孔隙，这些孔隙对声波产生吸音效果，特别是对频率高于 600 Hz 的声波吸收效果十分显著。吸音板是一种理想的吸声装饰材料，具有吸音、环保、阻燃、隔热、保温、防潮、防霉变、易除尘、易切割、可拼花、施工简便、稳定性好、抗冲击能力好、独立性好、性价比高等优点，有丰富的颜色可供选择，可满足不同风格和档次的吸音装饰需求。

（1）科技性：多种材质根据声学原理，合理配合，具有出色的降噪吸音性能，对中、高频吸音效果尤佳；

（2）艺术性：产品的装饰性极佳，可根据需要饰以天然木纹、图案等多种装饰效果，提供良好的视觉享受；

（3）环保性：所有材料符合国家环保标准，甲醛含量低；

（4）安装简易：标准化模块设计，安装简便、快捷；

（5）工业化生产：改变传统建筑材料粗放型生产，用全自动计算机控制设备，大规模标准化生产，既提高生产能力，也能保证产品质量。

产品工艺及分类 | TECHNIC & CATEGORY

按照制作材料可分为：木质吸音板、木丝吸音板、矿棉吸音板、布艺吸音板和聚酯纤维吸音板。

（1）木质吸音板：根据声学原理精致加工而成，由饰面、芯材和吸音薄毡组成。木质吸音板分槽木吸音板和孔木吸音板两种。

（2）木丝吸音板：结合了木材与水泥的优点，如木材般质轻，如水泥般坚固。

（3）矿棉吸音板：表面处理形式丰富，板材有较强的装饰效果。

（4）布艺吸音板：核心材料是离心玻璃棉。

（5）聚酯纤维吸音板：是一种理想的吸声装饰材料，其原料为 100% 的聚酯纤维。

按照结构可分为：吸音尖劈吸音板、扩散体吸音板、铝蜂窝穿孔吸音板和木质穿孔吸音板。

（1）吸音尖劈吸音板：是一种用于强吸声场的特殊吸声结构材料，采用多孔性（或纤维性）材料成型切割，制作成锥形或尖劈状吸声体，坚挺不变形。吸音尖劈吸音板适用于强气流环境，主要应用于高质量消声室，其对低频的吸收更为有效，能消除驻波，达到杜绝回声的要求。用聚酯制成的 V 型、W 型吸音尖劈吸音板更具有占用体积小、价格合理等特点。

（2）扩散体吸音板：除了具有平面吸音板的所有功能外，还能通过它的立体表面对音波进行不同角度的传导，消除音波在扩散过程中的盲区，改善音质，平衡音响，削薄重音，削弱高音，对低音进行补偿。

（3）铝蜂窝穿孔吸音板：构造结构为穿孔面板与穿孔背板，依靠优质胶粘剂与铝蜂窝芯直接粘结成铝蜂窝夹层结构，蜂窝芯与面板及背板间贴上一层吸音布。由于蜂窝铝板内的蜂窝芯分隔成众多的封闭小室，阻止了空气流动，使声波受到阻碍，提高了吸声系数（可达到 0.9 以上），同时提高了板材自身强度，使单块板材的尺寸可以做到更大，进一步加大了设计自由度。

（4）木质穿孔吸音板：孔石膏板有贯通于石膏板正面和背面的圆柱形孔眼，在石膏板背面粘贴具有透气性的背覆材料和能吸收入射声能的吸声材料等组合而成。吸声机理是材料内部有大量微小的连通的孔隙，声波沿着这些孔隙可以深入材料内部，与材料发生摩擦作用将声能转化为热能。多孔吸声材料的吸声特性是随着频率的增高吸声系数逐渐增大，这意味着低频吸收没有高频吸收好。

木丝吸音板

聚酯纤维吸音板

吸音尖劈吸音板

铝蜂窝穿孔吸音板

布艺吸音板

木质穿孔吸音板

常用参数 | COMMON PARAMETERS

矿棉吸音板防潮性：≥ 95%；阻燃性：A 级。
木质吸音板甲醛释放：≤ 1.5mg/L；阻燃性：B1 级。

（以上数据为市场部分厂家产品参数，不同厂家各有差别，仅供参考）

价格区间 | PRICE RANGE

200~500 元 /m²

根据材料和工艺不同，吸音板的价格也不同，常规价格是 200 元 /m² 左右，高者达 500 元 /m²。

（以上价格仅为市场普通中端产品价格，材料价格会因不同项目、不同品牌以及订制等多方原因有较大浮动，仅供参考）

设计注意事项 | DESIGN KEY POINTS

聚酯纤维吸音板是 100% 聚酯纤维，不占空间，颜色种类多，可以做异形，各种配色时尚新颖，应用范围广，适用于儿童游乐区域、棋牌室、影音室、健身房、卧室等。
木丝吸音板外观独特，隔音性能好，纹理清晰粗犷，体现回归自然的理念。木丝吸音板表面可以根据现场情况涂刷颜色。
布艺吸音板不宜采用低环保的基层版，吸音板的安装尽可能采用金属挂件的方式安装。

品牌推荐 | BRAND RECOMMENDATION

相关厂商详细信息，请参见附录品牌索引：
合睿、佰家丽、Woven Image、可赛、林音。

（以上推荐仅为市场少数优秀品牌，供设计师参考学习。同一品牌实际可能涉及多种产品，更多详细内容可登录随书小程序）

施工及安装要点 | CONSTRUCTION INTRO

吸音板的施工包括两个方面：墙面和吊顶。
吸音板大致可以分为平贴、明龙骨、暗龙骨等安装方式。
吸音板接缝的处理可以分为密拼、加装饰嵌条、留缝几种。
（1）平贴法：采用轻钢龙骨或木龙骨，将纸面石膏板或其他轻质薄板用螺钉安装在龙骨上作为底板。表面要求平整，然后在待安装的吸音板背面抹胶。最后把吸音板粘贴在事先画好安装线的底板上，同时用专用钉固定。这种安装方式还可做成弯曲弧面形，但维修调换比较麻烦。
（2）明龙骨法：采用轻钢龙骨或铝合金龙骨，根据选用吸音板规格安装龙骨架，然后将矿棉板直接放在龙骨架上，适用于不开槽和窄边跌级板的安装。这种安装方式的特点是比较简单，维修调换也很方便。龙骨外露，安装跌级板可形成凹缝，比安装形成的平缝更显立体感。
（3）暗龙骨法：一般用 H 型轻钢龙骨根据选用板材的规格安装龙骨架。将开有边槽或一边开槽，一边跌级的吸音板逐一插入骨架中。这种安装方式的特点是不受龙骨分割，没有板缝，装饰表面整体性好，维修调换也方便。

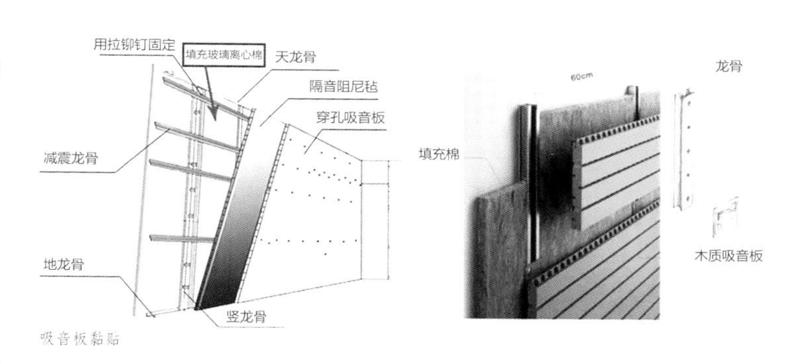

吸音板黏贴

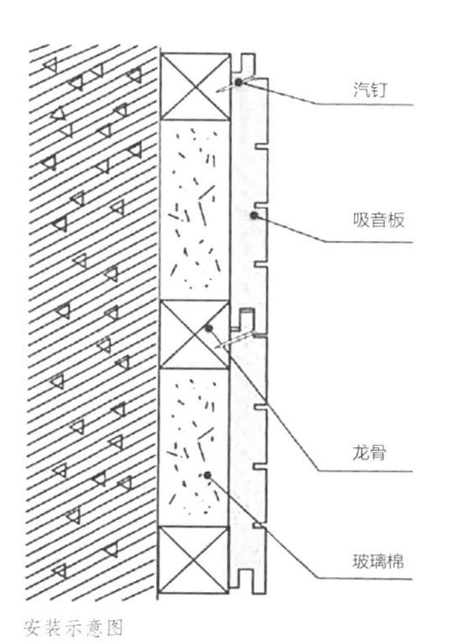

安装示意图

幸福蓝海国际影城

设计：壹正企划有限公司

材料概况：在普通影厅里，设计师以路轨的图案装饰了墙身的大吸音板，就好像挂上了一幅幅画。

北京西店记忆文创小镇

设计：刘宇扬建筑事务所

材料概况：银色的吸音板吊顶被几组射灯逐层洗亮，夹层下亚克力格栅吊顶结合照明，为高冷的建筑空间注入了梦幻的艺术氛围。

法国巴黎 Bondy 广播合唱礼堂

设计：PARC Architectes

材料概况：穿孔木板配合着房间，混凝土天花板上点缀着吸音板和射灯。

苏黎世夜店设计

设计：DYER-SMITH FREY

材料概况：墙面结合优质的吸音板还设计了长条状的 LED 灯管，声光可以经由混频器控制。

耐火板 | Decorative High-pressure Laminate

材料简介 | INTRODUCTION

耐火板又名防火板，学名为热固性树脂浸渍纸高压层积板，是表面装饰用耐火建材，有丰富的表面色彩、纹路以及特殊的物理性能，广泛用于室内装饰、家具、橱柜、实验室台面、外墙等领域。这种板材既具有木质类有机板的轻质、柔性和可再加工性能，又具有无机板材的防火性能和耐水性能。

材料性能及特征 | PERFORMANCE & CHARACTER

耐火板是原纸（钛粉纸、牛皮纸）经过三聚氰胺与酚醛树脂的浸渍工艺，高温高压制成。三聚氰胺树脂热固成型后表面硬度高、耐磨、耐高温、耐撞击，表面毛孔细小不易被污染，耐溶剂性、耐水性、耐药品性、耐焰性等机械强度高。绝缘性、耐电弧性良好且不易老化。耐火板表面的光泽性、透明性能很好地还原色彩、花纹，有极高的仿真性。多层牛皮纸使耐火板具有良好的抗冲击性。其主要性能及特征如下：

（1）耐火板俗称防火板，防火板只是人们的习惯说法，但它不是真的不怕火，而是具有一定的耐火性能。

（2）耐火板贴面有三层，而三聚氰胺板的贴面只有一层，所以，一般耐火板的耐磨、耐划、耐高温等性能要好于三聚氰胺板。两者的贴面材料虽然都含有树脂，但因厚度、结构的不同，导致性能上有明显的差别。两者是不能一概而论的。

（3）耐火板色泽鲜艳，给人以焕然一新的感觉，能仿出各种花纹。

（4）耐火板基材建议选择使用多层板、中密度纤维板 (MDF)、刨花板。

（5）耐火板理想的预处理环境为：温度 24℃，相对湿度 45% 左右。

（6）耐光性（耐辐射性）好，优质耐火板的耐光性能到 6~7 级（纯羊毛级），在经过若干年自然光照射或辐射后基本不会出现褪色现象。

（7）耐高温及耐沸水性好，优质耐火板在被沸水或高温物体烫过以后基本不会留下烫伤、泛白的痕迹。

产品工艺及分类 | TECHNIC & CATEGORY

耐火板是由高级进口装饰纸、进口牛皮纸经过含浸、烘干、高温高压等加工步骤制作而成。

首先，将高级进口装饰纸、进口牛皮纸分别含浸在三聚氢胺树脂及酚醛树脂反应槽中，含浸一段时间后分别烘干，并裁切成需要的尺寸。

再将这些含浸过的装饰纸与多张牛皮纸（视防火板不同厚度而定）排叠在一起，放置在压力机下，在约 150℃的高温下，加以 9.86MPa 的压力，持续均衡施压 1h。

最后经修边、砂磨、品质检验等步骤制作而成。

耐火贴面板种类：

（1）木纹贴面板：采用仿木纹色纸经过加工而成，其表面纹理可以多种多样，如油漆面、刷木纹、横纹、真木皮纹，另外也有真木皮表面的木纹防火板，价格较贵。

（2）素色贴面板：纯色耐火板，价格相对较为便宜实惠。

（3）金属贴面板：表面由铝合金或者其他金属复合在耐火板之上，一般用于厨房或者高档场所，其价格是普通木纹耐火板的 2~3 倍，加工工艺更加复杂。

（4）石材贴面板：精挑细选难得一见的高级石材，针对一片片的珍贵石材纹路进行精细扫描，运用最新数码印刷技术，突破以往规格尺寸限制，制作成 1:1 大尺寸拟真石纹耐火板。

石材耐火贴面板

木纹石材耐火贴面板

素色耐火贴面板

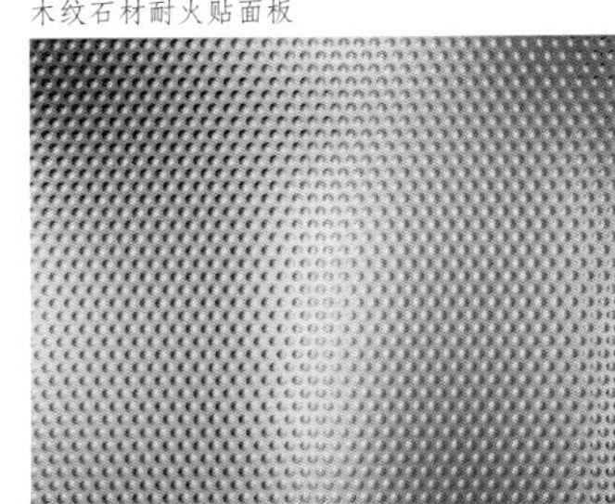

金属耐火贴面板

磁性耐火贴面板

真木皮耐火贴面板

常用参数 | COMMON PARAMETERS

厚度区间：0.8~1mm；
静曲强度：104.2MPa；
弯曲性能（最小弯曲半径）为厚度的 10 倍。

（以上数据为市场部分厂家产品参数，不同厂家各有差别，仅供参考）

价格区间 | PRICE RANGE

150~1 500 元 / 张

耐火板尺寸一般为 1 220mm×2 440mm，价格随品牌、地区、厚度及表面纹理、质感的不同，价格相差很大。

（以上价格仅为市场普通中端产品价格，材料价格会因不同项目、不同品牌以及订制等多方原因有较大浮动，仅供参考）

设计注意事项 | DESIGN KEY POINTS

耐火板可以用于许多室内部位，如台面、家具表面、整体墙面等，由于是贴面，耐火板体现出很大的灵活性，有很多的花色。相对于传统材料，如石材、木板来说，耐火板是机制产品，因此，性能会更加稳定，不会发生变色、裂纹、透水等问题。
耐火板在墙面大面使用时，应注意拼缝及收口处理。
注意挑选时小样和大板的区别。

品牌推荐 | BRAND RECOMMENDATION

相关厂商详细信息，请参见附录品牌索引：
富美家、威盛亚。

（以上推荐仅为市场少数优秀品牌，供设计师参考学习。同一品牌实际可能涉及多种产品，更多详细内容可登录随书小程序）

施工及安装要点 | CONSTRUCTION INTRO

（1）切割耐火板：首先用切割工具将耐火板裁切成所需要的尺寸，需注意耐火板每条边需多留 6mm 作为修边之用。
（2）垂直面贴耐火板封边条：耐火板粘附到基板上去时，首先贴面积较小的垂直面。施工时，基板的边和封边条的背面都必须涂胶，涂胶可以采用喷涂和刷涂的方法。等 5~10min 胶水挥发干后，即胶水不黏手时，将耐火板封边条小心贴到基板的垂直边上去。然后再用滚轮或压力机加压以确保耐火板粘贴到基板上面，再将多余部分修去。
（3）水平面贴耐火板：垂直面做好后再做水平面。同样，将胶水粘到耐火板背面和基板水平面，等到胶水不黏手时，将耐火板放到基板上。如果粘贴的面积非常大，最好能用木条先间隔着放在基板上面，再将耐火板放到基板上，对正后再将木条抽出，将耐火板一步步地按压到基板上。
（4）加压除空气：当耐火板被压到基板上时应注意将耐火板之间的空气除去，然后再用滚轮用力压匀一次或送进冷压机里，或经过旋转滚筒来加压，务必使胶能均匀分布，同时避免残余的空气在里面。
（5）修边：加压工作做好之后，可以用修边机等工具将多余的边切去，然后再用较锋利的锉刀将接缝处锉得圆滑。
（6）清洁：用洁净的湿布或海绵沾中性皂液或洗涤剂来清洁耐火板表面。切忌使用各类刺激性的清洁剂，对于顽固污渍比如稀释剂、天那水等，用温和的硬毛刷配合膏状食用苏打和水，轻拭 10~20 次可以除去大部分污渍。

搬运

卷筒

裁切

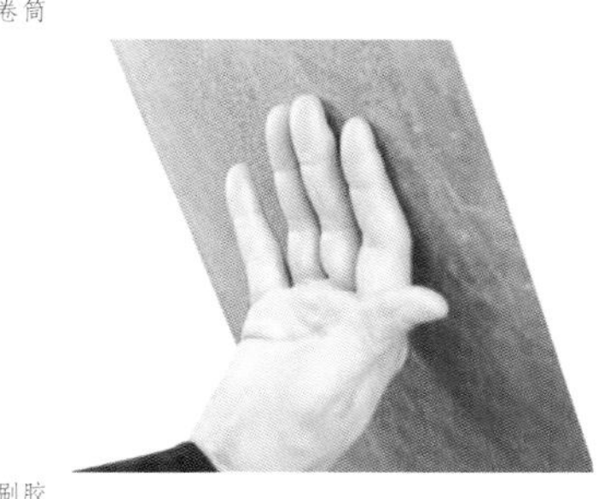
刷胶

贴面

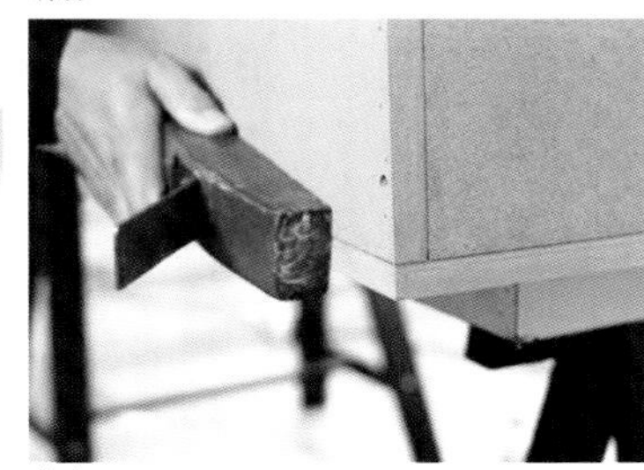
修边

山西老太原菜馆

设计：成都蜂鸟设计顾问有限公司

材料概况：采用耐火板、铁艺、青砖、夹丝玻璃等设计而成的菜馆。

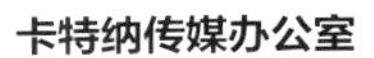

卡特纳传媒办公室

设计：Studio AUTORI

材料概况：从灯光到家具都经过特别设计。

哥本哈根 Herningsholm 职业学校

设计：C.F. Møller Architects

材料概况：课桌椅均为耐火板材质。

西班牙卢戈市礼堂

设计：Paredes Pedrosa Arquitectos

材料概况：耐火板和双层幕墙结构随着天光的变幻和观看的角度产生无穷的变化。

生态树脂板 | Resin Panel

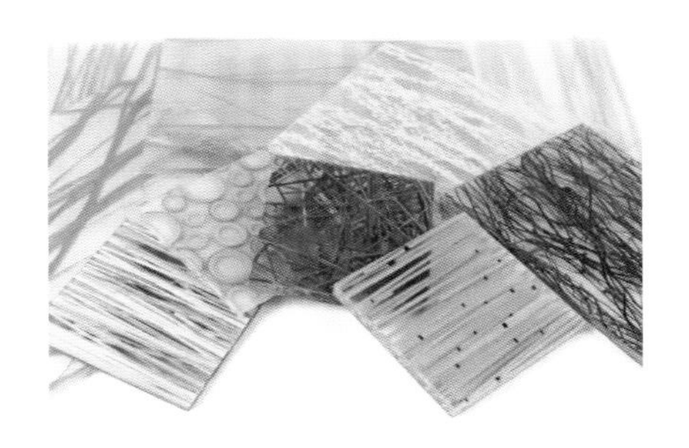

材料简介 | INTRODUCTION

生态树脂板由高透光的树脂板经过高温层压工艺制成，其具有优良透光性能和阻燃性能，隔音，抗冲击，抗发黄，抗变形，抗化学腐蚀，轻盈，表面硬度高，可以任意造型，适用于饰面板、隔断板、桌台、地板、灯饰、屏风等，在酒店、高档会所、KTV、商场、品牌橱窗等应用也较多。

材料性能及特征 | PERFORMANCE & CHARACTER

生态树脂板的常用材料为 PETG，PETG 是一种非结晶型共聚酯，PETG 板材具有突出的韧性和高抗冲击强度，其抗冲击强度是改性聚丙烯酸酯类的 3~10 倍，其具有很宽的加工范围、高机械强度和优异的柔性，比起 PVC 透明度高，光泽好，容易印刷并且环保。其主要性能及特征如下：

（1）环保：获得 LEED 认证，100% 可以回收利用，无毒性，符合 FDA 标准（可以接触食品）。

（2）轻盈：重量是玻璃的 1/2，安装安全方便，让设计更轻盈灵活。

（3）安全：优良防火等级 B1 级、燃烧无毒且有芳香气味、无腐蚀性烟气、无滴状物。

（4）抗冲击强度优异： 是普通玻璃的 40 倍、亚克力的 10 倍。

（5）机械性能好：可以任意造型设计、冷弯和热弯，无应力且不泛白。

（6）表面硬度高，耐刮擦，耐划痕，可以进行表面修复处理。

（7）化学性能稳定：抗化学腐蚀性能优良，不发黄，抗老化。

（8）物理性能稳定：高透明度（93%）和光泽度，热变形温度 85℃。

产品工艺及分类 | TECHNIC & CATEGORY

生态树脂板根据其制作手法和花纹样式的不同有以下几种分类：

（1）天然元素：将植物的根、茎、叶、花、茅草等来自大自然的元素排列成各种设计造型，通过任意平面、一层至多层的排列而成自然风格生态树脂板。

（2）工业元素：展示城市的几何结构，具有金属质感的金箔、银箔、金线、银线、铜线等，彩色玻璃珠，各种贝壳，甚至易拉罐，都可以回收制作成独特设计的质感生态树脂板。

（3）木皮系列：不同纹路、不同风格、不同染色工艺、不同厚度、木片、木圈、木块、木条、竹片、竹皮、竹节、竹块都能被复合包裹在生态树脂板内。

（4）面料系列：将柔软的半透明的编织面料嵌入透明的树脂板，唤起自然而高雅的场所氛围。棉、麻、毛、涤、化纤、纤维等编织成布，各种花纹，各种颜色，各种透光度，可用作板材来装饰墙、透光吊顶、透光隔断及透光门等；面料叠加后会产生错层、水纹的感觉。

（5）浮雕纹理系列：是天然与有机的组合，用不同进口的模具，压制出不同的肌理，如各种水纹、马赛克纹、圆形、方形、三角形、线条、菱形纹理等，以浑然一体的透亮风格，代替玻璃的冷冰冰。

（6）蜂窝系列：是一种将树脂板面与蜂窝空间结构完全结合的创新型结构材料。其创新核心“蜂窝”是独一无二的，可以是各种材质、大小，不同的孔造型、厚度，生态树脂热熔后层压在蜂窝芯上，内部压成了球面，产生独特的水滴效果，透过光线，闪烁晶莹剔透，或者用朦胧的颜色配合磨砂效果，在灯光的折射后产生光影舞动的效果。

天然元素

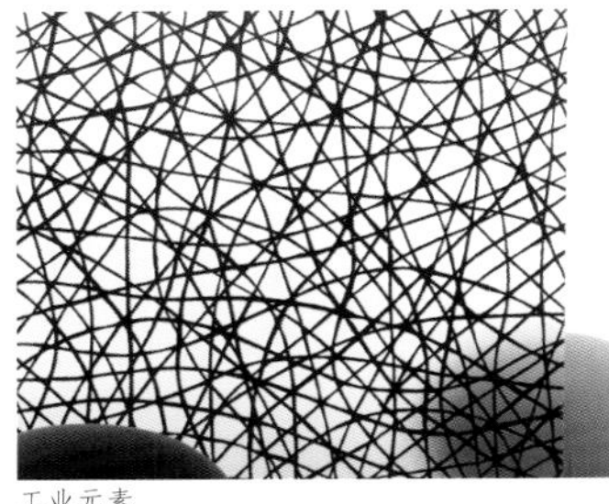

工业元素

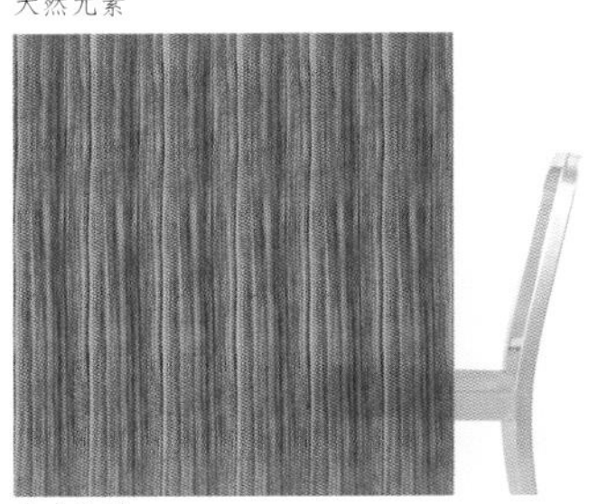

木皮系列

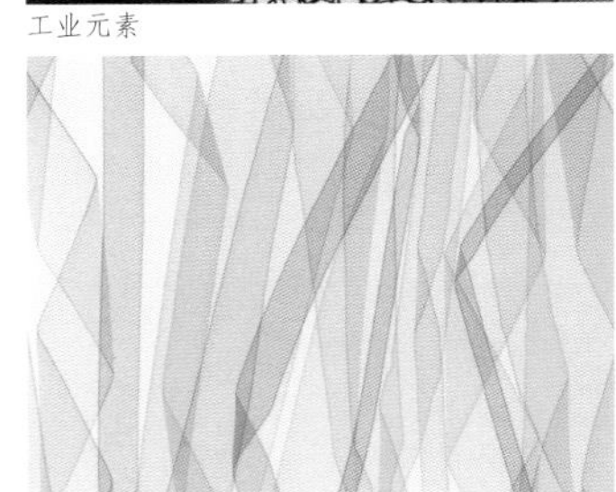

面料系列

浮雕纹理系列

蜂窝系列

常用参数 | COMMON PARAMETERS

密度：1.29 g/cm^3；
抗压强度：90 MPa；抗弯强度：70 MPa；
阻燃：B1 级；
透光率：95%。

（以上数据为市场部分厂家产品参数，不同厂家各有差别，仅供参考）

价格区间 | PRICE RANGE

300~3 000 元 /m^2

生态树脂板价格根据尺寸、质量、风格有所不同，尺寸一般为 1 220mm×2 440mm 和 1 220mm×3 050mm，可订制。

（以上价格仅为市场普通中端产品价格，材料价格会因不同项目、不同品牌以及订制等多方原因有较大浮动，仅供参考）

设计注意事项 | DESIGN KEY POINTS

生态树脂板制品高度透明，抗冲击性能优异，特别适宜成型为厚壁透明制品，其加工成型性能极佳，能够按照设计者的意图进行任意形状的设计。可采用传统的挤出、注塑、吹塑及吸塑等成型方法，广泛应用于板片材及异型材等市场，同时其二次加工性能优良，可以进行常规的机加工修饰。
生态树脂板除了可以应用于传统的墙面造型、隔断屏风外，近年来在订制大型艺术装置及艺术灯具方面都有所应用。

品牌推荐 | BRAND RECOMMENDATION

相关厂商详细信息，请参见附录品牌索引：
Luxface、优威斯特、德固赛、3form。

（以上推荐仅为市场少数优秀品牌，供设计师参考学习。同一品牌实际可能涉及多种产品，更多详细内容可登录随书小程序）

施工及安装要点 | CONSTRUCTION INTRO

生态树脂板的用途比较广泛，主要运用在公共建筑与家居装饰中，如灯罩面板、吊顶面板、背景墙、装饰性方柱、台面、隔断、屏风、橱柜门板、衣柜移门板等。以下就室内树脂墙面装修（树脂板插接式干挂施工方法）做详细介绍。

施工步骤：施工准备→树脂板分格图、安装节点、龙骨体系设计→树脂板、龙骨加工制作→进场前检验→测量放线、验线→龙骨体系安装→管道井门框（扇）安装固定→踢脚板安装→隐蔽工程验收→树脂板面安装、调整→检查验收。

（1）挂件安装
挂件依照孔位固定在树脂板背面，可调挂件安装在最顶部一排，其他部位安装固定挂件。

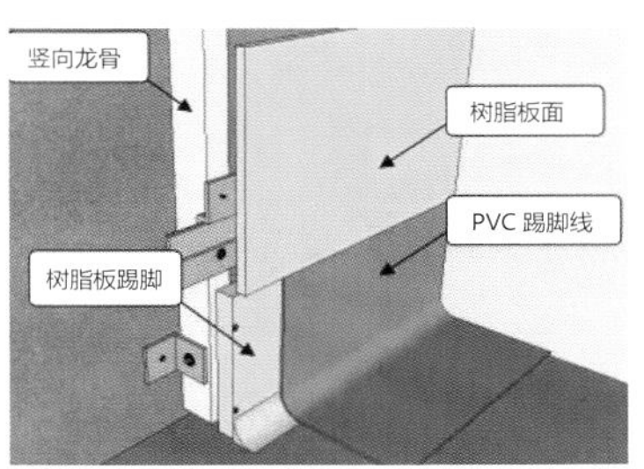

踢脚安装节点

（2）踢脚板安装
踢脚板在水平龙骨安装之后进行。踢脚板也是加工成型的树脂板，按要求控制其上边的平整度和标高。用自攻螺钉直接固定在竖向龙骨上。

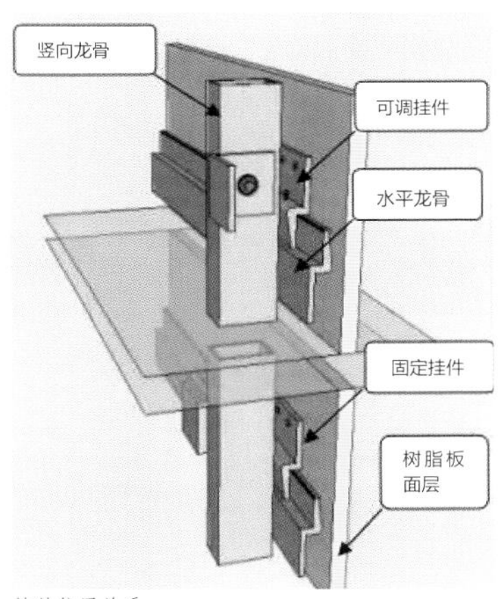

挂件位置关系

（3）树脂面板安装
树脂板安装前，可调挂件上的调节螺钉处于拧出状态。将树脂板插挂上墙后，按照位置基本就位，在企口接缝上下用专用塞尺控制离缝宽度。最后拧紧调节螺钉，使可调挂件螺钉面与水平龙骨顶压严密。

郑州月湖公园导示设计

设计： 图石设计

材料概况：logo 在公园里出现时，是通过磨砂树脂箱体内不同角度的色板组合构成的，均匀的蓝色板透过磨砂面呈现出层次丰富的变化效果，安静而美好。

万豪酒店

材料概况：水平与垂直的木板灵动有序地拼接、穿插，自然延展至不同楼层间的区域，宛如树的主干生长出的枝干，也如同不断发散的创意和灵感，体现出现代和优雅质感。

芝加哥儿童医院

设计：Mikyoung Kim Design

材料概况：花园坐落在一个玻璃温室里面，由一系列光的互动小品、彩色的树脂墙和当地回收的木材元素来界定功能空间。

水疗馆

设计：Cheungvogl

材料概况：水疗区通过使用半透明生态树脂板，延续了简洁的特质。

刨花板 | Particle Board

材料简介 | INTRODUCTION

刨花板又叫微粒板、颗粒板、蔗渣板，是由木材或其他木质纤维素材料制成的碎料，施加胶粘剂后在热力和压力作用下胶合成的人造板，又称碎料板。其主要在家具制造和建筑工业及室内空间使用。我们常听说的欧松板、麦秸板等，其刨花都是按一定方向排列的，纵向抗弯强度比横向大得多，因此可以做结构材，并可用作受力构件，他们都属于性能很好的刨花板。

材料性能及特征 | PERFORMANCE & CHARACTER

刨花板结构比较均匀，加工性能好，可以根据需要加工成大幅面的板材，是制作不同规格、样式的家具较好的原材料。制成品刨花板不需要再次干燥，可以直接使用，吸音和隔音性能也很好。但它也有其固有的缺点，因为边缘粗糙，容易吸湿，所以用刨花板制作的家具其封边工艺就显得特别重要。另外由于刨花板密度较大，用它制作的家具，相对于其他板材来说也比较重。

（1）有良好的绝热、吸音和隔音性能。

（2）内部为交叉错落结构的颗粒状，各方向的性能基本相同，横向承重力好。

（3）刨花板表面平整，纹理逼真，容重均匀，厚度误差小，耐污染，耐老化，美观，可进行各种贴面。

（4）刨花板在生产过程中，用胶量较小，环保系数相对较高。

（5）内部为颗粒状结构，不易于铣型。

（6）在裁板时容易造成暴齿的现象，所以部分工艺对加工设备要求较高，不宜现场制作。

（7）市场上的刨花板质量参差不齐，劣质的刨花板环保性很差，甲醛含量超标严重，但随着国家对环保的重视，优质刨花板的品性已经得到了保障。

产品工艺及分类 | TECHNIC & CATEGORY

制作刨花板的原料包括木材或木质纤维材料、胶粘剂和添加剂，木材或木质纤维材料占板材干重的 90% 以上。木材原料多取自林区间伐材、小径材（直径通常在 8cm 以下）、采伐剩余物和木材加工剩余物等。此外，非木质材料如植物茎秆、种子壳皮也可制成板材，其定名往往冠以所用材料名，如麻秆刨花板、蔗渣刨花板等。

刨花板有不同的分类方式：

（1）根据产品分有低密度刨花板、中密度刨花板、高密度刨花板。

（2）根据结构分有单层结构刨花板、三层结构刨花板、渐变结构刨花板、定向刨花板、华夫刨花板、模压刨花板。

（3）根据制造方法分有平压刨花板、挤压刨花板。

（4）按所使用的原料分有木材刨花板、蔗渣刨花板、亚麻屑刨花板、棉秆刨花板、竹材刨花板、水泥刨花板、石膏刨花板等。

蔗渣刨花板

三聚氰胺贴面刨花板

石膏刨花板

饰面刨花板

欧松板

麦秸板

水泥刨花板

亚麻屑刨花板

常用参数 | COMMON PARAMETERS

标准密度：0.60~0.70g/cm^3；
芯层含水率：2%~4%。

（以上数据为市场部分厂家产品参数，不同厂家各有差别，仅供参考）

价格区间 | PRICE RANGE

80~200 元 / 张

刨花板价格具体看厂商品牌、品种、规格、材质，常用尺寸为 915mm×915mm，1 220mm×1 220mm，厚度有 6mm、8mm、10mm、12mm、13mm、18mm 等，一般常用 E1 级 18mm 刨花板价格为 100~120 元 / 张。

（以上价格仅为市场普通中端产品价格，材料价格会因不同项目、不同品牌以及订制等多方原因有较大浮动，仅供参考）

设计注意事项 | DESIGN KEY POINTS

从外观上来看，刨花板看横断面中心部位木屑颗粒大小和形状，长度一般在 5~10mm 长度为宜，太长结构疏松，太短抗变形力差，所谓的静曲强度不达标。

刨花板虽然握钉力强于密度板，但无法达到一般家具制作强度需求。使用刨花板在一定尺寸之内，其抗翘曲和强度都是不错的，所以用刨花板做家具的面层，无论长宽都不宜太长。

欧松板、麦秸板等因其表面纹理自然且有质感，因此常被设计师直接用于适合风格的表面装饰。

品牌推荐 | BRAND RECOMMENDATION

相关厂商详细信息，请参见附录品牌索引：
诺菲博尔、佰家丽。

（以上推荐仅为市场少数优秀品牌，供设计师参考学习。同一品牌实际可能涉及多种产品，更多详细内容可登录随书小程序）

施工及安装要点 | CONSTRUCTION INTRO

刨花板使用的性质和部位不同，应有对应的施工方法，若用于板材装饰，其安装工艺流程与板材安装大同小异。这里主要针对刨花板整体橱柜加工工艺和水泥刨花隔墙安装做介绍。

1. 刨花板整体橱柜
（1）板材：使用 16mm 刨花板；
（2）封边：采用热溶胶机器封边，手工修边；
（3）组装：现代橱柜的组装用快装件连接，在工厂将孔用排钻加工好，经过质检、打包，然后在安装现场三合一组装；
（4）吊码：主要采用圆孔“L”形吊码，较美观；
（5）背板：采用 3mm 单面宝丽板或密度板，插槽式安装。

2. 水泥刨花板隔墙
（1）轻钢龙骨的安装：
首先应依据设计图纸要求， 用射钉或膨胀螺栓将沿顶、地龙骨准确固定在混凝土或砖结构上。
（2）刨花板安装：
水泥刨花板采用高强度自攻螺钉固定在龙骨上， 墙面对接缝应错开，墙两面的接缝不能落在同一根龙骨上。
（3）隔墙接缝处理：
在接缝处采取粘贴宽条的玻纤布、墙布（纸）等，再批嵌缝材料的作法，可较好解决裂缝问题。

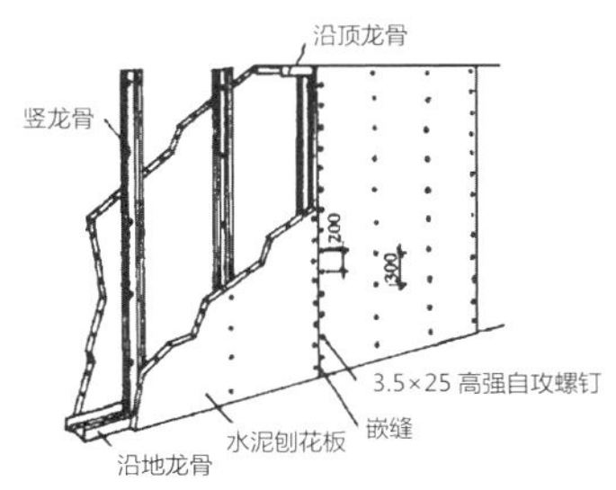

刨花板安装

刨花板施工现场

刨花板外墙

西班牙皮革博物馆

设计：taller 9s arquitectes

材料概况：刨花板用于该项目的屋顶与墙面。

Longroiva 酒店 & 温泉 Spa

设计：Luís Rebelo de Andrade

材料概况：这家新建的酒店建筑既现代又传统。设计师对于身处于自然环境之中的它，采用了很以多当地的植物作为原材料的建材，如刨花板等。

奥地利阿巴森小学

设计：Schenker Salvi Weber Architekten

材料概况：暖色调的油橡木家具、实橡木镶花地板、毛毡窗帘和浅棕刨花声学天花板。

西班牙巴尔沃亚博物馆

设计：ISMO arquitectura

材料概况：将刨花板镶在金属框架内来构成室内的地板、墙面和天花。

UV 板 | UV Board

材料简介 | INTRODUCTION

UV 板是在刨花板、密度板等板材上通过上 UV 漆，再经过 UV 光固化机干燥而形成的板材。UV 漆即紫外光固化漆，也称光引发涂料。UV 板作为表面经过 UV 处理保护的板材，其色泽鲜艳，具有很强的视觉冲击力，耐磨，抗化学性强，使用寿命长，不变色，易清理。外墙 UV 板是以高密度纤维水泥板作为基材，板材厚度一般在 12mm，利用 UV 光固化工艺对板材表面进行涂装装饰，（在板材表面附上油漆涂层，通过 UV 紫外光的照射，瞬间固化成膜，且固含量高，硬度大），主要用于外墙的装饰，其良好的装饰性，可以让建筑物的装饰焕发出光辉的色彩。

材料性能及特征 | PERFORMANCE & CHARACTER

UV 板一般应用于酒店、KTV、会所、酒吧等公共区域内墙墙面，板材厚度多采用 3mm 和 5mm，也可用 9mm 和 15mm，基材多选用玻镁板或中纤板，表面花纹采用高清晰花色仿大理石材纹路或者实木木皮纹理。

（1）表面光滑度高，镜面高光效果明显，漆膜丰满，色彩丰满诱人。

（2）环保健康，通常烤漆类板会不断有挥发性物质（VOC）释放。UV 板解决了环保难题，不但本身不含苯等易挥发性物质，而且通过紫外光固化，形成致密固化膜，降低了基材气体的释放量。

（3）不褪色：通过对比实验证明，UV 板与传统板材比较，具有更优良的理化性能，保证 UV 板经久不失色，解决了色差现象。

（4）耐刮擦：高硬度，越磨越鲜亮，常温固化长期不变形。

（5）耐酸碱抗腐蚀：UV 板能抵御各种酸碱消毒液的腐蚀。 UV 板形成以上特性的原因是，因为油漆和紫外线发生化学反应，形成了一层致密的保护膜，这层致密的保护膜的分子间距离很小，比水分子和醋酸分子都要小，因此具有防水、耐污等效果。不过白色 UV 板见太阳光则容易黄变，目前行业内还无法解决这个问题。

（6）与烤漆板比较，UV 板的生产周期短，易加工，易同色修复，所以应用比烤漆板要广泛。

产品工艺及分类 | TECHNIC & CATEGORY

UV 板生产工艺：

选材→板底淋涂透明封闭层→修复→板面淋涂第一层底漆→ UV 光固化→打磨→板面淋涂第二层底漆→ UV 光固化→打磨→淋涂第一层面漆→ UV 光固化→打磨→淋涂第二层面漆→ UV 光固化→打磨→淋涂第三层面漆→ UV 光固化→检查验收→包保护膜。

UV 板按制作工艺可分为：

彩绘 UV 板、金属 UV 板、贴皮 UV 板、玻璃 UV 板、浮雕 UV 板、喷绘 UV 板、钻石 UV 板等。

UV 板按表现效果可分为：

高光、亚光、彩色、大理石纹、木纹、金箔璀璨等花色。

仿大理石 UV 板 1

仿大理石 UV 板 2

仿大理石 UV 板 3

仿木纹 UV 板 1

UV 板

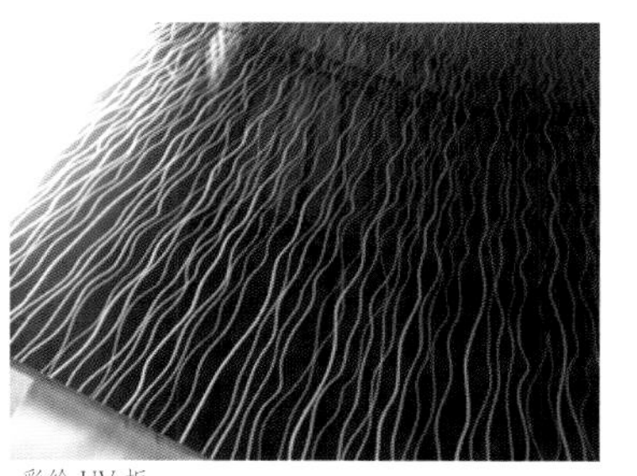

彩绘 UV 板

仿木纹 UV 板 2

钻石 UV 板

常用参数 | COMMON PARAMETERS

UV 板大板尺寸：2 440mm×1 220mm；
厚度尺寸：3~25mm。

（以上数据为市场部分厂家产品参数，不同厂家各有差别，仅供参考）

价格区间 | PRICE RANGE

100~400 元 /m²

普通的为 100~250 元 /m²，平面幻彩的价格为 250~350 元 /m²，浮雕的为 300~500 元 /m²，有些个性订制的或者图案比较有特色的会更贵。

（以上价格仅为市场普通中端产品价格，材料价格会因不同项目、不同品牌以及订制等多方原因有较大浮动，仅供参考）

设计注意事项 | DESIGN KEY POINTS

UV 板适用于板式家具、成品门及展厅商业柜台家具的订制。
施工环境的温度在 5~40℃之间，注意成品保护，施工完毕清洁卫生后再撕去保护膜。
搬运和存放的过程中，防止过度弯曲，注意防水、防潮。

品牌推荐 | BRAND RECOMMENDATION

相关厂商详细信息，请参见附录品牌索引：
卡迪普。

（以上推荐仅为市场少数优秀品牌，供设计师参考学习。同一品牌实际可能涉及多种产品，更多详细内容可登录随书小程序）

施工及安装要点 | CONSTRUCTION INTRO

UV 板安装方法：

1. 铝合金固定

（1）先要在墙面上覆上一面基层，常用的是 3mm 的三合板或木工板，更好的是防火玻镁板，用气钉把它们钉在墙面上；
（2）在墙面上钉脚线，用铝合金阴角固定墙角，再用铝合金工具条固定墙角；
（3）锯 UV 板，将 UV 板按实际要求尺寸锯成一块一块的，再将锯边用砂纸修整平整和干净；
（4）将 UV 板嵌入铝合金阴角和工具条之间。

2. 用墙面胶安装

（1）先在墙面上覆上一面基层，用气钉把它们钉在墙面上，并用砂纸将板面清洁干净。
（2）锯板，将 UV 板按实际要求锯成一块块的。
（3）倒边，将要安装的 UV 板四边用倒边机倒成 45°角。根据实际安装要求，有的只需倒上下两边或是三边。
（4）清洁 UV 板背面，用砂纸和抹布将 UV 板背面清洁干净。
（5）将万能胶或木工胶均匀涂在 UV 板背面，然后将 UV 板平整地贴在墙面上，再用手轻轻捶打 UV 板，让 UV 板好好牢固粘在墙面上。
（6）调水性填缝料，然后将填缝料填在两张 UV 板 45°角相交处。先填满，再用木板垂直角从 45°角相交处轻轻划过，这样 45°相交处较为美观。
（7）清洁 UV 板表面，将多余的填缝料清洁干净。

UV 板切割

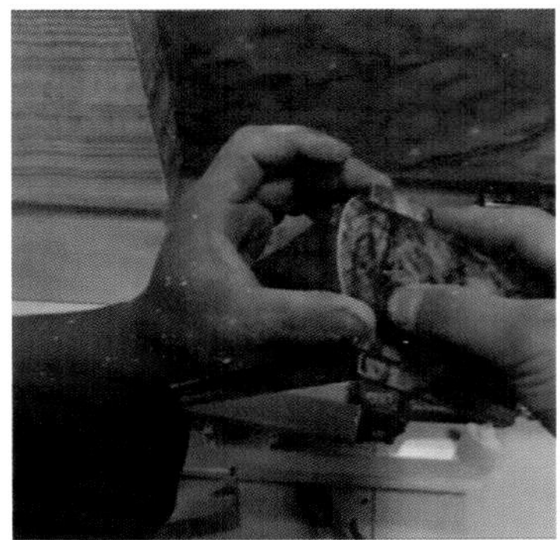

仿大理石线条

上海 $60m^2$ 公寓改造设计

设计： 刘津瑞

材料概况：设计师希望用一系列独特的 UV 板家具设计，帮助四胞胎逐步培养起良好的生活习惯，减轻对父母的依赖。

彩池上的店铺

设计：Torafu Architects

材料概况：这座小小店铺里面有一池令人惊艳的 UV 地板。

布达佩斯公寓设计

设计：Margeza

材料概况：室内的意大利 UV 家具为空间增添了一些时尚气息。

传统加泰罗尼亚餐厅的现代设计

设计：AMOO

材料概况：善用传统设计元素高光白色仿大理石 UV 板。

竹饰面板 | Bamboo Veneer

材料简介 | INTRODUCTION

竹饰面板是最新的竹装饰材料，相对一般实木饰面板其力学强度较大，自然机理表现效果更好。竹子作为新型的建筑装饰板材，有着优良的力学性能，拥有植物钢筋的美誉，近年来成为取代木材的最佳生物原料，它能体现东方文化元素，是目前装饰行业高端项目设计中经常用到的材料之一。

材料性能及特征 | PERFORMANCE & CHARACTER

竹饰面板由优质竹皮或者薄竹板与基材密实贴合而成，具有超强的防蛀功能，能有效地阻燃、耐磨、防霉变，竹饰面板表观上具有全竹板材的全部特征，表面具有天然的纹路，光泽柔和，色泽均匀，不变形，是室内、墙面装饰的理想材料。其主要性能及特征如下：

（1）物理力学性能好：密度大，强度高，弹性好，耐冲击性能优越。经过物理化学及一系列工艺处理后基本消除了竹材的各向异性、材质不均和易干裂的缺点，可以做到不生虫、不霉变、不变形。静曲强度、弹性模量、强度是一般木饰面的 2 倍。

（2）导热性好：具有很好的吸热性能和放热性能，温度会随着环境温度的变化而变化，能够调节室内的湿度和温度，让室内温度达到冬暖夏凉的效果。

（3）色差小：分为自然色和人工上漆两种。自然色的竹饰面具有色彩均匀的竹纹，亮丽明快，人工上漆色的竹地板竹纹则不太明显。竹饰面表面处理大多采用的是清漆、亮光漆、哑光漆等，可以尽可能地保持竹纹。

（4）环保：炭化处理过的竹饰面，还具有竹炭的属性，能够清除空气中的杂质，杀死室内的细菌和真菌，具有良好的保健作用。环保等级为 E0 级 / 无甲醛。

（5）可持续性：竹饰面所使用的竹子是世界上生长最快的植物，再生速度极快，本身所具备的特点符合可持续性发展的所有指标。竹子在 2~3 年即可成材，而木材至少需要 25 年。

产品工艺及分类 | TECHNIC & CATEGORY

竹饰面板包含优质竹皮或者薄竹板，有炭化和本色两种颜色，平压、侧压及大小斑马四种纹理，此外还包括编织竹皮面板。

（1）平压竹饰面板生产工艺：毛竹→截断→去节→冲条→粗刨→定宽定厚竹片→蒸煮→干燥→精刨→分选→涂胶、组坯、热压→竹层积材板软化→表干→砂光→涂胶→组坯→竹集成方材软化→锯边→刨边→平压刨切薄竹。

（2）侧压竹饰面板生产工艺：和平压竹饰面板生产工艺类似，只是在组坯之后进行热压，最后侧压刨切薄竹。

（3）炭化竹饰面板生产工艺：生产中一般将粗刨后的竹片放入专用炭化炉中，然后打开蒸汽阀向容器中注入高压饱和蒸汽，在高温高湿状态下时竹炭化，炭化处理压力一般为 0.25~0.4MPa，温度约为 130~140°C，时间约为 1~2h，然后打开蒸汽阀，排除炉内蒸汽，打开炉门，取出竹片，如需深入炭化，炭化时间可适当延长。

斑马纹平压竹皮

斑马纹侧压竹皮

本色平压竹薄板

本色侧压竹薄板

本色化平压竹皮

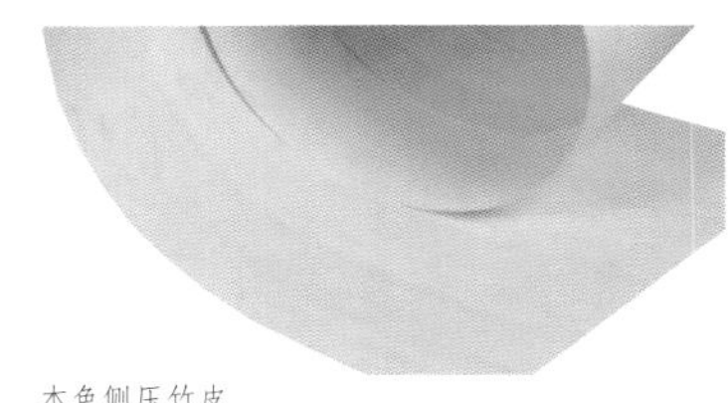

本色侧压竹皮

彩色竹皮

彩色竹薄板

碳化平压竹皮

碳化侧压竹皮

碳化侧压竹薄板

碳化平压竹薄板

常用参数 | COMMON PARAMETERS

硬度：32HB（榉木 24HB）；
密度：0.79g/cm^3（榉木 0.63g/cm^3）；
抗压强度：1 271kg/cm^2(榉木≤ 600kg/cm^3)。

（以上数据为市场部分厂家产品参数，不同厂家各有差别，仅供参考）

价格区间 | PRICE RANGE

60~300 元 /m^2

竹饰面根据其工艺及原材料不同而呈现不同的价格区间，与饰面板的层数也有直接关系。市场上薄竹皮饰面（厚 0.6mm）价格在 200 元 /m^2 左右，而薄竹板（厚 5mm）价格在 50 元 /m^2 左右，通常薄竹皮因其生产工艺技术难度较大而价格更高。

（以上价格仅为市场普通中端产品价格，材料价格会因不同项目、不同品牌以及订制等多方原因有较大浮动，仅供参考）

设计注意事项 | DESIGN KEY POINTS

可用作人造板家具的贴面材料，如家具、橱柜的贴面材料；还可充分利用其竹纤维的形象和良好的耐磨性用于室内装修，如用作护墙板、天花板的表层材料；与成品木饰面板使用一致，其装饰效果具有独特的地方风格，且环保可再生；还可以用于生产工艺品。

品牌推荐 | BRAND RECOMMENDATION

相关厂商详细信息，请参见附录品牌索引：
大庄。

（以上推荐仅为市场少数优秀品牌，供设计师参考学习。同一品牌实际可能涉及多种产品，更多详细内容可登录随书小程序）

施工及安装要点 | CONSTRUCTION INTRO

竹饰面板可干挂也可胶粘，胶粘方式多适用于薄竹皮。

检查

使用前请检查贴面板 / 竹皮是否结构完整，无纺布背衬是否脱落或者起泡。

清洁

清洁、平整与贴面板 / 竹皮相复合的基板材料，确保基本上无杂质、无油腻物等。基板复合面必须彻底平整，不能有凹凸。如基板是木质材料，须确保其材料的含水率与竹贴面板 / 竹皮的含水率接近，避免其在贴面复合后基板大量吸湿膨胀或者大幅度失水收缩而损坏贴面。

选择胶粘剂

本竹贴面板 / 竹皮可在使用合适胶粘剂的情况下与各种不同材料复合。须认真选择胶粘剂，向胶粘剂经销商详细了解胶粘剂的品种、性能与使用方法。

涂刷胶粘剂

均匀涂刷胶粘剂，确保胶粘剂涂刷面覆盖整个复合面，不能留空白。

挤出气泡

在胶粘剂固化前将竹贴面板 / 竹皮平整地与基材复合，用软滚、小木刮刀等工具压平整，将多余的胶粘剂与里面的气泡挤出。

竹饰面胶粘

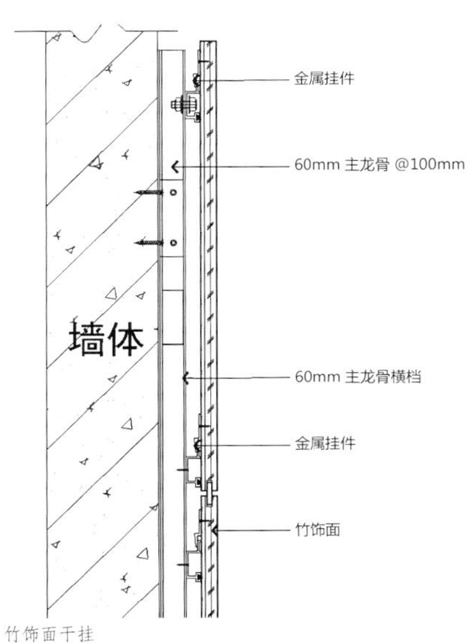

竹饰面干挂

日本京都四季酒店

设计：Hirsch Bedner Associates

材料概况：室内以竹叶图案为主题，与窗外风景相映成趣，为明净的空间注入了自然元素。

北京胡同改造

设计：全壹建筑设计

材料概况：为了营造内合院传统自然的氛围，设计者选用了竹饰面板作为外围护和内立面的主要材料。

无锡一酌酒吧

设计：本筑建筑师工作室

材料概况：运用竹饰面板使酒吧清新素雅。

深圳七星湾游艇会白帆会馆酒店

设计：朗联设计

材料概况：以竹为饰面，配合竹艺灯具、禅意插花，在符合绿色环保的前提下，营造出一抹闲情，一抹雅致。

J

墙纸窗帘

WALLPAPER&CURTAIN

墙纸墙布因为具有色彩多样、图案丰富、安全环保、施工方便、价格选择多等多种其他室内装饰材料所无法比拟的特点，在欧美、日本等发达国家和地区得到相当程度的普及。墙纸在我国室内装修中的使用率不到 5%，而在欧洲、美国和日本、韩国，墙纸的使用率达到 50% 以上，可见中国的墙纸市场潜力非常可观，但目前国内行业的墙纸产能总体上是过剩的。墙纸墙布是用于裱糊房间内墙面的装饰性纸张或布，主要有纸基胶棉、纯纸、PVC 墙纸、布底胶面、金属类墙纸、墙布、植绒墙纸、发泡墙纸等类型。窗帘行业分为住宅和公建两大板块，住宅类以布艺窗帘为主，每年的交易量增长高于 GDP 增长率，受产业分布的影响，东北地区的产业竞争度和成熟度较高。住宅及一些人居空间，窗帘与家具及配饰风格趋向一体化，在设计上逐渐走向时装化。公共建筑的窗帘除了在遮光、隔音等基础功能之外，更多地要求和空间融为一体，因此在材质和安装形式上与空间统一度更高。窗帘是由布、麻、纱、铝片、木片、金属材料等制作的，具有遮阳、隔热和调节室内光线等功能。

墙纸作为室内装饰材料，在塑造空间的能力上，具有非常大的想象空间，早在文艺复兴时期就已经应用，随着经济和技术的发展，开始真正走入大众生活，随着技术研发的进步，各种材质、肌理、图案、功能的墙纸层出不穷，市场潜力很大，但墙纸的品牌公司不多，更多的是一些销售代理公司品牌，墙纸同布艺非常类似，好比服装行业，墙纸每年需要根据市场潮流、风格趋势进行创新，尤其是在图案的视觉创新上，总会给人带来惊喜。

窗帘使用分为两大类：一类是住宅民用，以布艺窗帘为主，主要考虑的是色彩、图案风格匹配的问题，尤其是和墙纸的搭配使用；另一类是公共建筑空间使用，主要是考虑满足功能兼具美观效果。

艺术墙纸

纸质墙纸 | Paper Wallpaper

材料简介 | INTRODUCTION

纸质墙纸是一种全部用纸浆制成的墙纸，这种墙纸由于使用纯天然纸浆纤维，透气性好，并且吸水吸潮，故为一种环保低碳的装修理想材料，并日益成为绿色装饰的新趋势。

材料性能及特征 | PERFORMANCE & CHARACTER

纸质墙纸主要由草、树皮等，以及现代高档新型天然加强木浆（含 10% 的木纤维丝）加工而成，花色自然、大方、纯朴，粘贴技术简易，不易翘边、起泡，无异味、环保性能好、透气性强，尤其是现代新型加强木浆墙纸更有耐擦洗、防静电、不吸尘等特点。

（1）耐磨性能好：纸质墙纸表面涂有薄层蜡质，无其他任何有机成分，是纯天然的壁纸，耐磨损。

（2）环保性好：纸质墙纸为纯天然纸材加工而成，不含聚氯乙烯，无挥发性有害离子析出，从生产技术、工艺和使用上来讲，与其他化工建材相比，可以说是没有毒性的。张贴墙纸时使用的墙纸专用胶通常由植物淀粉制成，如马铃薯粉做的水性壁纸胶，同样安全无污染。并且，墙纸在完全燃烧时只产生二氧化碳和水，具有极好的安全环保性。

（3）易清洁：纸质墙纸拥有不错的耐磨性和抗污性，所以保养十分简单，一旦发现墙纸有污迹，只需用海绵蘸清水或清洁剂擦拭，即可除去污渍；也可用湿布抹干净，然后再用干布抹干即可。其中胶面墙纸的耐脏、耐擦洗的特性最为突出。

（4）施工方便、周期短，不影响正常生活。

（5）纸质墙纸上色效果好，色彩丰富清晰，花型自然艳丽，图画逼真。

产品工艺及分类 | TECHNIC & CATEGORY

纸质墙纸是一种环保型数码墙纸，材质为两层原生木浆纸复合而成：打印面纸为韧性很强的构树纤维棉纸，底纸为吸潮透气性很强的檀皮草浆宣纸。这两种纸材都是由植物纤维组成，从而透气、环保，不发霉发黄。纯纸质墙纸去除了传统墙纸 PVC 的化学成分，打印面纸采用高分子水性吸墨涂层，用水性颜料墨水便可以直接打印，打印图案清晰细腻，色彩还原好，并可防潮、防紫外线。

纸质墙纸以其材质构成不同分为原生木浆纸和再生纸。

原生木浆纸以原生木浆为原材料，经打浆成型、表面印花而成。其特点就是相对韧性比较好，表面相对较为光滑，每平方米的重量相对较重。

再生纸以可回收物为原材料，经打浆、过滤、净化处理而成，该类纸的韧性相对比较弱，表面多为发泡或半发泡型，每平方米的重量相对较轻。

纸质墙纸还可分为：纸质纯纸墙纸、胶面纯纸墙纸、金属类纯纸墙纸、天然材质类纯纸墙纸和无纺布纯纸墙纸等。

纸质纯纸墙纸具有哑光、环保、自然、舒适等特点，颜色生动亮丽。

胶面纯纸墙纸表面多采用 PVC 材质，色彩多样、图案丰富、价格适宜、施工周期短、耐脏、易擦洗、有较强的透气性。

金属类纯纸墙纸具有防火、防水、华丽、高贵等特点，由于具有金属表面的效果，所以适合于酒店大厅等高档商业会所的装饰。

天然材质类纯纸墙纸具有亲切、自然、舒适、环保等特点，非常适合于家庭装饰。

无纺布纯纸墙纸由棉、麻等天然植物纤维经过无纺成型而成，色彩纯正、触觉柔和，是高档家庭装饰的首选。

纸质纯纸墙纸

胶面纯纸墙纸

金属类纯纸墙纸 1

金属类纯纸墙纸 2

天然材质类纯纸墙纸 1

天然材质类纯纸墙纸 2

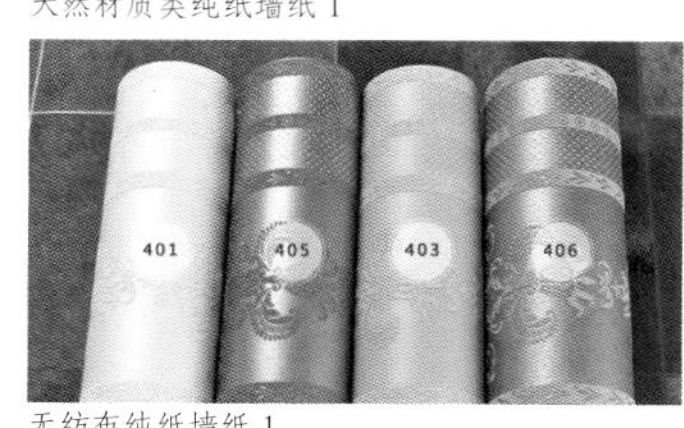

无纺布纯纸墙纸 1

无纺布纯纸墙纸 2

常用参数 | COMMON PARAMETERS

褪色性：> 4 级；干摩擦：> 4 级；

湿润拉伸负荷：≥ 0.53kN/m；

吸水性：≤ 20g/mm^2；伸缩性：≤ 1.2%。

（以上数据为市场部分厂家产品参数，不同厂家各有差别，仅供参考）

价格区间 | PRICE RANGE

50~200 元 /m^2

一般纸质墙纸一卷的价格在 400~900 元之间，也有较贵的产品，这是因为墙纸的价格有很大一部分是图案设计的费用，当然也要依具体的产品而论，比如材质、工艺、品牌、知名度等。墙纸以卷计算，一卷一般为 5.3m^2，在实际粘贴中，墙纸存在 10%~20% 的合理损耗。

（以上价格仅为市场普通中端产品价格，材料价格会因不同项目、不同品牌以及订制等多方原因有较大浮动，仅供参考）

设计注意事项 | DESIGN KEY POINTS

纸质墙纸用量计算时，应首先量出贴墙纸房间的周长和墙纸铺贴的高度，其次计算用量。通常墙纸规格为每卷长 10m、宽 55cm。计算时按每卷墙纸能完整地铺贴几条，再计算每卷墙纸能覆盖多少周长，随后将每卷的覆盖周长除以总周长，就可得出最大需要卷数。

计算门、窗所占面积时，按门窗面积的 80% 计算墙纸用量，折合成卷数。将最大需要卷数减去门窗用量数，就可得出实际需求量。这种计算方法适合于小花或无花墙纸的铺贴，对大花墙纸就要适当增加卷数了。

品牌推荐 | BRAND RECOMMENDATION

相关厂商详细信息，请参见附录品牌索引：

达明、欧雅、天地、长堤。

（以上推荐仅为市场少数优秀品牌，供设计师参考学习。同一品牌实际可能涉及多种产品，更多详细内容可登录随书小程序）

施工及安装要点 | CONSTRUCTION INTRO

（1）确定墙纸数量

一般来说，一卷墙纸的面积为 5.3m^2，但是进行粘贴时会有损耗，所以具体粘贴时，需根据墙面大小多备用一些。

（2）准备粘贴工具

最基本的粘贴工具有胶水、毛刷、挂板、海绵或毛巾、裁刀、尺子、绷带以及石膏粉等。先将墙面上的一些涂料、墙纸等多余的东西去掉，同时如果墙面有坑坑洼洼的地方要及时进行填补，如果墙纸上有一些布料、废丝等都要及时进行清除，填补和清理好后要进行打磨，让墙面更平整。

（3）丈量墙面尺寸、裁剪墙纸

丈量墙面尺寸，根据墙面大小来裁剪墙纸，花墙纸的裁剪应该根据墙面高度加裁 10cm 左右，作为上下修边之用，裁剪完成后编一下号，防止粘贴时顺序出错。

（4）刷基膜

先在墙面上刷一层均匀的基膜，然后进行刮腻子、打磨处理，要确保墙面平整光滑。这个步骤一般要持续两次，每次腻子晾干以后都要用砂纸磨一遍墙。

（5）刷胶水、粘贴

在墙面涂胶水的时候要注意宽度应该大于墙纸宽度约 30mm，而在墙纸背面刷胶水之后则应该对折放置 5min 左右，这样干得快一点。贴墙纸时要注意图案方向应该一致，不能有明显色差。

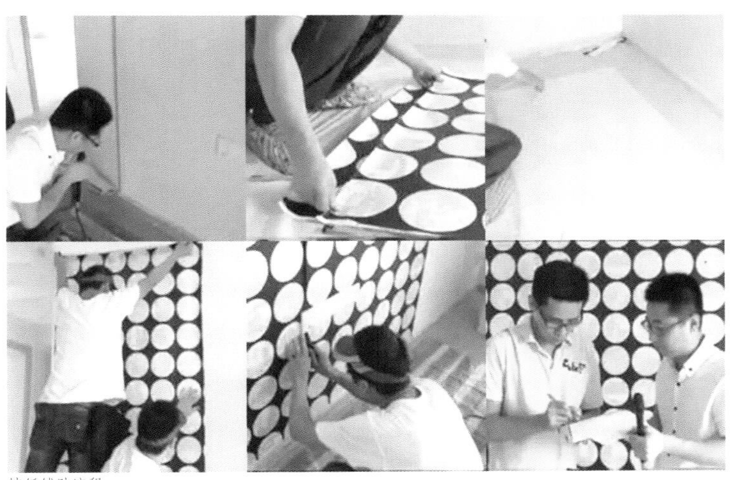

墙纸铺贴流程

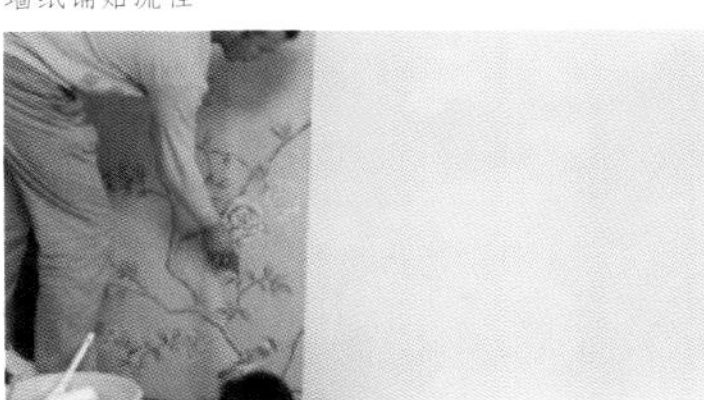

挂贴

裁切多余墙纸

滚涂

对花

伊斯坦布尔 Khalkedon 住宅

设计：Escape From Sofa

材料概况：订制设计的墙纸是公寓中的点睛之笔。

LEXY Nightclub

设计：DYER-SMITH FREY

材料概况：桌子反射着壁纸的图案，而椅子被设计成鸟笼的形状，给这个满是几何形态的室内增添了一些活泼的气氛。

立体墙纸

材料概况：立体墙纸的应用，充满了最大胆的幻想、特殊的纹理，但能够与背景完美结合。丰富多彩的颜色，可以与任何风格的环境相融合。

BREAKERS 咖啡厅

设计：davidclovers

材料概况：连续不断的墙纸连接了柱子和墙。

手绘墙纸 | Hand-painted Wallpaper

材料简介 | INTRODUCTION

手绘墙纸定义为纯手工绘制在不同承载物上的大型壁画。由于和墙纸一样可以连续地张贴一个房间，在国外多称作手绘墙纸，国内多当做手绘壁画居多，又因手绘壁画的传统概念只能直接绘制在墙面上，而手绘壁纸不同点是可以绘制在任何适宜绘画的材质上。手绘墙纸以材质可分为真丝、金箔、银箔、无纺纸 、布面、宣纸等；画风可以分为工笔、写意、抽象、重彩、水墨等；按室内装饰风格可分为中式手绘墙纸、欧式手绘墙纸和日韩手绘墙纸等。

材料性能及特征 | PERFORMANCE & CHARACTER

手绘墙纸与十分时髦的手绘墙的不同之处在于手绘基质的不同。相比较而言，手绘墙纸能够张贴在各种表面，可移动性强，而且绘制在不同材质上的手绘墙纸会表现出不同的效果，能够满足更多消费人群的需求。

（1）手绘墙纸有多种风格可供选择，可以使普通室内装饰变得别具风格。

（2）可以增加房间的空间感，绘制一些空间感比较强的场景可以使狭小的空间无形中变大。

（3）可增强空间色彩感，有利于整体色彩的统一协调。

（4）手绘墙纸手感柔和、质感细腻、色泽高雅，有些绢、丝织物因其纤维的反光效应而显得十分秀美。

（5）手绘墙纸对污染敏感，因其为纯手工绘制，不同批的产品可能会产生色差。

（6）手绘墙纸表面凹凸的纹理和材质决定了其日常保养的困难，所以日常保养的前提都是以小心使用为主。通常墙纸在沾上一些简单的污渍时只需利用半干的毛巾擦拭，平常适当地对灰尘进行清理。手绘墙纸需要小心水渍的影响，由于材料原因，水渍容易在墙纸表面留下痕迹或者导致墙纸变形。

产品工艺及分类 | TECHNIC & CATEGORY

手绘墙纸是一种纯手工绘画而成的墙纸，根据材质可分为布面手绘、PVC 手绘、真丝手绘、金箔手绘、银箔手绘、纯纸手绘、草编手绘、竹墙纸手绘等。

布面手绘：材质有亚麻布、棉麻混纺布、丝绸布等。

PVC 手绘：一般是绘制在墙纸厂制作好的素色墙纸上，材质为 PVC，由于表层做过处理，国画绘制多用丙烯颜料彩绘。

真丝手绘：丝绸材质表层有轻微的珍珠光泽，由于是天然真丝织物，质感较柔和，比较适合室内装饰，色泽温润雅致，色调丰富。其具有良好的环保、透气性，高档次，防霉、防水、防裂，不易褪色，容易更换，便于保洁，图案逼真、装饰效果较强，采用无缝拼接技术，图案更加完美。

金箔手绘：纯金打造的高端奢华产品，造价较高，市场比较少见，属于完全订制产品。

银箔手绘：纯银箔材质，也是属于高档产品，其银灰色调可以和任何色彩协调搭配，银质闪光度较高，有一种雅而不俗的格调，体现低调的奢华。

纯纸手绘：纯纸中当推无纺纸，绿色环保，性能极佳。

草编手绘：手工编织肌理别有情趣。

竹墙纸手绘：竹子清新雅致，绘画风格只能选择简约风格，因材质所限无法绘制精细画面。

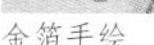

金箔手绘

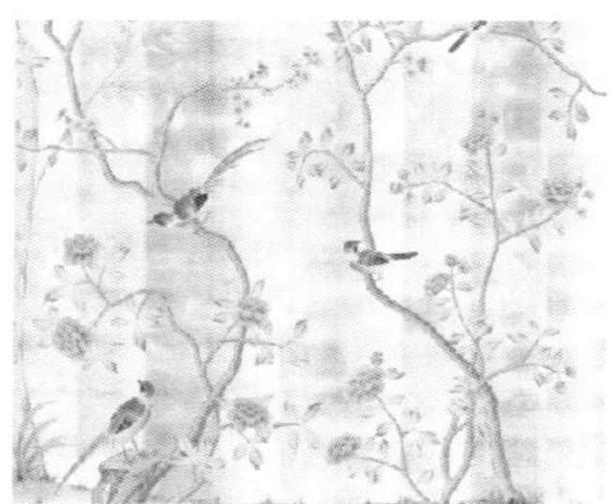

银箔手绘

真丝手绘

中式手绘系列

欧式全景系列

日式简约系列

常用参数 | COMMON PARAMETERS

褪色性：＞ 4 级；干摩擦：＞ 4 级；
湿润拉伸负荷：≥ 0.53kN/m；
吸水性：≤ 20g/mm^2；伸缩性：≤ 1.2%。

（以上数据为市场部分厂家产品参数，不同厂家各有差别，仅供参考）

价格区间 | PRICE RANGE

300~1 200 元 /m^2

手绘墙纸是比较高级的墙纸，装饰效果也不错，根据墙纸用料及工艺复杂程度不同，价格不等。

（以上价格仅为市场普通中端产品价格，材料价格会因不同项目、不同品牌以及订制等多方原因有较大浮动，仅供参考）

设计注意事项 | DESIGN KEY POINTS

手绘墙纸，国内大多生产的是工笔绘画风格，工笔绘画是传统绘画最工整富丽的一种画风，用时较多，技术难度中等，而中国最有代表性的写意绘画风格，却很少有厂家生产，主要是这类风格技术要求很高，没有数十年磨砺的画师根本无法完成，即使勉强能绘制，也是画面毫无精神，更无欣赏价值。
丝绸手绘墙纸本身就是环保的，是以高档纸基为底材，以丝绸做材质的传统工艺、精湛画艺与现代后处理技术的完美结合。因其特有的光泽，呈现出高贵感，加之人工裱糊的技术性和工艺性要求很高，故多用于室内高级装饰。

品牌推荐 | BRAND RECOMMENDATION

相关厂商详细信息，请参见附录品牌索引：
达明、欧雅、长堤。

（以上推荐仅为市场少数优秀品牌，供设计师参考学习。同一品牌实际可能涉及多种产品，更多详细内容可登录随书小程序）

施工及安装要点 | CONSTRUCTION INTRO

收到手绘墙纸后，首先要确定墙面尺寸，确定与画面尺寸是否吻合。一般情况下手绘墙纸的高度会比实际尺寸多出 10cm，宽度会根据幅面的多少多出 10~20cm。
施工流程：确认墙纸尺寸→墙体设置铅垂线→墙纸背面少量喷水让画面伸平→均匀滚刷墙纸胶→ 粘贴潮湿墙纸→将墙纸刷平压紧 →完成施工。
（1）墙体表面预处理
对于破损严重的墙体，应用填料填补裂缝和漏洞，待干燥后，磨砂处理使墙体表面光洁。新房的墙面只要用腻子粉批平，然后打磨平整刷上基膜即可。如果是在刷过乳胶漆的墙面上施工，应用打磨纸打磨平整后刷上基膜才可施工。
（2）墙纸背面少量喷水让画面伸平
把手绘墙纸反着放在一平整干净的地方，用气压喷壶均匀地喷上水，保持墙纸反面的潮湿和平整，水不可太多，不要有浮水。或者用海绵软毛巾沾水擦拭手绘墙纸的背面，让手绘墙纸反面受潮卷起 10 多分钟后再安装，这样施工壁画会非常平整。
（3）均匀滚刷墙纸胶
把混合好的墙纸胶用滚筒均匀地涂在贴手绘墙纸的墙面上，涂抹的范围比手绘墙纸尺寸稍大一些，然后把潮湿的墙纸沿垂线把一边先固定，再用棕刷或滚筒从上至下或从左至右仔细并缓慢地将其粘贴在墙体上，使拼块边缘与铅垂线相平行。操作中不断消除气泡和皱叠，如有胶液过多的地方可以用刮板挤出胶液，但要小心不要弄伤手绘墙纸表层，贴好后用棕刷隔着白纸用力刷紧手绘墙纸，或用干净的滚筒用力压平，以保持更强的粘结力。胶体如有溢出，用干净的毛巾和海绵擦去多余的胶体，如果不慎污染了画面，则用潮湿的干净毛巾轻轻擦去。
（4）手绘墙纸拼接
按以上的方法粘贴第二块拼块，衔接处图案要与前面的一块对齐，一般拼接宽放为 1.5cm，只要前一幅画面右边和后一幅画面的左边相叠 1.5cm 即可，然后从中间裁切，去除多余的手绘墙纸，完成拼缝裁切。

手绘墙纸施工

上海衡山路至尊大酒店

设计：YABU

材料概况：高档酒店中，手绘墙纸可运用在客房和走廊里。

住宅设计

设计：YABU

材料概况：手绘墙纸在住宅设计中运用能起到独特的效果。

广东汇景新城龙熹山样板房

设计：YABU

材料概况：后现代样板房中使用了手绘墙纸。

保利天誉文人别墅

设计：邱德光

材料概况：墙面使用了手绘墙纸，为空间奠定了竹的基调。

墙布 | Wall Cloth

材料简介 | INTRODUCTION

墙布也称壁布，顾名思义，它是裱贴在墙面用于装饰的一种特殊的“布”，是一种常用的建筑内墙墙面装饰材料。墙布是通过运用材料、设备与工艺手法，以色彩与图纹设计组合为特征，表现力无限丰富，可便捷满足多样性个性审美要求与时尚需求的室内墙面装饰材料。

材料性能及特征 | PERFORMANCE & CHARACTER

随着技术的不断进步，墙布的材料特性在不断发生着改变，尤其是功能类墙布的出现，使得墙布的使用范围不断扩扩大，使用寿命得到延长。

（1）色彩多样，图案丰富。印刷、压花模具不同图案的设计，多版印刷色彩的套印，各种压花纹路的配合，使得墙布图案多彩多姿，只要设计得体，墙布可创造出随心所欲的空间气氛。

（2）绿色环保。墙布是多采用丝、毛、棉、麻、草等天然纤维纺织的一种贴墙材料，没有气味，具有环保性能，遵循绿色生态理念，各项环保指标符合国家室内装饰规定要求。

（3）美观耐磨。墙布采用各类纯布作为表面主材，具有抗拉性好，科学施工后能做到无接缝、不翘边、不褪色、不霉变、结实耐用等特点，使墙面体现出一种平展舒畅、浑然一体的艺术效果。

（4）方便打理。现在的墙布多经过三防（防水、防油、防污）处理，令打理更加放心便捷。干的灰尘只需用鸡毛掸子掸一下就可清除；墙体万一被污染可用洗洁精、湿毛巾擦洗。

（5）吸音隔音。墙布多为柔性材料，纯布纹理的凹凸，加上软组织厚度，能起到吸音、消音、隔音的效果，营造安静舒适的生活环境。

产品工艺及分类 | TECHNIC & CATEGORY

墙布表面材料丰富多样，或丝绸，或化纤，或纯绵，或布革，有单一材料编制而成的，也有几种材料复合编制而成的，因此市场上对墙布的分类多种多样。

墙布按材料可分为纱线墙布、织布类墙布、植绒墙布和功能类墙布等。
纱线墙布：用不同式样的纱或线构成图案和色彩。
织布类墙布：有平织布面、无纺布面、提花布面和刺绣布面等。
植绒墙布：将短纤维植入底纸，产生质感极佳的绒布效果。
功能类墙布：采用纳米技术和纳米材料对纺织品及棉花进行处理，并把棉花织成针刺棉作为墙布的底层，使表层的布和底层的针刺棉都具有阻燃、隔热、保温、吸音、隔音、抗菌、防霉、防水、防油、防污、防尘、防静电等功能。

墙布按材料的层次构成可分为单层和复合两种。
单层墙布即由一层材料编织而成，其中一种锦缎墙布最为绚丽多彩，由于其缎面上的花纹是在三种以上颜色的缎纹底上编织而成，因而更显古典雅致。
复合型墙布就是由两层以上的材料复合编织而成，分为表面材料和背衬材料，背衬材料又主要有发泡和低发泡两种。除此之外，还有防潮性能良好、花样繁多的玻璃纤维墙布，其中一种浮雕墙布因其特殊的结构，具有良好的透气性而不易滋生霉菌，能够适当地调节室内的微气候，在使用时，如果不喜欢原有的色泽，还可以涂上自己喜爱的有色乳胶漆来更换房间的铺装效果。

墙布按底基材料划分，大致可分为四类：布面纸底、布面胶底、布面浆底和布面针刺棉底 .

锦缎墙布

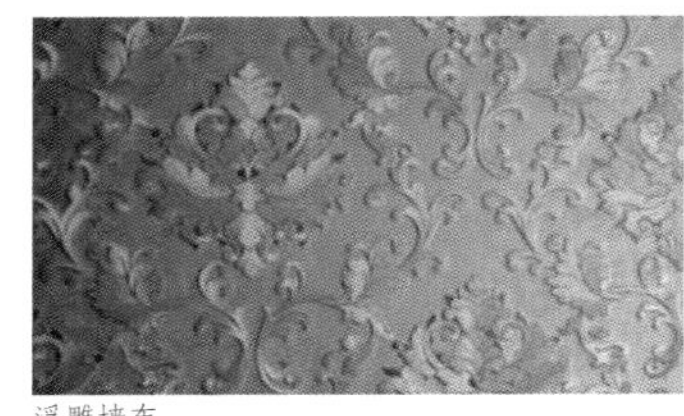

浮雕墙布

纱线墙布

平织布面

无纺布面

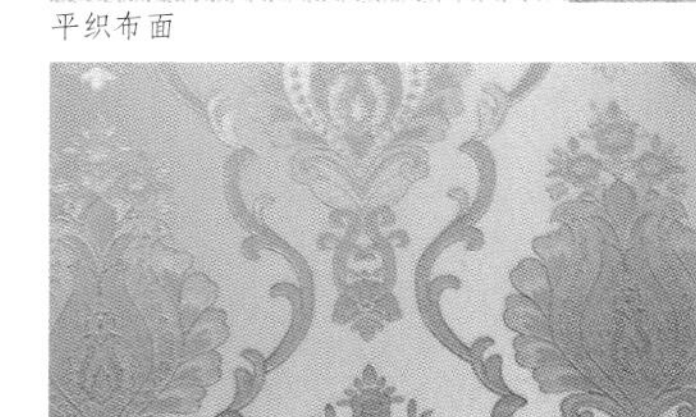

提花布面

刺绣布面

植绒墙布

常用参数 | COMMON PARAMETERS

防火等级：B1、B2 级。

（以上数据为市场部分厂家产品参数，不同厂家各有差别，仅供参考）

价格区间 | PRICE RANGE

50~500 元 /m²

墙布种类繁多，因此价格浮动区间较大，墙布的施工价格主要包含人工、材料等，其中材料样式是最重要的部分。市场上通常按照样式展开面积计算价格，不同项目根据材料类型及样式的要求价格各有差别。

（以上价格仅为市场普通中端产品价格，材料价格会因不同项目、不同品牌以及订制等多方原因有较大浮动，仅供参考）

设计注意事项 | DESIGN KEY POINTS

墙布具有艺术与工艺附加值，在很多场所都适用，如住宅、百货大楼、商场、展示场、办公楼、学校、医院等。

品牌推荐 | BRAND RECOMMENDATION

相关厂商详细信息，请参见附录品牌索引：
达明、欧雅、长堤。

（以上推荐仅为市场少数优秀品牌，供设计师参考学习。同一品牌实际可能涉及多种产品，更多详细内容可登录随书小程序）

施工及安装要点 | CONSTRUCTION INTRO

墙布施工一般与墙纸的工艺相类似，大致分为以下几个步骤：

（1）铺贴前检查墙面，应干净平整，墙皮表面无松动脱落。

（2）使用贴墙纸或其他墙布的专用工具，其中最好选用专业进口墙纸刀。

（3）先在墙面上滚刷墙基膜，并按比例调好无缝墙布胶（注：2kg 胶分次共加 2.5kg 水。第一次不加水，搅拌均匀。第二次开始加水 0.5kg，搅拌均匀。第三次加水 0.5kg，搅拌均匀。第四次加剩余的水，搅拌均匀即可。一桶胶水可黏贴 25~30m²）。

（4）基膜干后从墙壁的某阴角处开始滚刷墙布胶，一般按滚刷一面墙（上下滚均匀）后开始贴墙布。

（5）将墙布顺墙面放直，上边高度和墙面高度一致，下端用一物品将整卷墙布垫齐在踢脚线上端。

（6）将墙布滚动展开，用刮板将墙布刮贴在墙上，顺序是由里至边，将墙布上下贴齐后再按顺序继续进行铺贴。

（7）如阴角直，不用剪裁可继续进行以上这种滚展施工。如阴角不直，可在阴角处进行搭接剪裁。

（8）如两人合作则速度更快，可量出阴角到阴角的长度，略留出一点余地把布裁好后两人两头拉直由上至下、由里至边刮贴。

（9）用干净的湿毛巾擦掉多余胶浆。

（10）整屋贴完后进行全面检查，发现有气泡、鼓泡用家用蒸汽烫斗即可解决。

比利时样板房

材料概况：墙布自由地表现了室内设计的艺术感。

万科澜湖郡

材料概况：古典奢华的墙布为豪宅增光添彩。

南京澈之居

设计：玮奕国际设计

材料概况：法国进口墙布衬托出低调内敛、纯白静好的空间。

巴黎 Le Nemours 咖啡厅

设计：Michaël Malapert

材料概况： 店内优雅明亮，充满活力，墙布从墙面爬到天花，充满创意。

百叶帘 / 垂直帘 | Venetian/Vertical Blind

材料简介 | INTRODUCTION

百叶帘用铝合金、木竹烤漆为主加工制作而成，可配合贴画使其格调更加清新高雅。控制方式有手动和电动两种。其通过调整帘片角度来控制射入光线，帘片角度可调节至最合适的位置。木百叶帘是采用天然原木烤漆加工制作而成的，古色古香，天然，典雅，可让室内弥漫浓郁的书香气息。金属百叶帘主要为铝百叶帘，采用优质铝片，经氧化烤漆处理制作而成，不腐蚀、不生锈。

垂直帘又称立式帘，指叶片一片片垂直悬挂于上轨上，叶片左右自由调光达到遮阳目的。一般帘片至少有 5cm 宽，在帘片两头分别固定在上下轨道里，靠内线带动自转（调光用）和分开收拢。

材料性能及特征 | PERFORMANCE & CHARACTER

木百叶帘的叶片采用天然原木，具有贴近自然、崇尚自然、回归自然之意。叶片适合各种气候特点，南北方均适宜，金属百叶帘具有耐用常新、易清洗、不老化、不褪色、遮阳、隔热、透气防火等特点。手动垂直帘通过拉动帘体右端的拉珠控制叶片进行左右 180°旋转，同时可通过拉动帘体右端的拉绳控制整个帘体向左右移动。电动垂直帘通过电机机械传动方式来实现帘体的调光及收放，根据需求可选用手动、遥控、集群或智能控制。日夜垂直帘用多个垂直的叶片与整块窗纱结合的窗帘，是将柔纱帘或香格里拉帘的特点作立式体现，用遮光叶片与透光窗纱结合，遮光叶片制成夜帘片，透光窗纱作日帘，可立式错位调节局部光线，操作原理和结构同其他垂直帘。

（1）调节光线：通过调整叶片角度来控制射入光线，可以任意调节叶片至最适合的位置。

（2）保护隐私：以叶片的凹凸方向来阻挡外界视线，采光的同时，阻挡了由上至下的外界视线，夜间叶片的凸面面向室内的话，影子不会映显到室外。

（3）美观大方，符合美学需求 ：表面光洁平整，纹理和光泽俱为上佳，有多种颜色可选，并有衬色及个性配色可选，满足空间装饰的个性需求。

（4）阻挡紫外线：可有效阻挡紫外线的射入，保护家具不受紫外线的影响而褪色。

（5）环保节能：透气性强，通风，改善室内空气流通，改善热舒适度，节约能耗。

（6）干净放心，清洁方便：平时只需以抹布擦拭即可，清洗时用中性洗剂，不必担心褪色、变色，防水型百叶帘还可以完全水洗。

产品工艺及分类 | TECHNIC & CATEGORY

百叶帘按驱动方式可分为：手动百叶帘和电动百叶帘。

百叶帘按帘片的材质可分为：铝百叶帘、木百叶帘和朗丝百叶帘等。

铝合金百叶帘叶片选用优质材质，弹性好、强度高、不易变形。部分帘片采用氧化钛涂层，可与紫外线反应产生光净化作用，起到防污、抗菌、除臭及清洁空气的自洁效果。

木百叶帘叶片选用高级椴木，采用树干中心开片，每片帘片均经过四次涂层上漆及特殊烘干、密封工艺，严格控制含水量，长久使用不会开裂或变形。

朗丝百叶帘是在铝合金百叶帘及木百叶帘系统的基础上，采用了高级复合材料作为帘片，其整体构架轻巧，叶片防潮、阻燃性能优异，色彩、纹理丰富且充满个性化。独特的纺织及现代高科技复合涂层技术，使帘片具有防水、抗污、抗静电的功效；具有国家专利的制作技术，使帘片具有高弹性、抗弯曲、无划痕的物理特性；由 100% 聚酯化合物及纺织制成，使帘片更轻巧环保、耐老化。

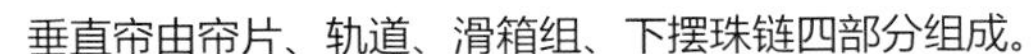

垂直帘由帘片、轨道、滑箱组、下摆珠链四部分组成。

垂直帘根据操作方式不同分为：手动垂直帘、电动垂直帘。根据轨道的不同可分为：直路轨垂直帘、弯路轨垂直帘。根据材料的不同可以分为：普通面料垂直帘、PVC 垂直帘、纤维面料垂直帘、铝合金垂直帘和竹木垂直帘等。

纤维垂直帘：可从不同角度调节光线，使室内环境布置和谐，在关闭窗帘遮挡太阳光的同时仍能欣赏到户外的风景。纤维垂直帘可防潮湿，防太阳紫外线，无老化，无磨损，不褪色。纤维帘片经防水防油污处理，免除清洁护理之繁琐。纤维帘片经特别丙烯酸（亚克力）树脂处理，手感好、柔软、无褶痕、不起皱纹、垂直感良好，有耐皂洗及干洗的优点，同时耐晒，不易褪色。

电动木百叶帘

朗丝帘

电动铝百叶帘

手动铝百叶帘

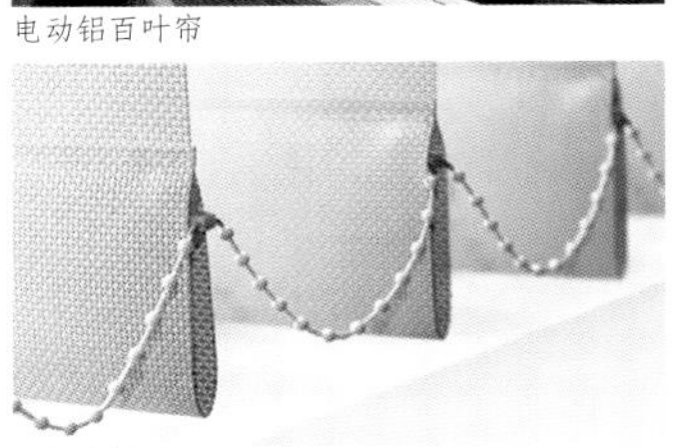

下摆珠链

PVC 垂直帘

直路轨铝合金垂直帘

弯路轨铝合金垂直帘

常用参数 | COMMON PARAMETERS

百叶帘最大宽度：3.0m；最大高度：4.0m；最大面积：7.0m²；
垂直帘最大宽度（弧形轨道）：5.8m；最大高度：4m；
垂直帘面料的宽度：100mm 或 89mm；
垂直帘的弧线最小半径：≥ 500mm(弧心角≥ 110°)。

（以上数据为市场部分厂家产品参数，不同厂家各有差别，仅供参考）

价格区间 | PRICE RANGE

100~350 元 /m²

百叶帘的价格按平方米计价，主要受导向系统、款式、材料、规格、品牌等因素的影响。如今市场上的百叶帘价格一般都在 200~350 元 /m²。垂直帘价格从每平方米几十元到几百元不等，主要受材料、结构、配件、制作工艺、品牌等因素的影响，市场上通常按照窗帘展开面积计算价格，不同项目根据施工难度及面积、质量要求各有差别。

（以上价格仅为市场普通中端产品价格，材料价格会因不同项目、不同品牌以及订制等多方原因有较大浮动，仅供参考）

设计注意事项 | DESIGN KEY POINTS

百叶帘的有些轨道是用胶粘合的，要注意不要让轨道和轴里进水，有些轨道可以防水，就不必特别小心用水。
百叶帘尺寸、重量过大时，应选用重型窗帘轨道。
垂直帘美观大方，适用于会议室、贵宾室、办公室、医院等公共场所。

品牌推荐 | BRAND RECOMMENDATION

相关厂商详细信息，请参见附录品牌索引：
乐思富、名成、亨特道格拉斯、尚飞。

（以上推荐仅为市场少数优秀品牌，供设计师参考学习。同一品牌实际可能涉及多种产品，更多详细内容可登录随书小程序）

施工及安装要点 | CONSTRUCTION INTRO

（1）百叶帘常规上采用侧面安装，因为安装较为方便、牢固。另外一种是朝天安装，是在窗框侧面不能安装的情况下常用的一种安装方法，它比侧面安装难度要高一些，所以用得较少。百页帘装在窗外时，应在宽度方向两边各放出 20~30mm, 高度方向安装时，高于上窗框 100mm 左右，具体放多少可根据实际情况选定。要想将百页窗帘安装在窗框内，应按窗框的高、宽各减去 20mm。

（2）安装百叶帘四角盒

百叶帘一般都用一种固定码，也称四角盒，无论是塑料、实木还是铝合金百叶帘的安装都是靠四角盒来固定窗帘，在这个四角盒上，每个边上都有 2 个孔，也就是可以固定的孔位，为了安装牢固，有 1~9 个孔位，这 9 个位置是用以根据百叶帘在不同的情况下使用不同的孔来固定，比如百叶帘是顶固定，那么就用上侧的两个孔位。把四角盒放在墙面要安装的位置，用铅笔做好记号，在墙壁上对应打孔。打好孔后，用螺钉把四角盒固定在墙上。一般情况下，只用安装两个四角盒就行了，因为百叶帘左右两侧就可以收入盒中。

（3）安装百叶帘托架

百叶帘左右两侧都安装四角盒，一般会比定做的窗帘轨道大 1cm 左右，这样有助于安装。但是难免会有的百叶窗帘偏大，重量更重，在使用的时候会用力很大，时间久了，两侧的四角盒会有所松动。这时可以在百叶帘中间配一个托架，在百叶帘长度超过 1.5m 时，就可以安装一个托架，安装托架的时候要注意托架不能安装在百叶帘长度的正中间，要稍微偏左或者偏右一点，因为在窗帘的中间会有梯绳挡住；还有托架和两边的四角盒的内边缘要在同一条线上。两个四角盒和托架这三个安装码安装好，百叶窗帘就安装得差不多了。最后把窗帘托着轨道拿起，放进安装的四角盒中即可，最后把四角盒的卡扣卡住，就完成了。

内装

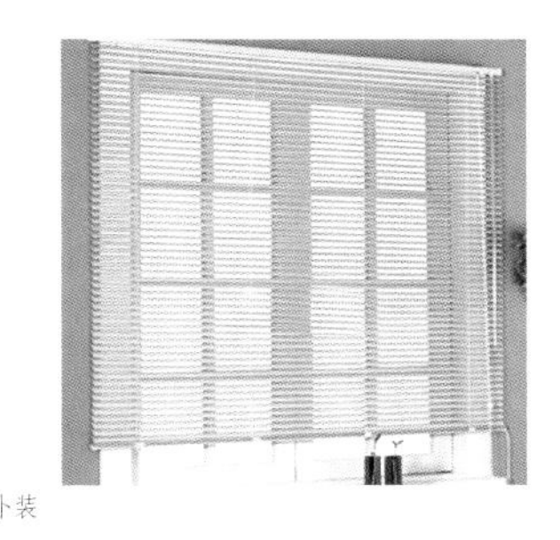
外装

垂直百叶帘通常也安装于窗帘盒内，其窗帘轨的安装方式也有支架和直接固定于窗帘盒顶面两种。垂直百叶帘的窗帘轨安装方法与横式百叶窗的窗帘轨相同。

窗帘轨安装完毕后，调整窗帘轨上挂吊钩的方向：

（1）首先拉动吊钩开闭绳，使挂吊钩在窗帘轨上均布，如果有不均处，应检查并排除障碍，最好在轨道里加适量润滑油。

（2）拉动挂吊钩的转动绳，检查挂吊钩能否进行 360°转动，如果有不能转动或转动不畅的问题，应拉动转动绳，检查挂吊钩能否转动，排除问题。然后检查挂吊钩转动的一致性，如果转动方向不一致，可用手扭动挂吊钩，使其方向一致。

（3）百叶帘挂吊钩的转动性检查正常后，将百叶窗逐条吊挂在吊钩上。百叶窗挂完后，再次拉动轨道上的挂吊钩转动绳，查验各条百叶帘是否转动灵活。对不灵活的挂吊钩，可以用手反复转动吊钩使其灵活。当各条吊挂的百叶帘转动方向一致且灵活自如以后，将各百叶片下端坠重片挂耳上的链珠式绳索在挂耳处连接。

台湾“一分三”住宅

设计：创研空间

材料概况：百叶帘给卧室带来隐蔽的睡眠空间。

江苏常州陆方茶室

设计：瑞拓设计

材料概况：外挂竹百叶帘经过水煮处理，颜色趋近木纹混凝土最后的颜色。

西班牙 Handisports 总部

设计：SERRANO + BAQUERO

材料概况：可以移动的半透明垂直帘从天花上悬挂下来，帮助划分活动区域的同时保证光线的进入，并且形成丰富的光影效果，使整个空间充满活力。

墨尔本 SJB 事务所办公室设计

设计：SJB Studio

材料概况：SJB 的新办公室意在成为一个空间灵活、宁静同时给人带来灵感的场所。

卷轴帘 / 风琴帘 | Roller/Organ Blind

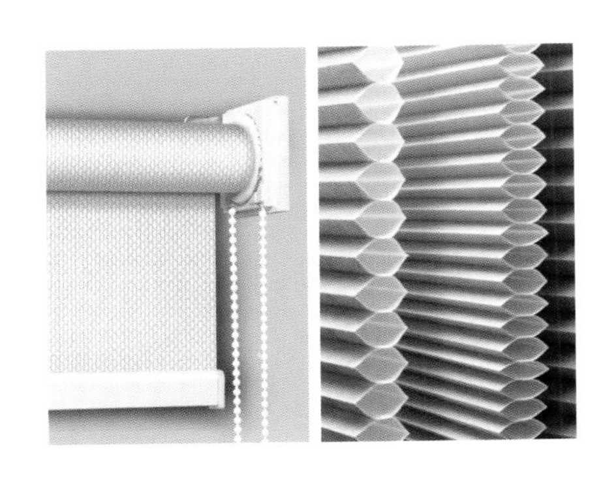

材料简介 | INTRODUCTION

卷轴帘又名卷式窗帘，相对于传统布艺左右开合式窗帘而言，通过卷管带动整幅窗帘上下卷动而得名。其操作简单方便，外表美观简洁，使得窗框显得干净利落，让整个房间看上去宽敞简约，广泛应用于办公场所、写字楼、银行、学校等正式场合，是一种常见的办公类窗帘。

风琴帘，在外形上类似手风琴拉开的立体形状，又形似蜂巢，所以也有人称之为蜂巢帘。风琴帘将繁琐的传统布帘简明化、线条化，给人以快节奏、高效率之感，同时有独特的操作系统，性能可靠，操作顺畅，能满足各种类型窗户的需求。

材料性能及特征 | PERFORMANCE & CHARACTER

电动卷帘其机构运转时受力均匀，旋转平稳，有利于卷帘面料及机构的寿命；通过对卷帘面料的同时控制，使面料始终在同一平面上，在改变建筑外立面的同时使建筑立面更加整齐。

拉珠卷帘设计精良，工艺精致，用料考究。面料一般采用聚酯涤纶面料或者玻纤面料，具有良好的延展性和防高温、防油污等特点。拉珠卷帘配件采用玻璃纤维、特丽龙及碳化钢等原料制造，拉动顺畅，噪音小。拉珠可采用 pom 环保材质拉珠、钢拉珠、铜拉珠等，经试验使用寿命可达 3 万次以上。

弹簧卷帘采用铝合金上梁作为整套系统的支撑定位，从而使安装调试均在生产厂内完成，确保质量，同时现场安装十分简捷方便，操作简单；阻尼装置使得卷帘面料在收帘（上升）的过程中保持速度缓慢均匀，避免了传统弹力卷帘由于弹簧回卷速度过快而对窗框顶或窗帘箱的冲击；可调限位装置能使弹簧卷帘收帘到设定的位置时自动停止，保证若干幅卷帘收帘时停止在整齐划一的一条直线上，直观效果好。

风琴帘独特的蜂巢设计，可提供三种不同程度的光线控制和私密保护选择。风琴帘使空气存储于中空层，令室内保持恒温，可节省空调电费。其防紫外线和隔热功能有效保护家居用品，并且拥有防静电处理，洗涤容易。拉绳隐藏在中空层，外观完美，使用起来比传统装置更加简单实用。作为一种新型建筑遮阳材料，广泛用于办公楼、大厅、会议室、办公室、别墅家居等空间。

产品工艺及分类 | TECHNIC & CATEGORY

根据控制方式不同，卷轴帘分为：电动卷帘、拉珠卷帘、弹簧卷帘。

根据面料材质不同，卷轴帘分为：阳光面料卷帘、半遮光面料卷帘、遮光面料卷帘等，最新推出防紫外线卷帘、防水卷帘、易去污工程卷帘面料等。

阳光面料窗帘：聚酯涤纶加 PVC 合成，采用特殊方法编织而成，因部分阳光可以透过面料而得名，又名透景面料，可以看到室外的风景，又能有效地阻挡紫外线，广泛应用于办公环境。由于面料材质的特殊性，一般都为防火阻燃材料。

半遮光面料窗帘：可遮档目光，看不见室内外人物景象，但有光。为最普通的半遮光面料，能有效起到阻挡紫外线的效果，但透光性较阳光面料稍差。

全遮光面料窗帘：可分为涂白全遮光、涂银全遮光、非涂层全遮光等多种。适用于阳光照射很强的场所，或者需要完全无光的环境，例如卧室与影视会议室，临街西晒的窗户等环境。由于其材质本身良好的遮光隔热效果，也是一种办公窗帘常见的选择。

风琴帘按照其机动形式可分为线拉风琴帘和电动风琴帘。

按其表现形式可分为全遮光风琴帘和半遮光风琴帘。

按结构形式可分为单峰风琴帘和双峰风琴帘。

风琴帘可提供全面的窗型解决方案，完美装饰三角形、半圆形或扇形等异形窗，为天棚式或阳光窗型提供解决方案。除标准设计与应用形式外，还有日夜帘、垂直帘、上下合式帘、天棚帘、异形帘等多样化的创新样式。

日夜帘：组装两幅不同透光率窗帘，满足白天或夜晚对光线及私密性的不同需求。

天棚帘：通过另一套结构系统及电机驱动，水平或倾斜应用于采光顶，节能及吸音效果尤佳。

竹帘卷帘

半遮光拉珠卷帘

全遮光卷帘

阳光面料卷帘

异形帘

天棚帘

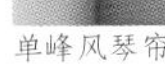

单峰风琴帘

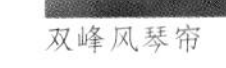

双峰风琴帘

常用参数 | COMMON PARAMETERS

卷轴帘阳光面料：30% 聚酯，70%PVC 包敷；
卷帘面料：重量 420g/m^2；开孔率约：3%；
紫外线遮挡率：> 96%；光照色牢度：> CLASS4.5；
电动风琴帘最大面积：≤ 5m^2；
负重：≤ 5kg；高度：≤ 3.5m。

（以上数据为市场部分厂家产品参数，不同厂家各有差别，仅供参考）

价格区间 | PRICE RANGE

70~400 元 /m^2

卷轴帘的价格主要因面料、款式、品牌等的不同而有所不同。如今市场上的卷轴帘，价格一般都在 70~350 元 /m^2。
风琴帘的价格主要包含材料、人工，主要受风琴帘的类别、制作工艺、品牌的影响。市场上通常按照窗帘展开面积计算价格，不同项目根据施工难度及面积、质量要求各有差别，比如异形窗比常规窗户价格更高，电动式比线拉式价格高。

（以上价格仅为市场普通中端产品价格，材料价格会因不同项目、不同品牌以及订制等多方原因有较大浮动，仅供参考）

设计注意事项 | DESIGN KEY POINTS

卷帘适用于多种场所，如商务办公大楼、宾馆、餐厅、办公室、家居（用作纱帘），尤其适用大面积玻璃幕墙。
注意选择窗帘轨道和挂绳的质量，如果空间需要安全遮光，窗帘需要三面进槽。
全遮光风琴帘具有隔热和隔音功能，能有效保持室内恒温和空间清静。因其采用全遮光设计，可有效保护隐私，产品有各种颜色可挑选，主要用于餐厅、浴室及车库的窗户。

品牌推荐 | BRAND RECOMMENDATION

相关厂商详细信息，请参见附录品牌索引：
乐思富、名成、亨特道格拉斯、尚飞。

（以上推荐仅为市场少数优秀品牌，供设计师参考学习。同一品牌实际可能涉及多种产品，更多详细内容可登录随书小程序）

施工及安装要点 | CONSTRUCTION INTRO

（1）测量窗框的尺寸，确定安装码的位置并固定。
（2）安装卷轴帘配件，如制头、拉绳等，制头有内装和外装两种。
内装：将成品卷轴帘置于窗框内，找到合适的位置后，在窗框顶部标示制头螺钉的位置，用螺钉将左右制头分别锁紧在窗框内顶部，并将无拉珠的制头上的可转动模块掀开。
外装：将成品与窗户比较，找到合适的位置后，在窗框或者墙壁上标示制头螺钉的位置，用螺钉将左右制头拧紧在窗框或者墙壁上，并且将无拉珠的制头上的可转动模块掀开。
（3）安装卷轴帘的轨道：先将上轨右端套入带拉珠的制头，然后将上轨左端套入无拉珠的制头。将掀开的可转动模块扣上，确认卷帘不会轻易掉落或移动，则安装完成。

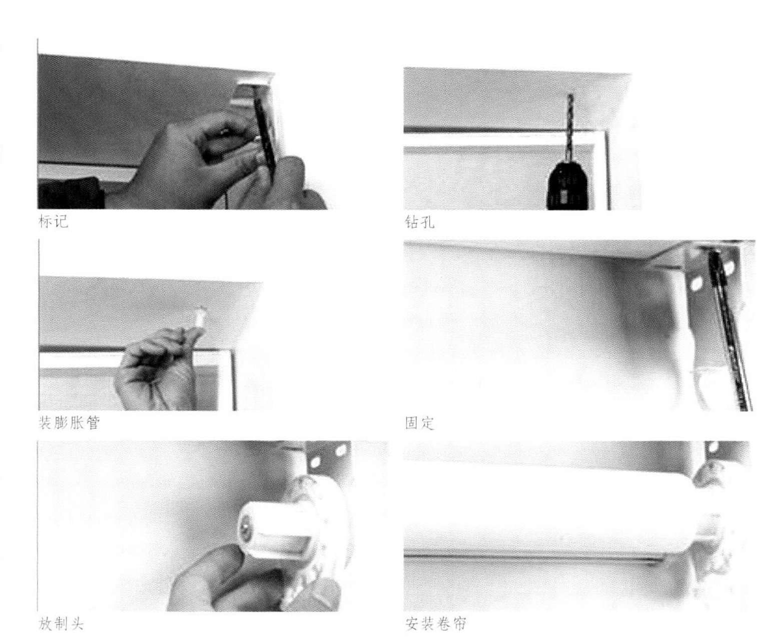

（1）缓速器。使用增速结构，使摩擦力随着速度增大而增大，使摩擦力和布帘的重力达到一定比例，达到布帘均速下降的效果。
（2）限位器。使用槽轮的结构使得系统锁定和解锁更灵敏。
（3）锥形卷线器。使用起来卷线均匀，拉绳升降平稳。
（4）制头。主要零件采用 PC、尼龙加玻纤、POM 等增强及性能优良的工程塑料。帘布升降顺畅，操作平稳，手感好。系统制头转动比为 1：1，必须用循环拉珠，安装便捷。

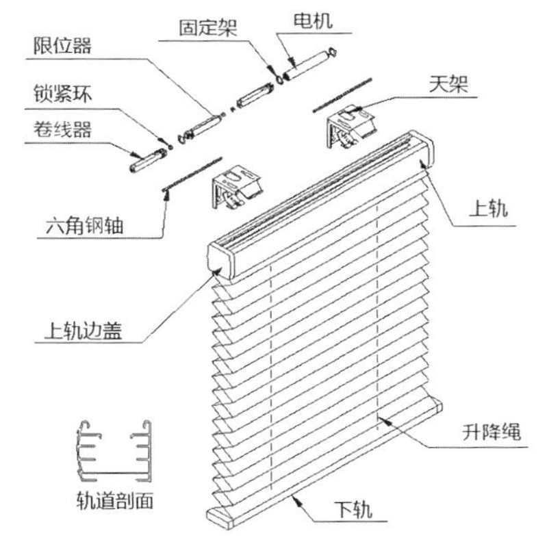

电动式风琴帘示意图

台湾小步舞曲住宅

设计：A' LENTIL DESIGN

材料概况：书房以茶玻隔间，让光线串流，放大空间感，以卷轴帘保有书房私密性，未来也可做为小孩房或客房使用。

西班牙传统卷帘

设计：Persiana Barcelona

材料概况：设计师将传统的卷轴帘发展为可以应用于不同地方的设计元素，通过巴塞罗那的地标建筑设计配色，展现了城市特色。

阿姆斯特丹 Sir Adam 酒店

设计：ICRAVE

材料概况：时髦、前卫、创意十足、文化底蕴深厚同时又有一点标新立异的酒店空间。

台北光之居所

设计：禾筑设计

材料概况：客厅使用风琴帘，干净利落又充满装饰感。

布艺皮革
FABRIC&LEATHER

我国自古以来就是纺织行业最发达的国家之一，布艺面料最早在装饰行业仅应用于家具及窗帘板块。近年来酒店及娱乐业发展迅速，布艺面料由于具有触感和图案丰富的特性，被大量应用于室内空间。布艺面料根据制作工艺分为染色布、色织布、提花布和印花布等。皮革制品千百年来深受人们的青睐而长盛不衰，主要在于其优越的、不可替代的质感性能。随着科技的发展，合成革的性能虽然会愈来愈接近天然皮革，但不能达到天然皮革的指标，其原因在于皮革来自于生命体，生命科学的深邃和奥妙不是一般物理和化学能够模仿的。皮革的分类方法有很多，按制造方式可分为真皮、再生皮、人造革和合成革；按皮革表面处理方式分为光面皮、毛面皮和磨面皮。目前市场创新的表面处理还有压花、仿古、金属效果等应用在各类装饰空间。

应用前沿

布艺在室内装饰中应用很多，具体应用于家具、窗帘、床品，软包等，布艺的创新除了在面料的质感方面，最让人惊喜的是图案及纹样的创新。

在室内设计中皮革最常被应用于家具，其次是一些硬包及墙面装饰，还有就是作一些配饰使用，比如皮革编织地毯等。皮革的品质主要取决于原料，其次是加工工艺，设计师首先应考虑使用的环境，再与专业供应商沟通，使用相匹配的皮革及处理工艺，避免选择了高价产品却用错地方。

近年来皮革也在表面图案上有很多创新，比如加以刺绣、手绘等工艺。

皮革布艺

图片来源：KNOLL

布艺 | Fabrics

材料简介 | INTRODUCTION

布艺是仅次于家具的重要元素，它不但能弱化室内空间的生硬线条，赋予居室典雅温馨的感觉以及赏心悦目的色彩，还可以根据不同季节或主人心情，随时进行调整。它不仅是住宅中的一道亮丽的风景，还是增加生活舒适度的最好配置，在烘托整体家居氛围方面，或清新自然、或典雅华丽，或高调浪漫，有着不可低估的装饰作用。布艺装饰包括窗帘、枕套、床罩、椅垫、靠垫、沙发套、台布、壁挂等。

材料性能及特征 | PERFORMANCE & CHARACTER

布艺除了具有点缀空间格调的装饰作用外，在家居环境中的物理功效也非同一般，各种质地的柔软布料，既能降低室内的噪声，减少回声，使人获得舒适的感觉，又有阻断外界的视线、调节室内明暗度等功能。因此，无论从实用角度还是审美价值上来讲，布艺都是家居生活中不可或缺的要素。布艺材质主要有天然纤维、化学纤维、人造纤维和合成纤维等。

（1）天然纤维：是指自然界里有的，或从人工培养的动物中直接获得的纺织纤维。分为棉花、麻、毛、丝四大类。其吸湿性强、穿着舒适，容易染色，较易缩水。

（2）化学纤维：是用天然或合成的高聚物为原料，经一定的方法制造出来的纺织纤维，分为涤纶、锦纶、腈纶、维纶、氯纶、聚烯烃弹力纤维、氨纶七大类。它们的共同特性如下：吸湿性普遍比天然纤维低，摩擦后易带静电，易吸尘土；大多数强度高，弹性好，但易起毛球；燃烧时一般先软化收缩，有的能熔融，产滴落拉丝，发出异味，熨烫温度低于天然纤维；热定型性较好，由于它们吸湿性小，故洗后仍能保持原样。

（3）人造纤维：是指以天然高聚物，如木材、甘蔗渣或动物纤维等为原料，经一定加工纺丝所成的纤维。

（4）合成纤维：是以石油、煤、天然气及一些农副产品为原料，经合成的高聚物加工纺丝所成的纤维。其具有强度高、质轻、易洗快干、弹性好、不怕霉蛀等优点。

产品工艺及分类 | TECHNIC & CATEGORY

棉布：是各类棉纺织品的统称。它多用来制作床上用品、窗帘、桌布等。它的优点是柔和、吸湿性、透气性甚佳。它的缺点则是易缩、易皱，导致外观上不太美观。

麻布：是以亚麻、苎麻、黄麻、剑麻、蕉麻等各种麻类植物纤维制成的一种布料。一般被用来制作墙布、装饰品，它的特点是强度高，吸湿，导热，透气性甚佳，外观较为粗糙。

丝绸：是以蚕丝为原料纺织而成的各种丝织物的统称。与棉布一样，它的品种很多，个性各异，被用来制作各种窗帘、床上用品、桌布等，尤其适合用来制作窗帘。它的长处是轻薄、柔软、滑爽、透气、色彩绚丽、富有光泽、高贵典雅。它的不足则是易生折皱、不够结实、褪色较快。

呢绒：又叫毛料，是对用各类羊毛、羊绒织成的织物的泛称，通常适用于制作地毯。它的优点是防皱耐磨，手感柔软，高雅挺括，富有弹性，保暖性强。它的缺点主要是洗涤较为困难。

化纤：是化学纤维的简称，是利用高分子化合物为原料制作而成的纤维的纺织品。通常分为人工纤维和合成纤维两大门类。它们共同的优点是色彩鲜艳、质地柔软、悬垂挺括、滑爽舒适。它们的缺点则是耐磨性、耐热性、吸湿性、透气性较差，遇热容易变形，容易产生静电。

混纺：是将天然纤维与化学纤维按照一定的比例，混合纺织而成的织物。它的长处是既吸收了棉、麻、丝、毛和化纤各自的优点，又尽可能地避免了它们各自的缺点，而且在价格上相对较为低廉，所以大受欢迎。

棉布

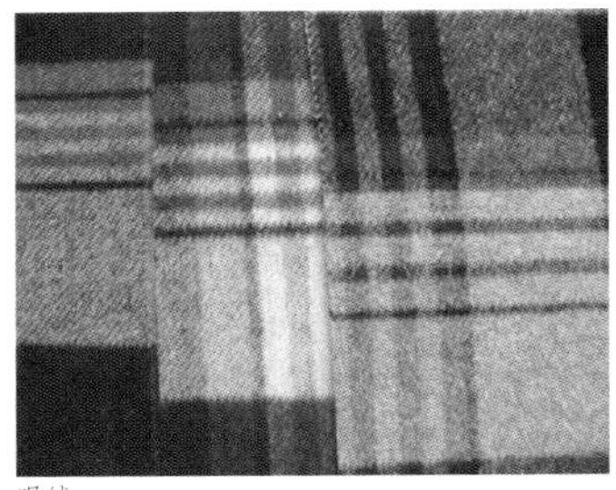
呢绒

麻布

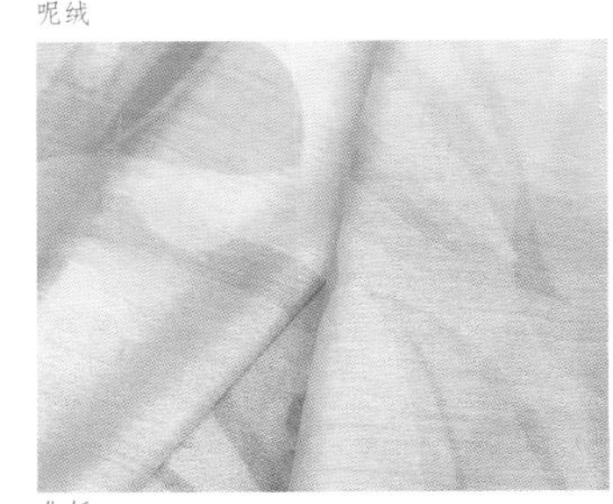
化纤

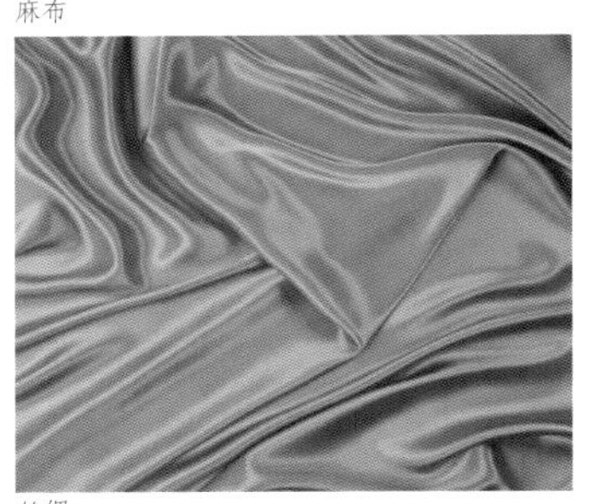
丝绸

混纺

常用参数 | COMMON PARAMETERS

缩水率：≤ 2%；
光照牢度：≥ 3；耐光色牢度：≥ 3.5。

（以上数据为市场部分厂家产品参数，不同厂家各有差别，仅供参考）

价格区间 | PRICE RANGE

50~800 元 /m²

布艺的价格主要包含几部分：材料、人工、模板及后期安装等，其中主要贵在做工和材料上。市场上通常按照模板展开面积计算价格，不同的项目根据材料质量及面积、工期要求各有差别，比如曲线比直线，天然纤维比化学纤维价格更高。同时工期短，投入量大，会导致整体价格更高。

（以上价格仅为市场普通中端产品价格，材料价格会因不同项目、不同品牌以及订制等多方原因有较大浮动，仅供参考）

设计注意事项 | DESIGN KEY POINTS

挑选布艺首先要确定基调，主要体现在色彩、质地、图案的选择上。在色彩选择时，要结合家具的色彩先确定一个主色调，使整个居室在色彩上协调一致。另外悬挂布艺尺寸要准确，对于像窗帘、帷幔、壁挂等悬挂的布艺饰品，其面积的大小、长短尺寸等要与居室的空间、悬挂的立面的尺寸相匹配。而在色彩图案、款式等方面，也要注意与居室整体风格的搭配，在视觉上达到平衡。
布艺窗帘未束起时，窗帘的宽度应是窗间宽度的 2~2.5 倍。
窗帘安装时应根据现场在遮光上考虑延伸处理，超高窗户或特殊要求时，使用电动设备，并且考虑电机的电源预留及隐藏。
布艺用做软包的时候，注意门幅尺寸的使用，避免损耗过大。

品牌推荐 | BRAND RECOMMENDATION

相关厂商详细信息，请参见附录品牌索引：
达明、欧雅、长堤。

（以上推荐仅为市场少数优秀品牌，供设计师参考学习。同一品牌实际可能涉及多种产品，更多详细内容可登录随书小程序）

施工及安装要点 | CONSTRUCTION INTRO

布艺的安装要求很高，窗帘是布艺中的一部分，窗帘的安装方法，大致分为几个步骤。
（1）画线定位。考虑到固定的牢固性，避免固定件的间距过大承受不住拉力，先测量所需安装轨道的尺寸，然后计算固定孔距，一般固定件的间隔距离不大于 50cm，然后画线定位，定位的准确性关系到窗帘安装的成败。
（2）安装固定件。一般安装固定件对于水泥墙面或屋顶需要加膨胀螺栓。
（3）穿滑轮。当窗宽大于 1 200mm 时，窗帘轨应断开，断开处煨弯错开，煨弯应平缓曲线，搭接长度不小于 200mm。往轨道上穿滑轮时，一定要注意轨道的长度，一般的规格是：1m 长的轨道安装 7 个滑轮，这样才能保证安装窗帘后受力的大小与受力的均匀程度。
（4）窗轨安装好滑轮后，为了避免滑轮从轨道滚出，同时也为了避免轨道两端的尖角把前面刮划出硬伤，在窗轨的两端都用封口堵将其封堵好，然后用螺钉将封口堵固定。
（5）衔接固定件的卡槽与轨道。将穿好滑轮的窗帘轨道嵌进固定件的卡槽里，然后摆好吊装卡子，让固定件的吊装卡子与轨道成 90°，用螺钉将吊装卡子拧紧，让吊装卡子紧紧卡住窗帘轨道。通过以上的步骤窗帘轨道就基本上安装好了。

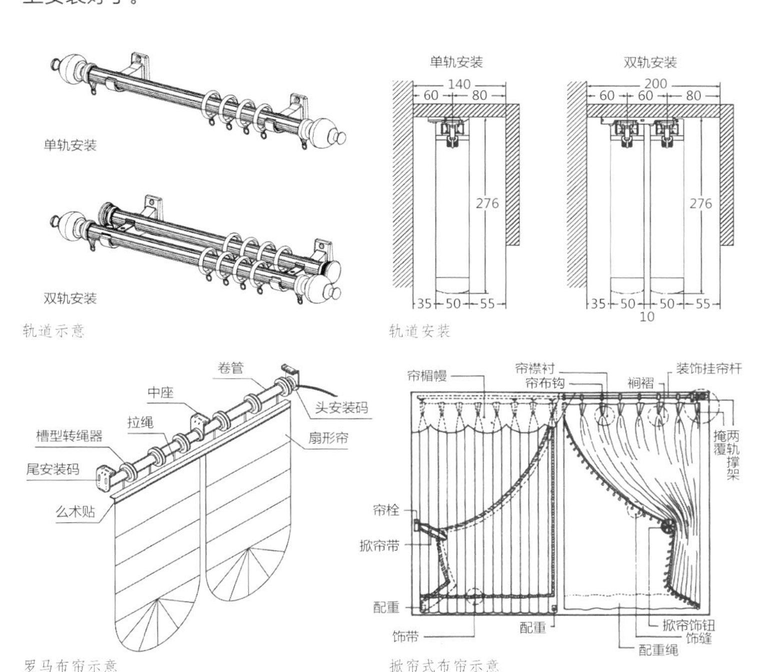

轨道示意　轨道安装
罗马布帘示意　掀帘式布帘示意

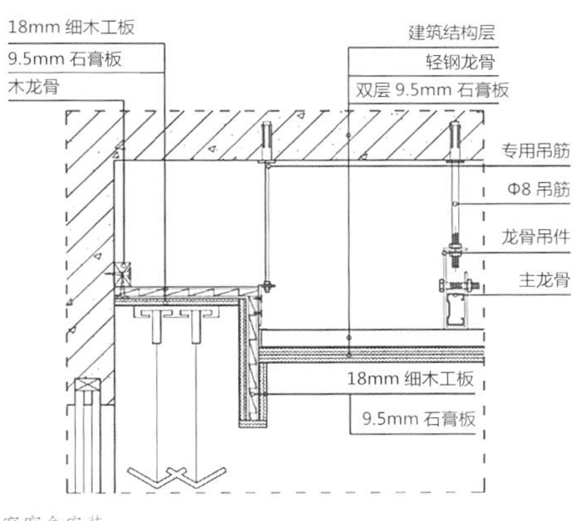

窗帘盒安装

北京三里屯 CHAO 之光

设计：大观国际设计咨询有限公司

材料概况：顶部像素感疏密排布的布艺天花设计俨然成为空间视觉的焦点，通过线性灯背光处理，整个天花漂浮起来，形成一块完整的后现代主义画作。

光•墅

设计：涞澳设计

材料概况：设计师用充满摩登情趣的现代主义打造质感空间，阐述生活与自然的艺术。

巴黎国立工艺美术学院餐厅

设计：Raphael Navot

材料概况：餐厅墙壁装饰有巨幅帆布画作，颜色、质感都与整体环境非常协调。

东方奥科水疗按摩精品店

材料概况：按摩店内部是木材和天然织物等温暖的材质。

天然皮革 | Natural Leather

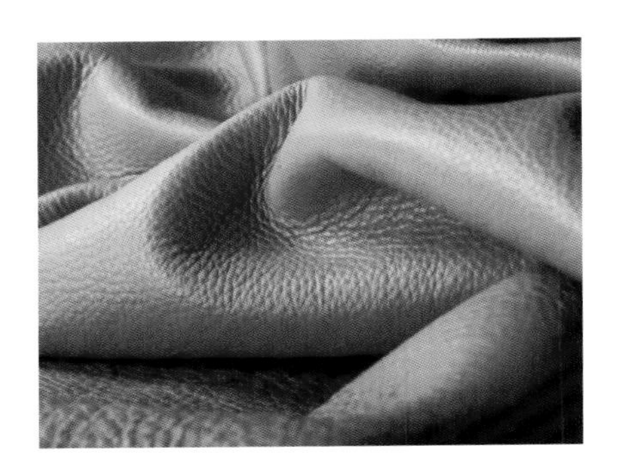

材料简介 | INTRODUCTION

天然皮革是经脱毛和鞣制等物理、化学加工所得到的已经变性不易腐烂的动物皮。天然皮革是由天然蛋白质纤维在三维空间紧密编织构成的，其表面有一种特殊的粒面层，具有自然的粒纹和光泽，手感舒适。天然皮革按其种类来分主要有猪皮革、牛皮革、羊皮革、马皮革、驴皮革和袋鼠皮革等，另有少量的鱼皮革、爬行类动物皮革、两栖类动物皮革、鸵鸟皮革等。其中牛皮革又分黄牛皮革、水牛皮革、牦牛皮革和犏牛皮革；羊皮革分为绵羊皮革和山羊皮革。

材料性能及特征 | PERFORMANCE & CHARACTER

天然皮革长久与外界接触们，内部会产生湿气，应经常置于通风处晾晒，以防滋生细菌，不过不可摆放在烈日下暴晒或用电吹风吹干，以免出现爆裂、变形及硬化现象。天然皮革不应置于温度过高、过低以及湿度过大的环境里，否则易出现磨损。

（1）天然皮革气味较浓，厚度较厚，一般大于 1.0mm，耐折耐磨。

（2）天然皮革布满很多细毛孔，透气性能较好。表面纹路自然，平整细腻，手感、触感良好。

（3）天然皮革有明显的分层，呈过渡性状态。

（4）天然皮革柔软度佳，具有光泽，成型后不易变形。染色性佳，具备可塑性，纹路色彩丰富。

（5）原料少，供需不均，价格较贵。

（6）质地不均，物性不一，有部位差，形状大小不整齐，裁断损耗大，费时且表面有天然瑕疵。

（7）容易发霉，浸水易膨胀，干后收缩，面积尺寸不安定。

产品工艺及分类 | TECHNIC & CATEGORY

天然皮革按其层次分，有头层革和二层革，其中头层革有全粒面革和修面革；二层革又有猪二层革和牛二层革等。在主要几类皮革中，黄牛皮革和绵羊皮革，其表面平细，毛眼小，内在结构细密紧实，革身具有较好的丰满和弹性感，物理性能好。因此，优等黄牛革和绵羊革一般用做高档制品的皮料，其价格是大宗的皮革中较高的一类。

全粒面革：在诸多的皮革品种中，全粒面革应居榜首，因为它是由伤残较少的上等原料皮加工而成，革面上保留完好的天然状态，涂层薄，能展现出动物皮自然的花纹美。它不仅耐磨，而且具有良好的透气性。

修面革：是利用磨革机将革表面轻磨后进行涂饰，再压上相应的花纹而制成的。实际上是对带有伤残或粗糙的天然革面进行了“整容”。此种革几乎失掉原有的表面状态，涂饰层较厚，耐磨性和透气性比全粒面革差。

二层皮革：是厚皮用片皮机剖层而得，头层用来做全粒面革或修面革，二层经过涂饰或贴膜等系列工序制成二层革，它的牢度、耐磨性较差，是同类皮革中廉价的一种。

绒面革：多以牛皮为原料经铬鞣制成。质量要求绒毛细短、紧密均匀，色泽鲜明、牢固、有丝光感，手感柔软、丰满、有弹性。

贴膜革：在剖层皮上贴上一层聚酯膜，耐碰、耐磨擦。

复合膜：在剖层皮上复合一层橡胶膜，有很好的耐化学性，耐久性。

涂饰性剖层皮：在剖层皮上加上着色树脂层。

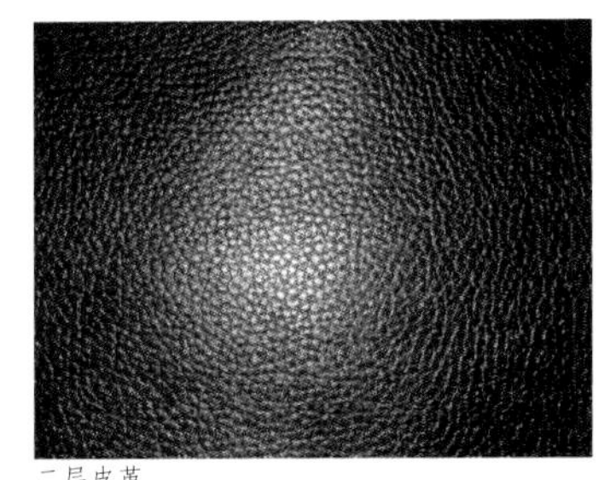
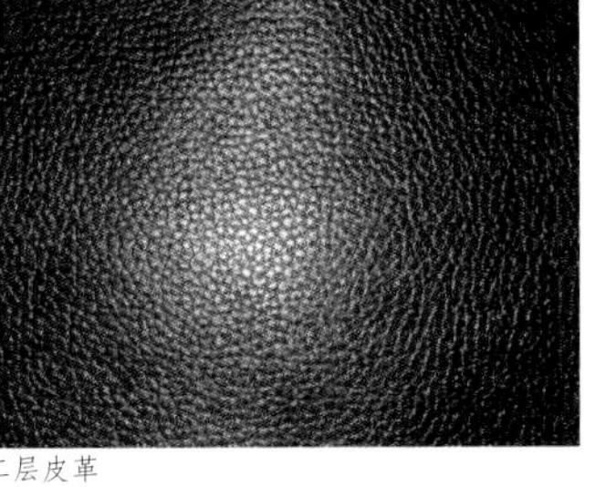
二层皮革

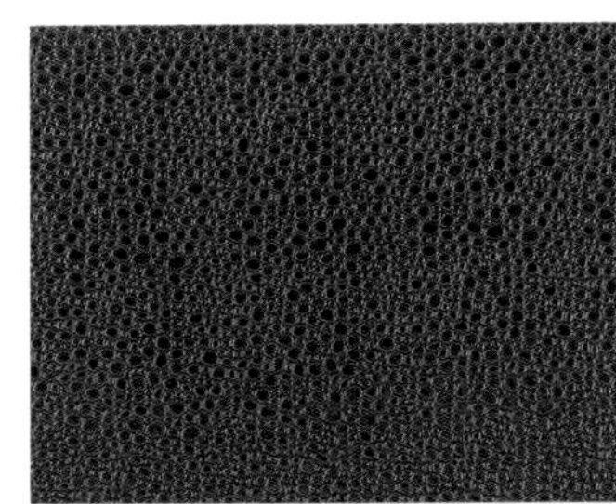
全粒皮革

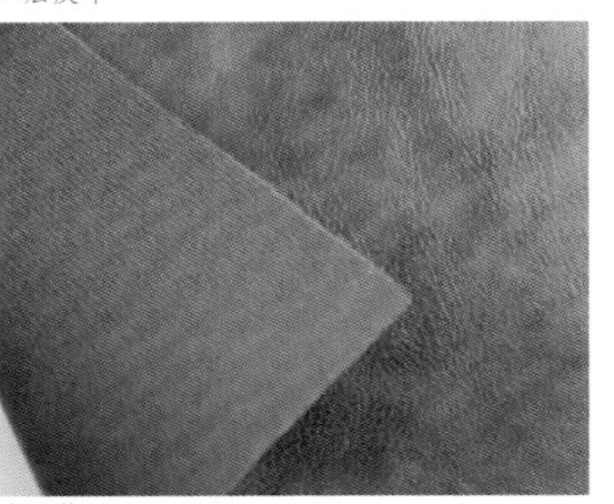
绒面革

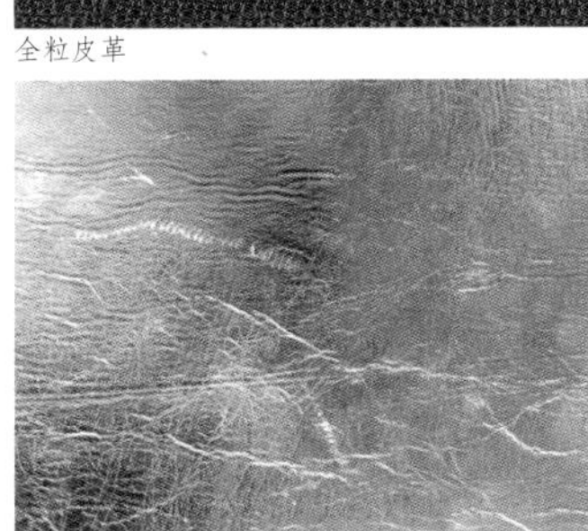
贴膜革

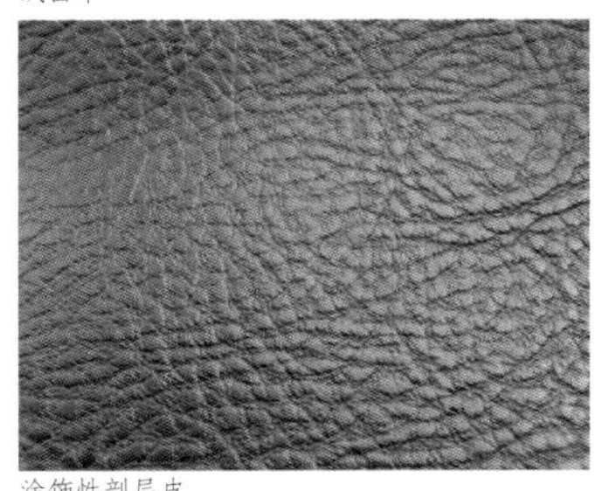
涂饰性剖层皮

修面革

常用参数 | COMMON PARAMETERS

无。

（以上数据为市场部分厂家产品参数，不同厂家各有差别，仅供参考）

价格区间 | PRICE RANGE

200~2 000 元 /m²

天然皮革又称真皮根据其材料不同加工工艺的不同价格差异较大。

（以上价格仅为市场普通中端产品价格，材料价格会因不同项目、不同品牌以及订制等多方原因有较大浮动，仅供参考）

设计注意事项 | DESIGN KEY POINTS

天然皮革纹路清晰饱满，色泽亮丽，易翻新，手感好，耐污性能优良。

可广泛应用于家庭、酒店、高端会所等软包及硬包装饰。

天然皮革的天然油脂会随时间变久或使用次数的增加而渐渐减少，因此要定期做清洁处理。

天然皮革应避免雨和汗水等水分。遇水浸湿时，可能会产生掉色或污点。

天然皮革长时间在太阳光下曝晒，会有变色的可能。

注意皮革的使用对加工工艺的需求较高。

品牌推荐 | BRAND RECOMMENDATION

相关厂商详细信息，请参见附录品牌索引：

殷港、达明、欧雅、长堤。

（以上推荐仅为市场少数优秀品牌，供设计师参考学习。同一品牌实际可能涉及多种产品，更多详细内容可登录随书小程序）

施工及安装要点 | CONSTRUCTION INTRO

天然皮革施工工艺：

（1）基层处理

天然皮革硬包，要求基层牢固，构造合理。如果是将它直接装设于建筑墙体及柱体表面，为防止墙体柱体的潮气使其基面板底翘曲变形而影响装饰质量，要求基层做抹灰和防潮处理。通常的做法是，采用 1：3 的水泥砂浆抹灰做至 20mm 厚，然后刷涂冷底子油一道并作一毡二油防潮层。

（2）木龙骨及墙板安装

当在建筑墙柱面做天然皮革装饰时，应采用墙筋木龙骨，按设计图纸的要求进行分格或按平面造型形式进行划分。常见形式为 450~450mm 见方划分。固定好墙筋之后，即铺钉夹板作基面板；然后以天然皮革包填塞材料覆于基面板之上，采用钉将其固定于墙筋位臵置。

（3）面层固定分块固定法

这种做法是先将天然皮革与夹板按设计要求分格，划块进行预裁，然后一并固定于木筋上。安装时，以五夹板压住天然皮革或人造革面层，压边 20~30mm，用圆钉钉于木筋上，然后将天然皮革或人造革与木夹板之间填入衬垫材料进而包覆固定。

木龙骨基层

大芯板基层

分块固定法

三亚艾迪逊酒店

设计：I.S.C Design Studio & Cap Atelier

材料概况：各式白橡木木餐椅、米色天然皮革和天然灰色内饰。

商业学校中庭扩建项目

设计：IO Studio

材料概况：所有室内家具由 IO 工作室量身打造，只使用天然材料、天然橡木、天然皮革和钢材。

Maredo 牛排屋柏林旗舰店

设计：Ippolito Fleitz Group

材料概况：内饰选材注重天然特质，例如原木和真皮，并在大厅里采用树干和麻绳划分空间。

澳大利亚 Abbots & Kinney 糕点店

设计：Studio-Gram

材料概况：每一个连接构件，包括皮革包裹的垃圾桶，都是专门订制的。

PVC 人造皮革 | PVC Artificial Leather

材料简介 | INTRODUCTION

PVC 人造皮革是聚氯乙烯人造革的简称，也称 PVC 革，是在织物上涂覆 PVC 树脂、增塑剂、稳定剂等助剂制成的糊，或者再覆合一层 PVC 膜，然后经一定的工艺过程加工制成的。制品强度高、成本低，并且装饰效果好、防水性能好、利用率高，但大多数手感和弹性仍无法达到真皮的效果；纵切面有气泡孔、布基或表层的薄膜和人造纤维。可做各种箱包、座套、衬里等，在装饰中多用在软硬包上。

材料性能及特征 | PERFORMANCE & CHARACTER

PVC 人造皮革的传统产品为聚氯乙烯人造革，后来又出现了聚烯烃革、尼龙革等新品种。PVC 人造皮革在组成、结构、外观上与天然皮革很相似，几乎可在任何使用皮革的场合取而代之，用于制作多种日用品及工业用品。

（1）革面粒纹细致，颜色均匀一致，无起层、裂面现象。

（2）革身丰满柔软而有弹性，厚薄均匀一致。

（3）革里洁净，无油腻感，发泡均匀。

（4）有一定强度、韧性、弹性、耐磨度、耐寒度。

（5）装饰效果好、图案色彩丰富、环保阻燃、质轻、易加工、价廉。

（6）透气性差，低温变硬而导致屈挠性差、产生龟裂和耐滑性差，手感不佳。

产品工艺及分类 | TECHNIC & CATEGORY

PVC 人造皮革在制造过程中要先将塑料颗粒热熔搅拌成糊状，按规定的厚度均匀涂覆在 T/C 针织布底基上，然后进入发泡炉中进行发泡，使其具有能够适应生产各种不同产品、不同要求的柔软度，在出炉的同时进行表面处理（染色、压纹、磨光、消光、磨面起毛等，主要是依照具体的产品要求来进行）。

PVC 人造皮革除按基材和结构可分若干类外，一般按生产方法分为如下几种：

涂刮法 PVC 人造革 [直接涂刮法 PVC 人造革、间接涂刮法 PVC 人造革，又叫转移法 PVC 人造革（包括钢带法和离型纸法）]；

压延法 PVC 人造革；

挤出法 PVC 人造革；

圆网涂布法 PVC 人造革。

从用途上又可分为鞋用、箱包用、装饰材料等若干种。对同一种 PVC 人造革来说，按不同的分类方法，可分别属不同类别，如市布人造革，既可制成普通涂刮革，也可制成泡沫革。

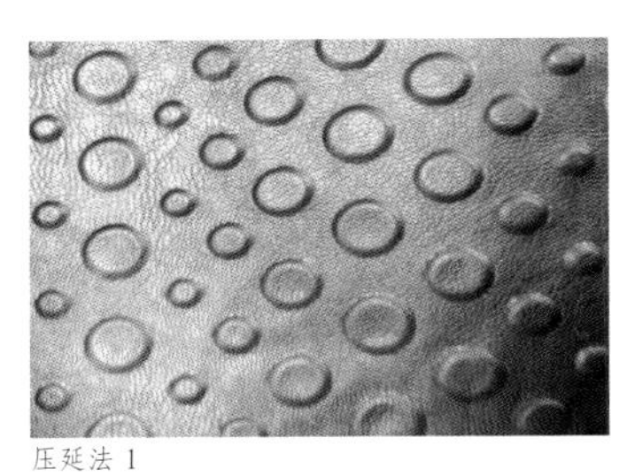

压延法 1

压延法 2

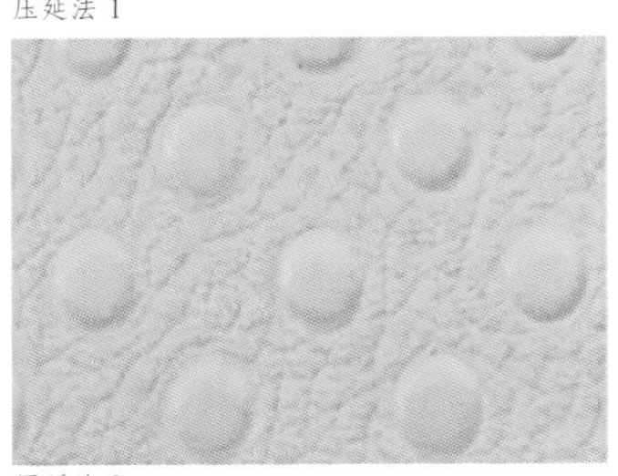

压延法 3

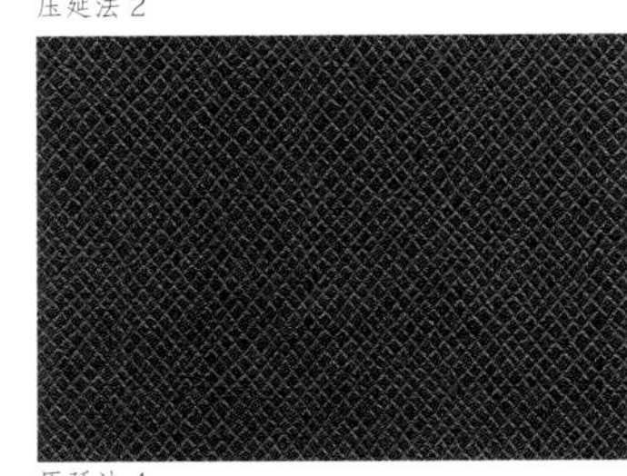

压延法 4

箱包及装饰用途

涂刮法

刺绣无框装饰皮画 1

刺绣无框装饰皮画 2

常用参数 | COMMON PARAMETERS

厚度：（0.5±0.05）mm；
撕裂强度：经向≥ 12N；纬向≥ 10N；
剥离强度（经向、纬向）：≥ 12N；
耐摩擦色牢度：≥ 4 级；耐寒性能：-15℃，无裂口。

（以上数据为市场部分厂家产品参数，不同厂家各有差别，仅供参考）

价格区间 | PRICE RANGE

200~1 000 元 /m²

PVC 人造皮革宽幅通常在 1.4m 左右，材料价格按米计算，价格一般在每米几块钱到几百元不等。软硬包报价包括材料及人工费用，大约 200~1 000 元 /m²， 因选材及地区不同，价钱会有所差异。

（以上价格仅为市场普通中端产品价格，材料价格会因不同项目、不同品牌以及订制等多方原因有较大浮动，仅供参考）

设计注意事项 | DESIGN KEY POINTS

除了做箱包、座椅外，PVC 人造革还适用于家装、移门、电视背景、KTV 装修、墙面软包、家居皮革、沙发革、家具皮革等。

品牌推荐 | BRAND RECOMMENDATION

相关厂商详细信息，请参见附录品牌索引：
殷港、达明、欧雅、长堤。

（以上推荐仅为市场少数优秀品牌，供设计师参考学习。同一品牌实际可能涉及多种产品，更多详细内容可登录随书小程序）

施工及安装要点 | CONSTRUCTION INTRO

PVC 人造皮革软硬包工艺流程：
基层处理→分割排版→背板制作→固定安装→面料包饰→海绵填充（硬包不填海绵）→自检验收→成品保护。

（1）基层处理
土建抹灰干燥后，进行空鼓与平整度检测。基层龙骨一般为木龙骨或轻钢龙骨，基层板可采用阻燃板和石膏板基层，建议使用轻钢龙骨石膏板基层，具有符合消防要求及不易变形的优点。

（2）分割排版
按设计图纸和与相邻饰面关系进行排版分割，尽量做到横向通缝，板块均等。检查机电线盒及设备位置与软、硬包板块关系，取居中位置。

（3）背板制作
按软包背板一般选用多层板、中纤板（封油），硬包一般选用多层板、中纤板（封油）、玻镁板、离心玻璃棉。软包上如有插座或设备，在背板上预留木板基层，板厚需同填充棉厚度，保持安装时不会出现下凹现象。

（4）海绵填充
软包填充物有海绵、离心棉、阻燃橡塑棉，填充需要略高于实木手边线条 1~2mm，防止线条露边。填放时用万能胶粘于底板，保持平整无松动。

（5）面料包饰
按面料纹理排版剪裁时注意调整方向，如遇异形硬包，要注意面料损耗。包饰用码钉枪固定或万能胶黏接，按面料的柔韧性及花纹方向固定。

（6）固定安装
固定方法有枪钉、万能胶、玻璃胶、魔术贴，如是移门，隔断木板基层上建议使用魔术贴，不破坏面料、无钉枪施工，安装、拆卸方便。

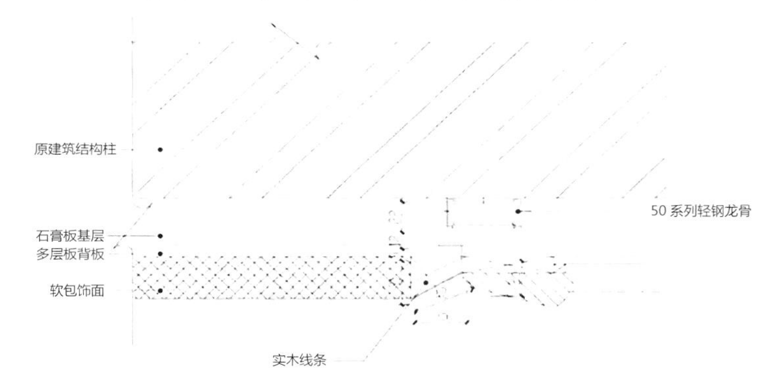

木龙骨基层

PVC 人造革软包 1

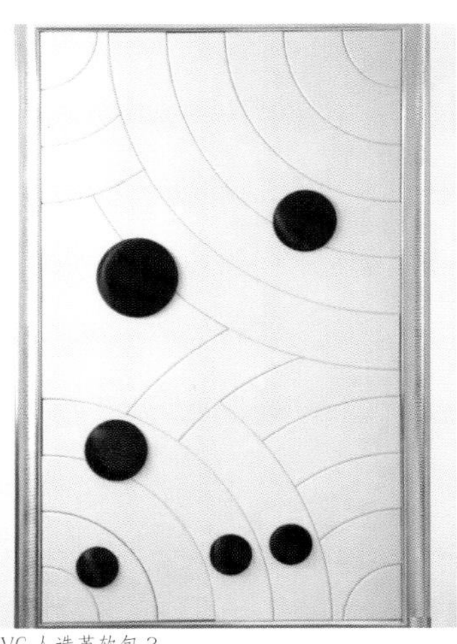
PVC 人造革软包 2

极食餐厅

设计：Atelier I-N-D-J

材料概况：设计师采用了深色皮革的椅子和深木色桌子作为设计语汇，深色的家具和白色的天花形成了戏剧性的冲突。

淡水名宅

设计：水相设计

材料概况：空间中利用中性的色彩，如米色系的皮革主墙、米灰色的地坪、浅棕绿色系的花岗石背墙与米白洞石主墙等大地色系，让空间画面传递平和稳定的情绪。

1893 斯图加特足球俱乐部餐厅

设计：Ippolito Fleitz Group

材料概况：餐厅的中间是 VIP 区，这一区域借助木质平台略有升高，四周包围的人造皮革长椅同时将其分隔开来。

家装应用

材料概况：PVC 人造皮革可运用于电视背景墙等软包墙面。

PU 合成革 ｜ Poly Urethane Leather

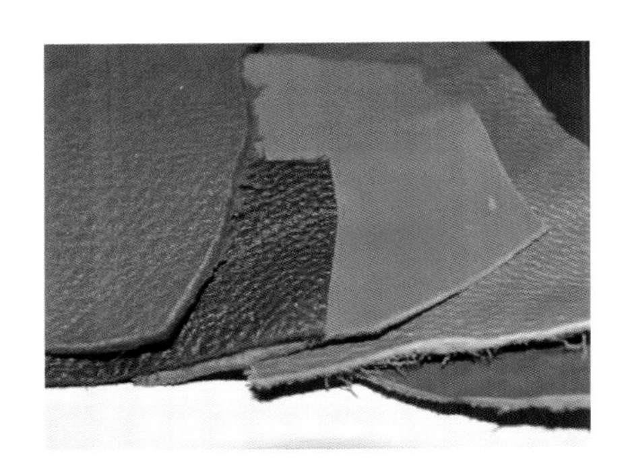

材料简介 ｜ INTRODUCTION

PU 合成革就是聚氨酯成分的表皮制成的皮革。现在广泛适用于做箱包、服装、鞋、车辆和家具的装饰，它已日益得到市场的肯定，其应用范围之广，数量之大，品种之多，是传统的天然皮革无法满足的。PU 皮革其质量也有好坏，好的 PU 皮革甚至比真皮价格还昂贵，定型效果好，表面光亮。

材料性能及特征 ｜ PERFORMANCE & CHARACTER

PU 合成革用于代替 PVC 人造革，它的价格比 PVC 人造革要高。从化学结构来说，它更接近皮质面料，它不用增塑剂来达到柔软的性质，所以它不会变硬、变脆，同时具有色彩丰富、花纹繁多的优点，价格又通常比皮质面料便宜，所以受到消费者的欢迎。

还有一种就是 PU 配皮，一般其反面是牛皮的第二层皮料，在表面涂上一层 PU 树脂，所以也称贴膜牛皮。其价格较便宜，利用率高。其随工艺的变化也制成各种档次的品种，如进口二层牛皮，因工艺独特、质量稳定、品种新颖等特点，为目前的高档皮革，价格与档次都不亚于头层真皮。PU 皮与真皮各有特点，PU 皮外观漂亮，好打理，价格较低，但不耐磨，易破；真皮价格昂贵，打理麻烦，但耐用。

（1）强度高，薄而有弹性，柔软滑润，透气透水性好，并可防水。

（2）低温下仍具有较好的抗张强度和挠曲强度，有较好的耐光老化性和耐水解稳定性。

（3）不耐磨，外观和性能均接近天然皮革，易洗涤去污，易缝制。

（4）表面光滑紧密，可进行多种表面处理及染色，品种多样，价格比较低。

（5）吸水不易膨胀、变形，环保。

产品工艺及分类 ｜ TECHNIC & CATEGORY

牛巴革：经过拉绒和浅黄色上色，将其表面加工成类似于绒面革细毛的头层皮。由于它是一种头层皮，因此，虽然拉绒程序也在一定程度上削弱了皮革强度，但是它仍然比一般的绒面革牢固许多。

疯马革：手感光滑，更柔韧结实，弹性足，手推表皮会产生变色效果，材质必须为天然头层动物皮胚，由于马皮具有天然的光滑度和强度，所以多数采用头层马皮，但由于此皮革制皮工艺耗时多、原料相对少、成本高等特点，所以疯马革仅在中高端皮革市场中多见。

PU 镜面革：表面光滑，主要把革皮经过处理，使表面光亮耀人，显出镜面之效果，所以称之为镜面革，其材质并不十分固定。

超细纤维合成革：是一种用极细的纤维做成的新型高档次的人造皮革，有人称其为第四代人工皮革，可与高级天然皮革相媲美，具有天然皮革所固有的吸湿透气性，并且在耐化学性、防水、防霉变性等方面超过天然皮革。

水洗革：两年前才流行起来的复古 PU 皮革，就是在 PU 皮上涂刮一层水性涂料，然后经过加酸放入水洗，破坏水洗皮表面涂料的结构，使其表面凸起的地方褪色显现底色，而凹下去的地方则保留原有颜色。水洗皮是人造的，外观及手感与真皮十分相似，虽然没有真皮的透气性好，但比真皮轻便，而且可以水洗，价格比真皮便宜许多。

湿气固化革：它是用聚氯乙烯树脂、增塑剂和其他配合剂组成的混合物，涂覆或贴合在织物表面，经一定的加工工艺过程而制成的塑料制品。另外，也有基材两面均为塑料层的双面聚氯乙烯人造革。

变色皮革：用变色树脂添加进皮革的 PU 面层和 BASE 层，经过浸润，再后加工进行离型纸贴面或者压纹，印刷而制成。经过热压机的热力压力作用后，热压变色革的表面受到类似碳化反应，模仿真皮遇高温被烧焦后留下的印记，导致被热压面颜色的色阶变深，故称作热压变色革。

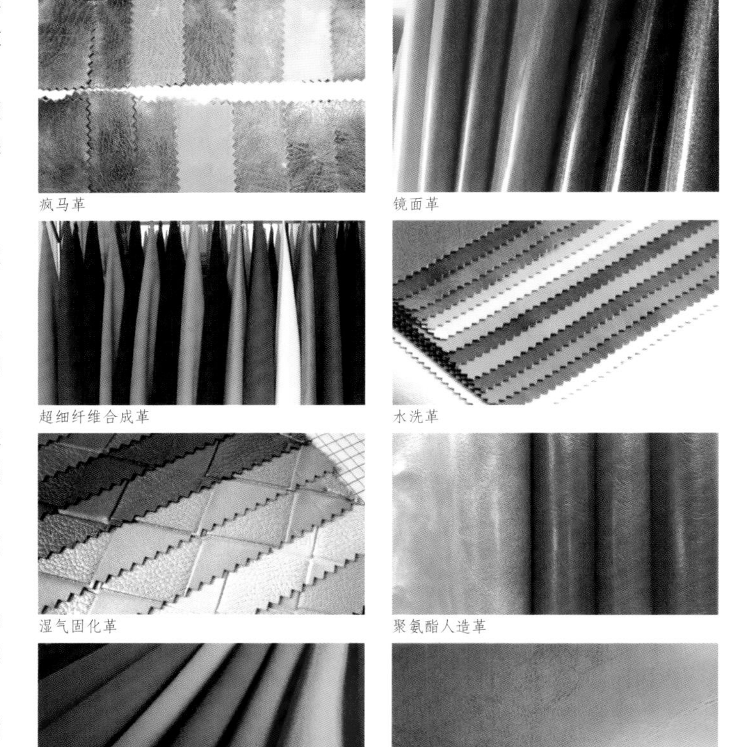

疯马革　镜面革

超细纤维合成革　水洗革

湿气固化革　聚氨酯人造革

牛巴革　热压变色革

常用参数 | COMMON PARAMETERS

撕裂力：10N 及以上。

（以上数据为市场部分厂家产品参数，不同厂家各有差别，仅供参考）

价格区间 | PRICE RANGE

100~1 500 元 /m²

PU 皮革价格受到材质、工艺的影响，价格有较大的差异。人造皮面料通常在 100~200 元 /m²，皮质的自然要贵很多，加上不同填充料和其他材料费，一般价位在 400~800 元 /m²，当然好的材质会更贵。如果算上人工费，价格都要上千元了。

（以上价格仅为市场普通中端产品价格，材料价格会因不同项目、不同品牌以及订制等多方原因有较大浮动，仅供参考）

设计注意事项 | DESIGN KEY POINTS

PU 皮革可用于软包、家具等位置。

品牌推荐 | BRAND RECOMMENDATION

相关厂商详细信息，请参见附录品牌索引：
殷港、达明、欧雅、长堤。

（以上推荐仅为市场少数优秀品牌，供设计师参考学习。同一品牌实际可能涉及多种产品，更多详细内容可登录随书小程序）

施工及安装要点 | CONSTRUCTION INTRO

施工流程：

（1）铺底板：在墙上进行基板铺设，以作型条的加固，并根据设计绘制图案。

（2）订材：根据之前的规划按一定的顺序订装，注意交叉部分需要将固定部位去掉缺口，曲线订装的型条应先做成锯齿状。

（3）填充：将海绵做成合适的尺寸，边幅视海绵的厚度稍微增大一点，利用插刀插入。注意不可插到底，等面料规定后再修整。一样的面料不用裁剪，只要填好中间的缝隙，再延展即可。

（4）插面料：墙面和木线条附近可直接插缝，事先需在缝隙边缘适当加点胶水。若面料薄，可通过粘贴使得面料变厚，在其上盖上收边面料，插入夹缝。

（5）贴脸或装饰边线：先刷油漆，再铺贴装饰板，调整形状达到要求后，即可固定和安装贴脸或装饰边线。最后再刷镶边油漆。

（6）修整：修整工作包括清理、扫尘、钉粘保护膜的钉眼以及处理胶痕等。

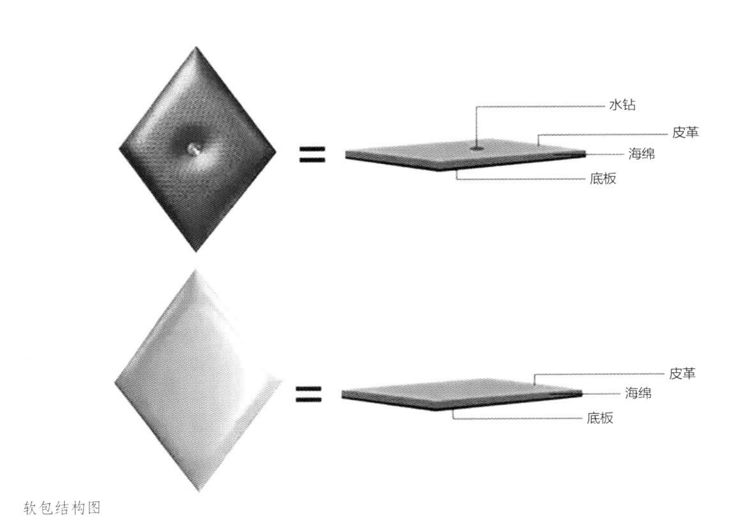

软包结构图

山隐朴风别墅

设计：绵阳逸品装饰

材料概况：PU 皮革软包显示出大气的风格。

南京泛悦城市广场会所

设计：上海多姆设计

材料概况：PU 皮革打造的沙发，真丝编织纹路的地毯，米黄色木纹大理石砖。

郑州林溪湾样板别墅

设计：KKD

材料概况：PU 皮革软包工艺体现了现代都市品味生活的大都会风格，演绎轻奢概念，用对生活细节的极致把控提升建筑的居住价值。

波兰克拉科夫市市立美术馆

设计：BudCud

材料概况：简洁的 PU 皮革和透明硬纱作为分隔空间的标志，并为整体功能性布局烘托气氛。

L 隔断 PARTITION

隔断行业是紧紧围绕房屋建筑完成后的装饰及设计需求所形成的新兴产业，房屋建筑需求越大，隔断行业的价值与活力就越能够得到体现。隔断是指专门作为分隔室内空间的立面，最广泛地应用于办公空间，可使空间得到更加灵活的应用。在酒店的宴会厅及多功能会议厅，为了使空间能实现多种用途，也大量使用活动隔断。隔断具有易安装、可重复利用、可工业化生产、防火、环保等特点，按形状可分为高隔断和低隔断；按性质可分为固定隔断和活动隔断；按材质可分为玻璃类、金属板类、木材板类和复合材料类等。

隔断在室内设计中应用非常广泛，是典型的模块化产品，非常适于工厂化预制和现场组装，未来的趋势是可拆卸、可回收、可循环利用。

办公隔断的工艺也在不断创新，边框的设计越来越精致，细节越来越有技术含量，明框逐渐被隐框系统替代，可与墙、门一体化组合。

办公隔断在一些极简的现代空间里有一系列创新的理念，比如与多媒体墙的结合，用于会议室的白板墙、电话亭、谈话间等等。

还有一系列将隔断与软包墙面系统一体化的案例实践，各种材料的组合集成于同一个墙面，在工业化生产和施工上更有优势，在美学上更加简洁。

办公隔断

装饰门 | Decorative Doors

材料简介 | INTRODUCTION

装饰门具有空间的隔断效果，并起到一定的装饰作用，让不同功能及样式的空间呈现不同的体验以及视觉功效，同时增强防盗的作用，提供更多安全保障。装饰门主要包括木门、金属门和玻璃门等。

木门根据构造和用材的不同，目前市场上常见的有三种：实木门、实木复合门和夹板模压门。

金属门有极佳的装饰效果，具现代感，美观大方，能为建筑物增光添彩，多用于入户门。

玻璃门具有很强的通透性，通常和玻璃隔断组合在一起使用，可以使空间显得更加宽敞明亮，因此广泛应用于办公楼、酒店、宾馆、展厅及别墅住宅等。

材料性能及特征 | PERFORMANCE & CHARACTER

（1）木装饰门具有天然的木纹纹理和色泽，外观华丽，雕刻精美，而且款式多样，具有木材的真实质感。木门所用木材通常要求烘干，实木门的含水率标准应低于 12%，如果实木脱水处理不过关，做成木门后，门体易变形、榫连接处开裂、门芯板收缩露白。木门按风格可分为：欧式复古、现代简约、中式、美式等，可根据不同的装饰风格进行适当搭配。由于木门是由木材加工而成，密度大，门板厚，重量沉，所以木门具有良好的吸音性，能有效起到隔音效果，保证私密性。

（2）金属装饰门坚固、具有金属独特的质感，具有很多优秀的性能，其中大多数是玻璃门和木门不能比拟的。金属门最大的特点就是坚固耐用，因为它们是使用金属或者合金制作而成，通常用于大门，坚固的材质使其拥有极强的防盗性和防磨损性。金属门除了防盗性能好外，它的防火性也非常好，木门和玻璃门的防火阻燃性能都有限，而金属门的防火阻燃能力是它们的几倍。所有门产品除了安保性能外，都要求具有隐私保护性，尤其要能够隔音，木门的隔音效果比玻璃门好，而金属门的隔音效果更是远超木门。金属门的款式非常多，能够满足各种设计风格，有的金属门设计更如同艺术品一样。

（3）玻璃装饰门是比较特殊的一种门，其玻璃分钢化玻璃和普通浮法玻璃，一般采用厚度为 12mm 规格的玻璃材质制作，采用钢化玻璃既坚固又安全。玻璃门的特征是由玻璃本身的特征决定的，例如采用钢化透明玻璃时，门扇就具有通透功能，而采用磨砂玻璃时，则具备半透光功能。

产品工艺及分类 | TECHNIC & CATEGORY

木门按材料可分为：实木复合门、实木门和夹板模压门。

实木复合门的门芯多以松木、杉木或者进口填充材料等黏合而成，外贴密度板和实木木皮，经高温热压后制成，并用实木线条封边。实木复合门还具有保温、耐冲击、阻燃等特点，隔音效果同实木门基本相同。

实木门是以取自森林的天然原木做门芯，干燥处理后，经下料、刨光、开榫、打眼、高速铣削等工序科学加工而成。

全木门是以天然原木材做门芯，平衡层采用三合板替代密度板，具备原木的特性与环保性，工艺上解决了原木的不稳定性。

金属门按材料分类可分为：铜门、不锈钢金属门、铝合金金属门和铁质金属门。

铜门是最好的防盗材料之一，它有很好的防火，防撬，防腐的功能。但是其价格相对昂贵，目前大多用于高档别墅，写字楼及高档的私人会所。

不锈钢金属门比较坚固耐用，安全性能强，色泽持久艳丽，永不生锈，而且使用周期长， 很少需要后期的维修，无需太多的护理。

铝合金金属门主要优点是硬度较高，且色泽艳丽，相对于不锈钢金属门样式多，而且还能加上图案纹饰，也不易腐蚀和褪色。

铁质金属门运用时间较早，也是应用最广泛的。目前一般用于入户大门，因其容易被腐蚀，易生锈、掉色，且线条比较生硬，对于现代家居装饰分割来说，一般不建议选择此类金属门。

装饰玻璃门采用的玻璃包括磨砂玻璃、压花玻璃、刻花玻璃、釉面玻璃、喷花玻璃、冰花玻璃、乳化玻璃等，主要是制作的花纹不同。其色彩各异，光泽感观效果好，富有极佳的装饰效果，同时具有耐腐蚀、易清洗、抗冲刷等特点。

全木门

铜门

铜门

铁质金属门

实木入户门

玻璃装饰门

常用参数 | COMMON PARAMETERS

木门重量：≥ 600kg/m³；平均含水率：10%±2%。
金属门门框用钢板厚度：≥ 1.5mm；门扇用钢板厚度：≥ 0.6mm；
漆膜经耐湿热试验后：≥ 2 级。

（以上数据为市场部分厂家产品参数，不同厂家各有差别，仅供参考）

价格区间 | PRICE RANGE

1 000~10 000 元 / 樘

根据材质的不同，木门的价格区间较大。中低档的实木复合门价格在 1 000~2 000 元 / 樘，2 000 元 / 樘以上的属于较高档的；一般实木门的价格在 3 000~4000 元 / 樘；原木门价格最贵，使用高档木料的原木门价格在 5 000 元 / 樘以上。
铜门的价格一般在 4 000~6 000 元 /m²。
玻璃门根据玻璃厚度的不同、做法的不同，价格也不一样。一般玻璃越厚的越贵，钢化玻璃比普通浮法玻璃要贵，一般在 50~300 元 /m²。

（以上价格仅为市场普通中端产品价格，材料价格会因不同项目、不同品牌以及订制等多方原因有较大浮动，仅供参考）

设计注意事项 | DESIGN KEY POINTS

金属门因为施工顺序问题，一般是主附框结构需分工，如果要求智能锁控制，设计上要预留接线口。大多数进口门的五金锁具是一体化的，需要找系统供应商配合服务。另外，在公建项目上，目前隐藏式铰链不能通过消防验收。
木门选择时在木材吸水率控制、木材防腐、防虫处理，以及木材的脱酸脱脂处理上建议考虑品牌厂家或达到相关验收要求的产品。另外，表面油漆按国际环保最新要求，采用水性油漆。
门的选择还应考虑系统五金的匹配度。

品牌推荐 | BRAND RECOMMENDATION

相关厂商详细信息，请参见附录品牌索引：
TATA、梦天、松下、门老爷、大宅门。

（以上推荐仅为市场少数优秀品牌，供设计师参考学习。同一品牌实际可能涉及多种产品，更多详细内容可登录随书小程序）

施工及安装要点 | CONSTRUCTION INTRO

木门施工流程：测量门洞尺寸→安装门框→安装门扇→安装五金件→成品保护。

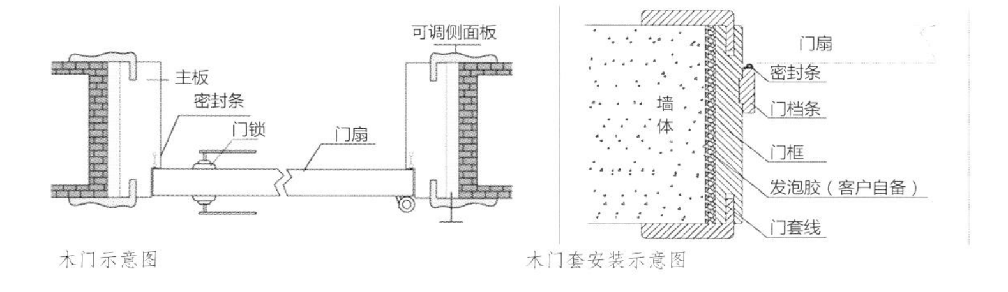

木门示意图　木门套安装示意图

铜门制作：
（1）制作铜门内龙骨：采用成品方通型材（40mm×80mm）焊接成型，并做防锈处理；
（2）内衬木板：木板与内龙骨之间用铆钉固定，并做防腐处理。
铜门组装：
（1）采用铜专业硅胶将铜门固定在制作好的铜门骨架上，等 24h 木板与铜板完全黏合（胶完全凝固）；
（2）将地弹簧门上配件固定于门体上，装上门锁。
铜门安装：
（1）运输产品至现场，对整体铜门主框架进行氧化铜板外包安装；
（2）将地弹簧天地轴固定于铜门主框架及地面上；
（3）将制作好的铜门固定于地弹簧的天地轴上，进行门缝调整、地锁地下配件安装；
（4）将制作好的铜门拉手安装到铜门上；
（5）最后根据开启要求对地弹簧开启速度及角度一一进行调节；
（6）所有安装结束后，清理现场，打扫卫生，至此安装完毕。

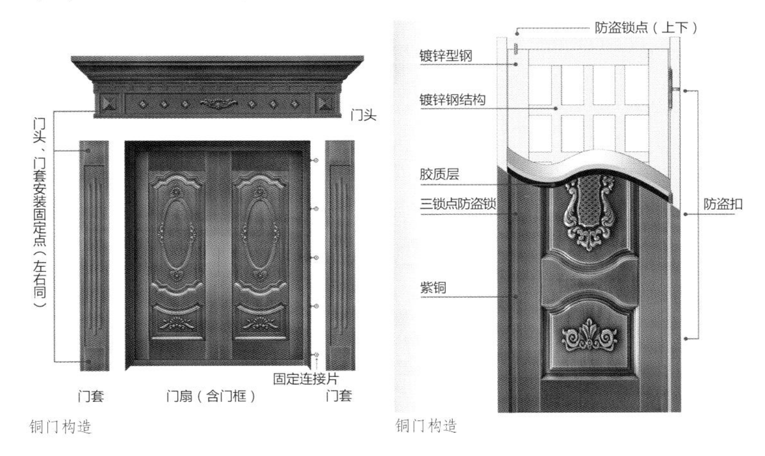

铜门构造　铜门构造

玻璃门施工流程：门洞定位、放线→安装框顶部限位槽→安装金属饰面的木底托→安装竖向门框→安装玻璃→安装玻璃门扇上下门夹、锁夹→门扇定位安装→安装玻璃门拉手。

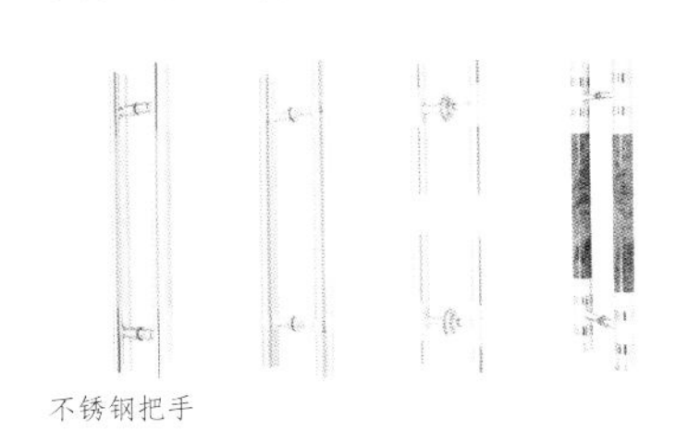
不锈钢把手

地弹簧和上顶轴

中国国家博物馆

设计：gmp

材料概况：装饰门的运用使得博物馆大气、典雅。

北京高档别墅

材料概况：看似随意而为的线条，实则取自有虚有实的泼墨皴法，勾勒山形水势，把刚柔并济的人生境界体现得恰到好处，而且每一扇门的面板山水浮雕样式也绝不雷同。

ZieZo Marokko

设计：Kossmann.dejong

材料概况：在每扇门的背后都隐藏着一个五彩纷呈，与洁白宁静城市街道截然相反的小世界。

巴塞罗那分散式生活公寓

设计：Sarriera + Weinstock (Sa-Wei)

材料概况：特制铁门、玻璃移门为公寓提供了良好的私密性。

功能门 | Functional Doors

材料简介 | INTRODUCTION

室内设计与装饰中常用的功能门包括防火门、自动门等。

防火门是指在一定时间内能满足耐火稳定性、完整性和隔热性要求的门。它是设在防火分区间、疏散楼梯间、垂直竖井等具有一定耐火性的防火分隔物。防火门除具有普通门的作用外，更具有阻止火势蔓延和烟气扩散的作用，可在一定时间内阻止火势的扩大。

自动门是指可以将人接近门的动作（或将某种入门授权）识别为开门信号的控制单元，通过驱动系统将门开启，在人离开后再将门自动关闭，并对开启和关闭的过程实施控制的系统。从理论上理解应该是门的概念的延伸，是门的功能根据人的需要所进行的发展和完善。

材料性能及特征 | PERFORMANCE & CHARACTER

防火门是能够阻止火势迅猛发展的门，对于确保人员疏散、减少火灾损失起到重要的作用。

（1）防火门的性能有：抗燃烧、阻燃时间长、阻止火势蔓延、隔热、隔烟、耐冲撞、受热变形率低；

（2）防火门在建设工程使用中：也给商场、会所、各类室内场所增添了一面安全防护盾。

随着社会的不断进步和发展，人们也在不断追求智能化、安全化、人性化的产品所带来的工作和生活方式，自动门为人们带来这样的使用效果：

（1）强化了建筑物装饰的美化功能。现在自动门广泛采用了新设计、新装饰材料和新的加工工艺，其造型和结构与建筑物更协调、更匹配，提高了建筑物自身的档次。

（2）可同时满足多种特殊功能。根据不同的应用场合和不同的需要，有多种特殊功能的自动门可供选择，例如多种形式的旋转门、可折叠的自动旋转门、可伸缩的庭院自动门等。

（3）减轻了人们出入门的劳动强度。当行人靠近自动门时，感应器传输感应信号给主控器后，门扇将会自动开启，自动化运行安全可靠，不用手动推拉门扇，极大地方便了人们的进出，并提高了通行的效率。

（4）密闭性能优越。自动门的密闭效果比一般门体要好得多，它可减少尘土、风沙的进入，隔音减噪，营造安静整洁的室内空间。

产品工艺及分类 | TECHNIC & CATEGORY

防火门按照制作用材可分为：木质防火门（代号：MFM）、钢质防火门（代号：GFM）、钢木防火门（代号：GMFM）。

木质防火门一般采用割角、拼缝工艺手法制造，表面严实平整、净光、磨砂。

钢质防火门是用钢质材料制作门框、门扇骨架和门扇面板，门扇内若填充材料，则填充对人体无毒无害的防火隔热材料，并配以防火五金配件所组成的具备耐热性能的门。

钢木质防火门也称铁皮防火门，这种门采用双层木板外包镀锌铁皮和双层木板单面镶石膏板外包铁皮制作，也可以采用双层木板、双层石棉外包铁皮。材料变换的目的是使产品升级，这种防火门的耐火极限在 1.2h 以上。

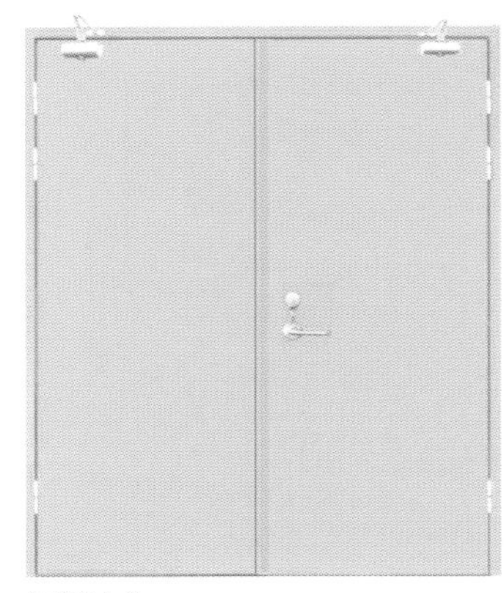

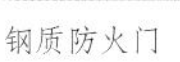
钢质防火门

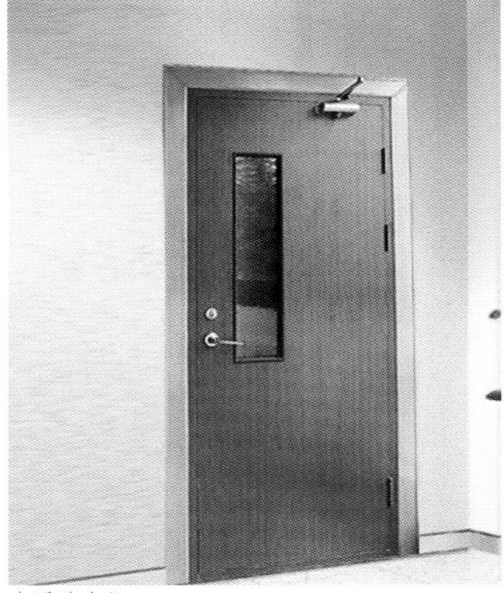
木质防火门

自动门的操作主要有三种方法：

脚踏板式：在踏板之下装有压力开关。

光电束式：在门的附近设置光束发射装置和光电传感装置。

按钮方式：用手按类似开关的按钮使门扇打开。自动门以滑动、铰链或折叠等方式启闭门扇。

自动门按照不同的标准有不同的分类方法：

根据门的结构特点，自动门主要分九大类，即自动旋转门、圆弧形自动门、平滑自动门、平开自动门、折叠自动门、伸缩式自动门、卷帘式自动门、提升式自动门及自动挡车器。

按启闭形式，可分为：推拉门、平开门、重叠门、折叠门、弧形门和旋转门。

门体材料有：安全玻璃、不锈钢饰面、建筑铝合金型材、彩色涂层钢板、木材等，也可采用其他材料，组成的常见种类有无框玻璃自动门、不锈钢框玻璃自动门和铝合金框（刨光或氟碳喷漆）玻璃自动门。

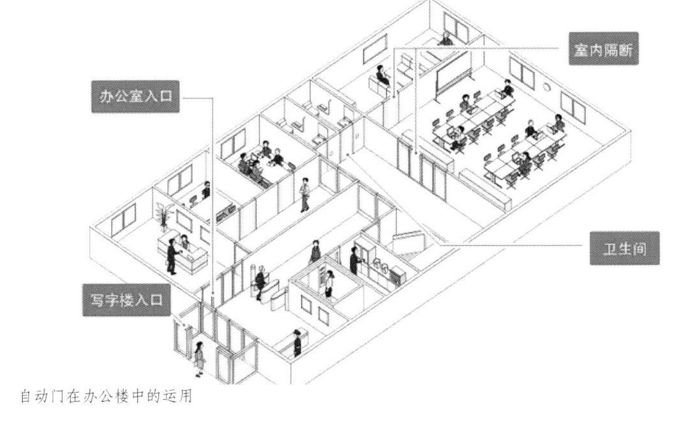

自动门在办公楼中的运用

常用参数 | COMMON PARAMETERS

甲级钢质防火门：耐火极限 1.2 h，门厚 50 mm，门框钢板厚度 1.2 ~ 1.5mm，门扇钢板厚度 0.8 ~ 1.2mm，门扇填充硅酸铝纤维；
乙级钢质防火门：耐火极限 0.9 h，门厚 50 mm，门框钢板厚度 1.2 ~ 1.5mm，门扇钢板厚度 0.8 ~ 1.2mm，门扇填充硅酸铝纤维；
丙级钢质防火门：耐火极限 0.6 h，门厚 45 mm，门框钢板厚度 1.2 ~ 1.5mm，门扇钢板厚度 0.8 ~ 1.2mm，门扇填充岩棉。

（以上数据为市场部分厂家产品参数，不同厂家各有差别，仅供参考）

价格区间 | PRICE RANGE

1 000~8 000 元 / 樘

钢质防火门价格可以按平方，也可以按樘计算，价格大致在 450~650 元 /m²。木质防火门价格在 240~450 元 /m²，木质防火门按照耐火时间的不同，使用位置不同，产品厚度不同，价格相差在 10~30 元 /m²。好的木质防火门也有在 1 000 元 /m² 左右。钢木质防火门同木质防火门一样，特殊木质防火门比钢木质防火门贵。
自动门整体价格主要分为两部分，自动门机部分和门体及施工费用。整体自动感应门可根据以下公式计算：价格 = 门机价格 + 门洞口面积 × 门体单价。

（以上价格仅为市场普通中端产品价格，材料价格会因不同项目、不同品牌以及订制等多方原因有较大浮动，仅供参考）

设计注意事项 | DESIGN KEY POINTS

需采用符合现场使用级别的防火门，机房、设备间采用甲级防火门，通道使用乙级防火门，采用带玻璃的防火门或是玻璃防火门，管井等处采用丙级防火门。
自动门的固定玻璃门扇、活动玻璃门扇应贴上醒目标志，以避免行人不慎冲撞自动门玻璃。
自动门附近不要放置摩擦、碰撞门体的物体，以免影响门的正常开关。

品牌推荐 | BRAND RECOMMENDATION

相关厂商详细信息，请参见附录品牌索引：
森林、霍曼、俊通。

（以上推荐仅为市场少数优秀品牌，供设计师参考学习。同一品牌实际可能涉及多种产品，更多详细内容可登录随书小程序）

施工及安装要点 | CONSTRUCTION INTRO

防火门的安装要求高于普通门，是通过预埋铁件牢固地与门框焊接完成。门框应与墙身连接牢固，空隙采用耐热材料填实。防火门安装应比安装洞口尺寸小 20mm，安装避免锯刨，若有不可避免的锯刨，表面应该再刷防火涂料一遍。防火门必须安装闭门器。
闭门器工作原理：快速开门到一定位置后产生缓冲，而且缓冲力量与范围可以根据使用要求自行调节；闭门器用于防止用力快速开门时门或锁碰撞墙面，或应急逃生时防止人在快速开门时失重而向前倾斜倒地。

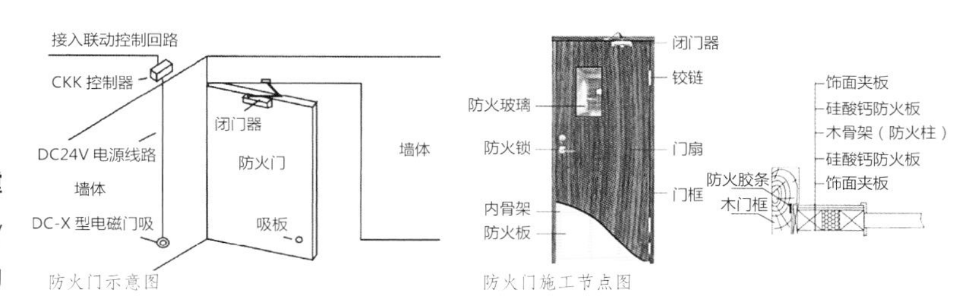

防火门示意图　防火门施工节点图

自动门施工准备：
（1）检查门洞口尺寸和支承梁是否符合要求以及预埋件位置和数量；
（2）自动门及各种零部件质量应符合现行国家标准、行业标准的规定，按设计要求选用，不得使用不合格产品；
（3）铝质门运到施工现场后，确保门体不与酸碱性化学物质接触；
（4）准备好安装自动门的机具和辅助材料。

自动门安装工艺流程：
洞口检查→地面导向轨安装→横梁及上部机箱安装→安装门扇→调试探测传感器及控制箱→安装五金、配件→清洗保护。

自动门施工要点：
（1）地面导向轨安装
铝合金自动门、无框全玻璃自动门均在地面装有导向性下轨道。地坪施工时，应在地面内预埋一根 50mm×75mm 的方木条。安装自动门时，取出方木条，将下轨道安放在预留槽内，并调整好位置，然后用砂浆固定牢固。下轨道长度应为开启门宽的 2 倍。
（2）上部机箱层横梁安装
自动门上部机箱横梁固定是自动门安装中的重点。常用的横梁固定方法按支承结构不同有两种（见图示）。
（3）微波传感器及控制箱等的调试
门扇安装后，对传感器、控制箱和机电装置应认真调试，保证探测距离、感应灵敏度、开闭速度符合设计和使用要求。

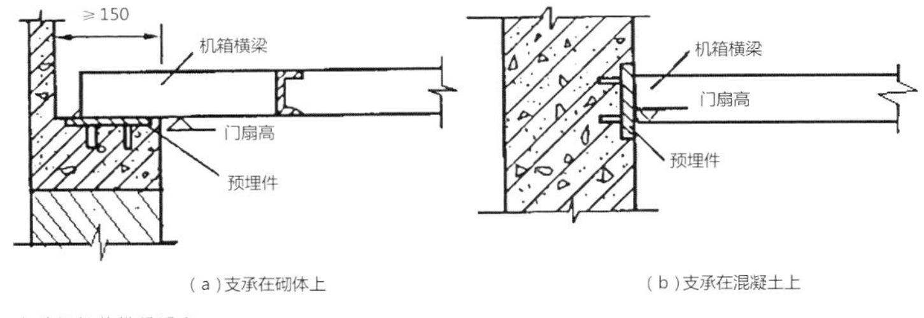

自动门机箱横梁固定

大连恒隆广场

设计：Aedas

材料概况：钢质防火门与整体设计相融合，不突兀。

酒店旋转门

材料概况：安装在主入口的旋转门管理着酒店住客进进出出，同时有效隔离了室内外气流以降低能耗。

公共走道

材料概况：公共走道尽头的防火门。

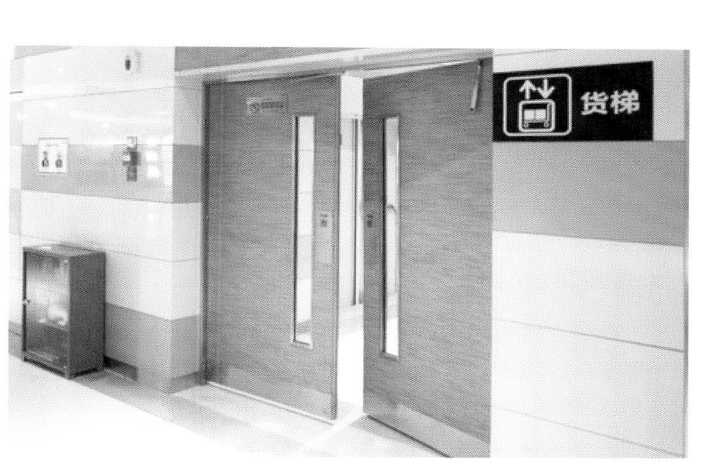

巴西 Fortaleza 摄影博物馆

设计：Marcus Novais Arquitetura

材料概况：摄影博物馆主入口使用的是平开自动门。

活动隔断 | Movable Partition

材料简介 | INTRODUCTION

活动隔断又叫活动隔墙、隔断、活动展板、活动屏风、移动隔断、移动屏风、移动隔墙、推拉门。活动隔断给人们的工作带来很大的方便，是一种根据需要随时把大空间分割成小空间或把小空间连成大空间、具有一般墙体功能的活动墙，能起一厅多能，一房多用的作用。

还有一种叫“超高型活动隔断”，是活动隔断技术日趋成熟完善的标志性产品，也有人叫“重型活动隔断”。超高型系列隔断可多方向单片式，顶部采用重型道轨和重型吊轮，可多方向、多角度灵活分割空间，适合大型国际会议厅、展览中心、宴会厅等场所使用。

材料性能及特征 | PERFORMANCE & CHARACTER

活动隔断是以玻璃、三聚氰胺板、防火板、彩钢板、石膏板等多种装饰材料面板制成的模块墙体。内心由铝合金框架及钢架制成，具有防火、防潮、隔音、环保、不变形等多功能。酒店的隔断布局，在色彩和表面装饰等方面可保持隔断后的简单精致，坚固耐用，空间多元化灵活运用和时尚的室内风格。活动隔断可大大提高空间的利用效率，实现空间的灵活分割，创造自由的空间；其异于传统固定墙体，优点在于可收可展，在需要一个空间时可展开来，不需要时可收起来到藏板间，不占用空间。

（1）可以进行拆除和重组，可以重复使用，更加经济实惠。收藏方便，收板时，隔板可以隐藏在专用储柜中，不影响整体美观。

（2）收放灵活：隔板收放自如，推动灵活，一个人就可以完成隔断收放整个过程。

（3）无地轨悬挂：地板无轨道，只需将轨道安装于天花板上，并且稳定安全，隔断后稳固可靠，不易摆动。

（4）隔热节能：隔热性能优良，可根据不同入座率，把大空间分割成小空间，以降低空调电耗。隔音环保，隔音效果好，最大隔音系数可达 65dB。

（5）美观大方：表面任意装饰，可与室内统一装饰效果。

（6）高效防火：采用高效防火材料制作，防火性能良好。

产品工艺及分类 | TECHNIC & CATEGORY

活动隔断大致分为拼装式、推移式、折叠式、悬挂式和卷式。

（1）拼装式：按使用要求可拆可装的活动隔断。由与房间顶棚同等高度或只有房间部分高度的轻质隔扇单元拼装而成。隔扇通常由木材或薄壁金属型材作框架，双面贴胶合板、纤维板或纸面石膏板。有的还在内部填蜂窝纸以增强刚度，或填矿棉等以提高隔音能力。

（2）推移式：由多片隔扇组成的可沿轨道推移的隔断。高度视需要而定，构造和拼装式活动隔断用的隔扇相同。这种隔断有下滑式和上滑式两种。下滑式的，下部装有滑轮，顶棚和地面装有槽式导轨，适用于自重较大的活动隔断。但是下滑式隔断的下部导轨藏于地面，容易积灰堵塞，且影响地面的使用和美观，采用不多。隔扇可根据分隔的宽度和重量用手推或电力移动。不分隔时，可将隔扇叠合在两侧或藏入藏板间。

（3）折叠式：由多片隔扇组成可以折叠的活动隔断。有宽扇式和窄扇式两种。宽扇式所采用的隔扇和推移式活动隔断所采用的相同，每片隔扇的上部采用一组可转变方向的滑轮安装在导轨上，用铰链把隔扇连接起来，不用时可折叠起来推入藏板间。

（4）悬挂式：把面积较大的隔扇悬挂在室内上部空间，用电动机调节升降的隔断，有的还可左右移动。空间可全封闭，也可部分分隔。这种隔断多用于上部可隐蔽的展览厅、观众厅和多功能大厅等建筑中，也用于录音厅以调节音量，还用于剧院舞台台口作为防火幕。

（5）卷式：由狭窄的木条、塑料片或金属片连接起来的、可卷可舒的隔断。金属片和塑料片可轧成铰链互相连接，木条则穿孔用绳索或金属丝连接起来。卷式隔断有水平式和垂直式。卷式隔断可用手动或电动，不论水平式还是垂直式均卷在卷筒上，卷拢后体积较小，可藏于墙内或顶棚上的贮藏箱内。

拼装式

推移式

推移式

折叠式

悬挂式 1

悬挂式 2

常用参数 | COMMON PARAMETERS

主要型号为 56 型、65 型、73 型、80 型、83 型、85 型、93 型、100 型、103 型、125 型、嵌框式玻璃屏风、全玻璃的 G40 型、半玻璃带伸缩的 G80 型。

超高型隔断的最大高度可达 17.5m，此隔断的焊钢结构能保证其强度和耐久性。

隔音系数：实验室数据为 63dB。

（以上数据为市场部分厂家产品参数，不同厂家各有差别，仅供参考）

价格区间 | PRICE RANGE

1 000~2 000 元 /m^2

活动隔断市场价格不一，质量一般的在 500~800 元 /m^2 左右，好一点的为 1 000~1 500 元 /m^2 以下，超高型的价格在 2 000 元 /m^2 以上，因为能使用这种型号的项目对品质的要求相对较高。

（以上价格仅为市场普通中端产品价格，材料价格会因不同项目、不同品牌以及订制等多方原因有较大浮动，仅供参考）

设计注意事项 | DESIGN KEY POINTS

活动隔断系列产品已经广泛应用在酒店、宾馆、、写字楼、金融机构、政府办公楼、医院、工厂等的多功能厅、会议室、宴会厅、展厅等多种场合，进行空间间隔的使用。

活动隔断在设计时应考虑收纳空间和轨道与天花造型相结合，以及藏板间门与墙面造型的统一，包括活动隔断表面材料的厚度。

暗藏轨道应注意天花结构的高度。

藏板间应避开建筑变形缝。

品牌推荐 | BRAND RECOMMENDATION

相关厂商详细信息，请参见附录品牌索引：

赫福高、大年、大来、安得顺。

（以上推荐仅为市场少数优秀品牌，供设计师参考学习。同一品牌实际可能涉及多种产品，更多详细内容可登录随书小程序）

施工及安装要点 | CONSTRUCTION INTRO

工艺流程：弹线定位→钉靠墙立筋、安装沿顶木楞→预制隔扇→安装轨道→安装活动隔扇→饰面。

（1）弹线定位：根据施工图，在室内地面放出移动式木隔断的位置线，引至侧墙及顶板；

（2）钉靠墙立筋、安装沿顶木楞：应结合吊顶工艺，按设计要求制作吊装木结构梁，用以安装移动隔扇的轨道；

（3）预制隔扇：测出活动隔断的高、宽净尺寸，并确认轨道的安装方式，然后计算隔断每一块的高、宽净尺寸，并绘出施工图；

（4）安装轨道：根据轨道的实际情况，提前安装好滑轮或轨道预留开口；

（5）安装活动隔扇：每相邻隔断用三副合页连接；

（6）饰面：根据设计要求按相关工艺进行施工装饰。

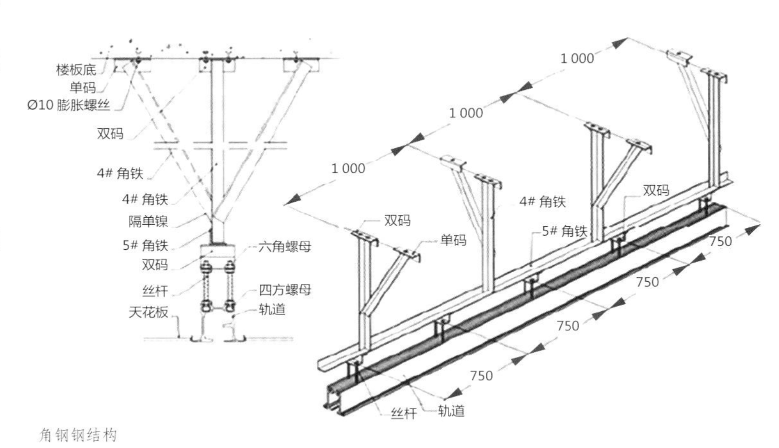

角钢钢结构

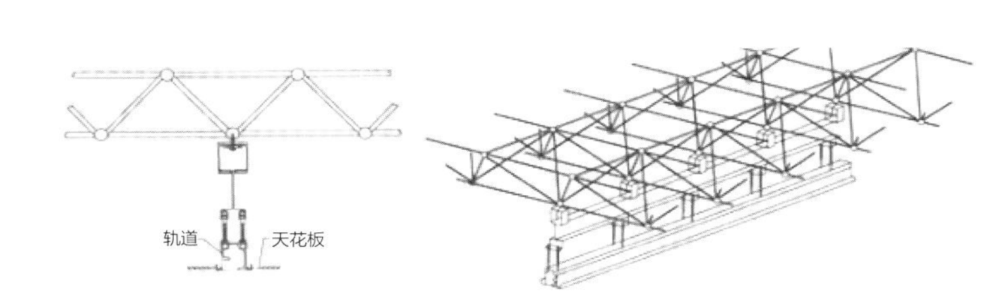

球形钢架结构

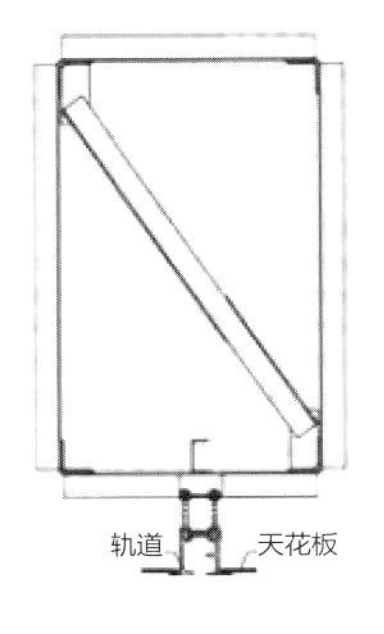

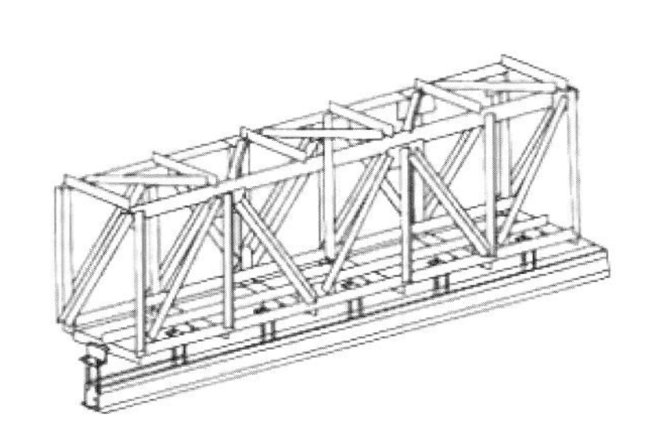

型钢钢架结构

纽约布鲁克林 Dwana Smallwood 表演艺术中心

设计：Jordan Parnass Digital Architecture

材料概况：两间教室之间采用移动隔断，在演出时可以将隔断完全打开，形成一个带遮光帘的巨大舞台。

五星级酒店宴会厅隔断

材料概况：通过超高活动隔断，分割大面积的宴会厅。

上海 21Cake 复兴 SOHO 店

设计：非常建筑

材料概况：人造石推拉门以 21cake 的蛋糕盘作为概念，制作出凹凸的浮雕图案。7 扇推拉门在开店时收纳到店面两侧。

会展中心超高隔断

材料概况：通过超高活动隔断，分割大面积的会声中心区域。

办公隔断 | Office Partition

材料简介 | INTRODUCTION

办公隔断是用于分隔室内空间的立面，通常仅适用于非承重分隔。狭义上办公隔断是指到顶的固定式隔断，也称为高隔间；广义上的办公隔断还包括不到顶的低隔断，俗称矮屏风隔断。办公隔断的材料多种多样，高隔间主要采用玻璃、铝合金、钢材、木饰面、布艺等材料，矮屏风隔断使用的材料则更加宽泛一些，比如塑料、竹木、藤编、卷帘、不锈钢甚至瓷器等。在实际工程中隔断产品通常是这些材料的综合运用，利用材料的特点，在兼顾外观、意境的基础上，发挥自然的功能和特性。

材料性能及特征 | PERFORMANCE & CHARACTER

办公隔断主要的优势在于，不同的隔断交错井然有序。办公隔断的应用，利于办公是首位，更多的是体现一个企业的形象。在功能方面，大量的数据线路，地毯及天花板与办公隔断的组合，浑然一体，让人干劲十足。

（1）可以瞬间隔开房间，拥有独立的空间，私密、开放灵活自如，一墙两用，并且占用面积极小。

（2）自由灵活，易安装，易拆卸，可以随意隔开空间，安装和拆卸后，不会对墙面和地面有丝毫的影响。

（3）可以大面积形成走廊式的隔断，易改变空间，轻松易挪动，省时省力。

（4）多种组合，多种摆放，可以随心所欲地变换空间布局，色彩时尚、美观、现代，给人们带来不同的感官享受。

（5）工厂模块式加工，现场施工速度快，绿色环保、无污染、无异味，所以也不影响日常房间的使用。

（6）隔音防火，墙板上下水平橡胶隔音封条的自由伸张强化墙板的隔音性能。

（7）坚固耐碰，墙体由高强度的钢制骨架、特制隔音棉及饰面板构成，板面平整，坚固、耐碰撞。

（8）线路隐藏于墙体内，可根据需要随时增减。

产品工艺及分类 | TECHNIC & CATEGORY

办公隔断包括高隔断和低隔断。

高隔断是一种固定式的、到顶的、可完全划分空间的隔断。
高隔断大致可分为：双层玻璃系统，单层玻璃系统，双面板材系统，明框系统，无框系统，隐框系统，全铝框架系统，全钢框架系统，内钢外铝框架系统等。

低隔断又叫办公隔断、屏风隔断、办公矮墙。
低隔断大致可分为：折叠板材屏风、分节式折叠板材屏风、折叠布艺屏风、折叠板材加布艺屏风和全玻璃透明移动屏风等。

明框系统

无框系统

隐框系统

单层玻璃系统

分节式折叠板材屏风

折叠布艺屏风

双层玻璃系统

内钢外铝框架系统

常用参数 | COMMON PARAMETERS

基材：E1 级环保基材；
甲醛释放量：≤ 2.5mg/100g。

（以上数据为市场部分厂家产品参数，不同厂家各有差别，仅供参考）

价格区间 | PRICE RANGE

500~3 000 元 /m²

玻璃隔断根据品牌不同、设计要求不同、单层或双层不同、有无电动百叶、材质厚度不同等因素导致价格浮动较大。

（以上价格仅为市场普通中端产品价格，材料价格会因不同项目、不同品牌以及订制等多方原因有较大浮动，仅供参考）

设计注意事项 | DESIGN KEY POINTS

形象的塑造：办公隔断不承重，所以塑造的自由度很大，设计时应注意高低、长短和虚实等的变化与整体的办公家具、天花、地毯、软饰、灯光等设计统筹。

颜色的搭配：隔断与办公家具、天花、地毯是邻居，共同组成办公室的整体环境，所以相互之间的颜色搭配要协调一致，统筹兼顾。

材料的选择和加工：依据上述两条原则，可以精心挑选和加工隔断材料，从而实现办公家具的良好形象塑造和美妙颜色的搭配。尤其，隔断是一种非纯功能性构件，所以其装饰效果可以放在首位。

品牌推荐 | BRAND RECOMMENDATION

相关厂商详细信息，请参见附录品牌索引：
卡莱司卓、玛尔斯、林德纳、代高。

（以上推荐仅为市场少数优秀品牌，供设计师参考学习。同一品牌实际可能涉及多种产品，更多详细内容可登录随书小程序）

施工及安装要点 | CONSTRUCTION INTRO

施工工艺（典型代表性的产品）：弹线→安装四周边框架→安装龙骨→安装模块框架和玻璃→安装门→清洁。

（1）按照设计图纸在天花、地面和墙面弹线，并在天花、地面上画出隔断中线；
（2）安装天、地轨道；
（3）安装墙轨道；
（4）安装龙骨；
（5）安装门框；
（6）安装模块框架和玻璃；
（7）安装门；
（8）整理和清洁。

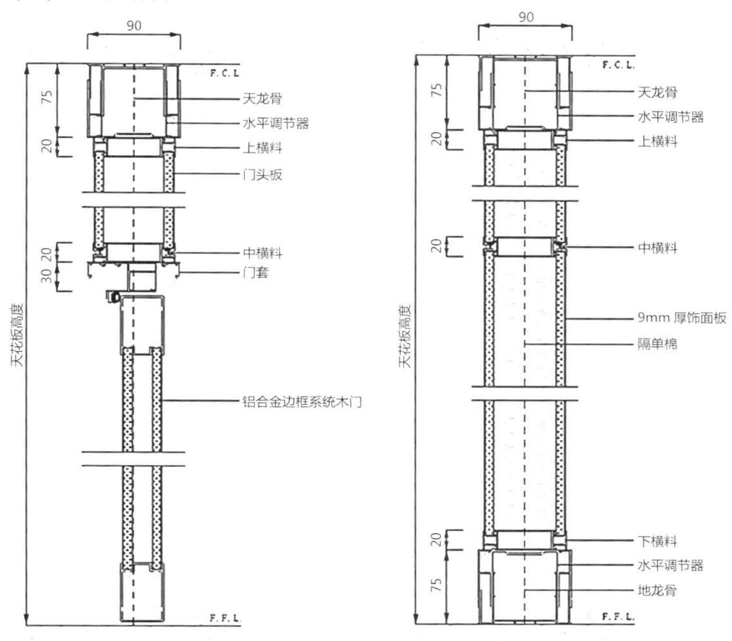

双面板材系统剖面图

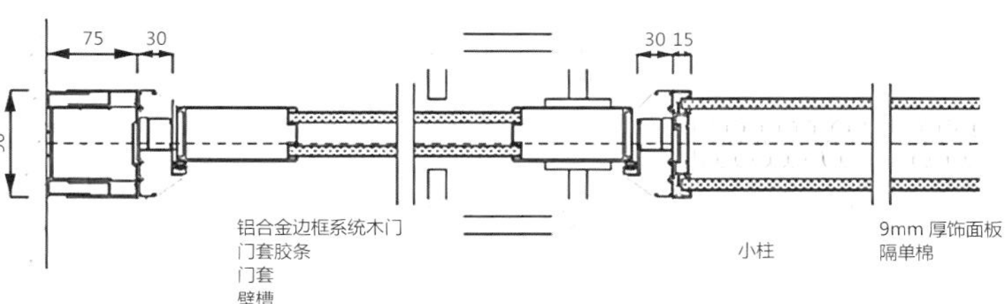

双面板材系统平面图

双面板材系统实景

Playster 总部办公室

设计：ACDF Architecture

材料概况：墙面和地毯上的标识与色彩带来强烈的视觉冲击，在一种流动的空间形式下划分出不同的功能区域。公司的每个团队分别拥有各自的代表色，这些色彩能够将团队成员凝聚在一起，激发团队的归属感。

科技创业办公室

设计：Henri Cleinge ARCHITECT

材料概况：设计师将各个办公空间的隔墙做成透明或者半透明，以此来弱化空间的功能边界，进而促进交流，不同区域界定的不同入口反映着该区域员工的职位。

科尔尼上海办公室

材料概况：玻璃隔断透光性好，轻巧并且易安装，易拆卸。

曾卫平设计事务所办公室

设计：曾卫平设计事务所

材料概况：玻璃的通透特性，简洁明快，被广泛运用于办公隔断。

卫生间隔断 | Toilet Partition

材料简介 | INTRODUCTION

卫生间隔断专门用于分隔卫生间空间的立面。卫生间隔断是人们在追求高生活品质的情况下，产生的一种卫生间功能划分方式，合理的卫生间隔断，不仅能够让卫生间和外部的区域功能划分更加明显，还能让卫生间看上去更加美观大方。

材料性能及特征 | PERFORMANCE & CHARACTER

（1）防潮板所有机械性能、物理特性、表面特性均符合德国工业标准 DIN 要求，品质卓越，是卫生间隔断材料的最佳选择。

（2）PVC 板有防水、阻燃、耐酸碱、防蛀、质轻、保温、隔音、减震等特性。和木材同等加工但加工性远远优于木材，是木材、铝材、复合板材的理想替代品。

（3）金属材料防水、质轻、节能，易于安装、维护及可回收性强。强度高，刚度好，不易变形，承载力大，即使受到外界力量的冲击，亦能保持其形状不易发生改变。具有良好的隔音、保温、隔热、防潮、防火效果且无毒、环保。

（4）人造板材隔断一体成型，无需收边，可倒角，美观大方，无收边接缝处理，配合造型新颖的五金配件，外观整体一致，防潮、耐撞、耐污损、易清理。

（5）天然石材隔断结构坚实，质感好，耐用年限久，易粘污返碱泛黄，门扇需用其他材质配合，整体性稍差，成本高，维修保养不易。

（6）复合板隔断质轻，但易受潮脱胶或腐蚀，铝或不锈钢边条处理，易变形氧化，水气易侵入而膨胀腐蚀；门、门柱、隔板需留缝或金属收边，整体效果差。成本较低，耐用性差，维修及淘汰快。

（7）塑料隔断防水，但不耐高温，不耐刮，易变形及污染；塑料或铝收边，无整体感，质感不好，容易变形，颜色选择少。

（8）钢化玻璃隔断为提高玻璃的强度，通常使用化学或物理的方法，在玻璃表面形成压应力，玻璃承受外力时首先抵消表层应力，从而提高了承载能力，增强玻璃自身抗风压性、寒暑性、冲击性等。

产品工艺及分类 | TECHNIC & CATEGORY

防潮防水板卫生间隔断：内芯为环保纤维，经适量酸醛树脂浸透，高温高压而成，适合潮湿环境，颜色丰富，防水、防潮、防霉菌滋生，耐化学品腐蚀，耐污染，防撞击，抗烟蒂燃烧，经久耐用，一次性成型，安装方便简单。

PVC 板卫生间隔断：PVC 板是以 PVC 为原料制成的截面为蜂巢状网眼结构的板材，是一种真空吸塑膜，用于各类面板的表层包装。

抗倍特蜂窝板卫生间隔断：以铝蜂窝为夹芯，用抗倍特做的板，采用优质中温固化德国进口胶水，优点：质轻减震，吸音，保温，防火，防水，耐撞击，耐腐蚀，装饰效果好，绿色环保无污染，安装快捷方便，使用寿命达 15 年以上。

三聚氰胺板卫生间隔断：行业内统称为生态板，全称是三聚氰胺浸渍纸面人造板。优点：经济实惠，耐磨，耐腐蚀，颜色丰富，表面平整不变形。

抗倍特板卫生间隔断：由酸醛树脂浸渍牛皮纸和三聚氰胺浸渍过的装饰纸经过高温高压压制而成，耐磨，色泽持久，易于清洗，耐撞击，绿色环保，表面处理丰富，颜色多种多样，可根据客户的需求生产八角形、圆形等各种造型。

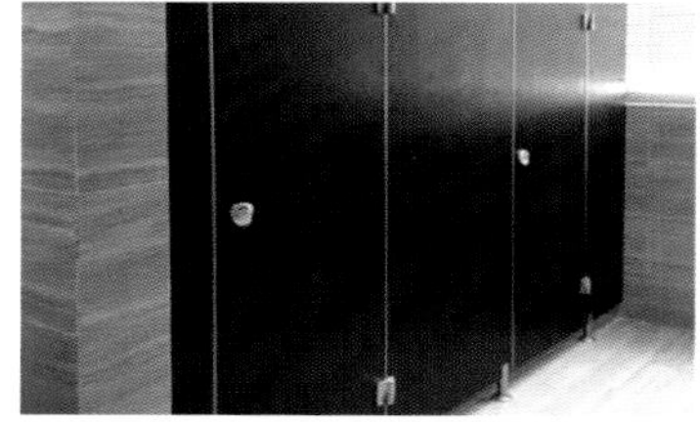
抗倍特板卫生间隔断

抗倍特板

防潮防水板卫生间隔断

防水防潮板

PVC 板卫生间隔断

PVC 中空板

抗倍特蜂窝板卫生间隔断

抗倍特蜂窝板

三聚氰胺板卫生间隔断

三聚氰胺板

常用参数 | COMMON PARAMETERS

标准型坐厕：900mm（宽）×1 520mm（深）×2 000mm（高）；
经济型蹲厕：900mm（宽）×1 220mm（深）×2 000mm（高）。

（以上数据为市场部分厂家产品参数，不同厂家各有差别，仅供参考）

价格区间 | PRICE RANGE

150~500 元 /m^2

安装卫生间隔断的施工价格包含人工费和材料费，根据市场的不同价格有所浮动。常见的板材价格：抗倍特板为 150~300 元 /m^2；铝蜂窝板为 300~350 元 /m^2；抗倍特蜂窝板为 500 元 /m^2，也有品质很好的产品超过 500 元 /m^2 的。

（以上价格仅为市场普通中端产品价格，材料价格会因不同项目、不同品牌以及订制等多方原因有较大浮动，仅供参考）

设计注意事项 | DESIGN KEY POINTS

不要用下滑道，因为滑道经过长期的使用后，不易清理，还会积水。
要先铺设地砖及墙砖，再按实际尺寸定做卫生间高隔间。

品牌推荐 | BRAND RECOMMENDATION

相关厂商详细信息，请参见附录品牌索引：
格满林、富美家、威盛亚。

（以上推荐仅为市场少数优秀品牌，供设计师参考学习。同一品牌实际可能涉及多种产品，更多详细内容可登录随书小程序）

施工及安装要点 | CONSTRUCTION INTRO

（1）卫生间隔断整体安装效果及配件大致摆放位置的认识。
（2）卫生间隔断安装画线。按照具体工程项目中卫生间规划位置，结合配件的实际情况，画出角码以及脚座的安装位置线。
（3）中柱与中隔板、边柱与见光板用角码装好，将脚座安装在相应位置。
注意：中柱及中隔板相连时，同一位置两个角码要上下偏移 5mm，以防角码螺钉相碰。在安装脚座时，要先将脚座放在地板上，脚座距柱板边根据柱板的宽度比例而定；然后将整个脚座直接安装在柱板上，边柱板一般 1 个脚座，中柱板一般 2 个脚座。
（4）墙板上角码的安装及地板上对脚座的安装。
（5）将预先装好的中隔板及中柱板，见光板及边柱板安放就位。
注意：在中隔板靠墙一侧垫一个垫块，使中隔板紧靠墙，调整角度使中隔板的正侧两个面都垂直，然后锁紧角码，移走垫块；用同样的方法，锁紧见光板及边柱；检查边板和中隔板，是否整齐并在同一个平面上。
（6）安装压杆。将压杆扣在柱板及见光板上，用电钻钻压杆孔，用不锈钢自攻螺钉锁紧压杆；测量门顶部与底部的内空距离，偏差 0.5mm 以内；注意调整中柱及边柱共面、垂直。
（7）将合页按图纸要求位置安装。
注意：安装门板合页时注意上下距顶底 150mm。
（8）将组装好的门安装在隔断上，并将门锁、拉手装在相应的位置。
注意：在安装合页时需要检测门缝，间隙 2~3.5mm，单边缝宽误差 0.5mm，相邻门缝均匀，锁紧合页；安装锁扣时注意调节锁扣与锁之间的间隙后再将锁扣固定。
（9）安装衣钩及其他配件，清洁并检查。

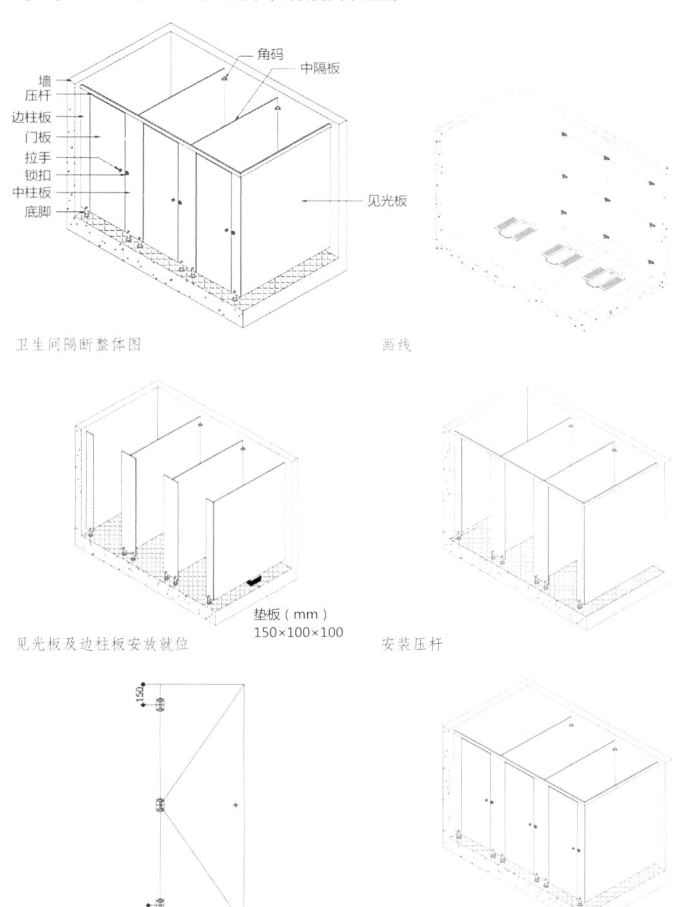

卫生间隔断整体图　画线

见光板及边柱板安放就位　安装压杆

安装合页　安装门五金

皇包车总部

材料概况：卫生间隔断时尚又简洁。

办公楼卫生间隔断

材料概况：办公楼卫生间使用抗倍特板居多，表面处理丰富，颜色多种多样。

高级商场卫生间隔断

材料概况：商业卫生间隔断主要注重性价比和花色图案，与整体卫生间效果所匹配。

挪威海边服务亭

设计：Carl-Viggo Hølmebakk with Manthey Kula

材料概况：低端卫生间使用防潮板与金属材料隔断较多，价廉物美，但是不美观。

M

五金
HARDWARE

已经逐渐发展成为世界领先的五金生产加工和出口大国。建筑五金产品又在五金产品出口中排在第一位，是五金行业的出口大户，在五金行业中具有举足轻重的地位。建筑五金是建筑物或构筑物中使用的金属和非金属制品、配件的总称，一般具有实用和装饰的双重效果。建筑五金在用材上已由传统的铜合金、低碳钢等，扩展到锌合金、铝合金、不锈钢、塑料、玻璃钢及各种复合材料。随着消费升级的需求，在室内空间里对五金的设计美感、功能性及科技人性化的要求也越来越高。五金在室内空间应用上主要分为厨卫五金、门及门控五金、家具五金及建筑装饰订制五金等。

五金在室内设计中主要应用为装饰五金及功能性五金，部分功能性五金也在装饰美学上下足功夫，比如卫浴龙头、花洒、门把手等。

五金在室内设计中好比人体身上的关节，虽然很小但很重要，未来趋向专业化细分，比如木门系统、移门系统、收纳系统、家具系统等。设计师在项目中可以找专业的供应商进行配合咨询。在一些外露五金的设计上，很多品牌请知名艺术家或设计师合作，使五金产品更像是一件艺术品。在未来的大都市，一些很紧凑的空间需要越来越多的灵活性及多样性，比如小房型里多功能收纳性家具需要专业的收纳系统五金及订制五金才可以实现。

卫浴五金

装饰五金

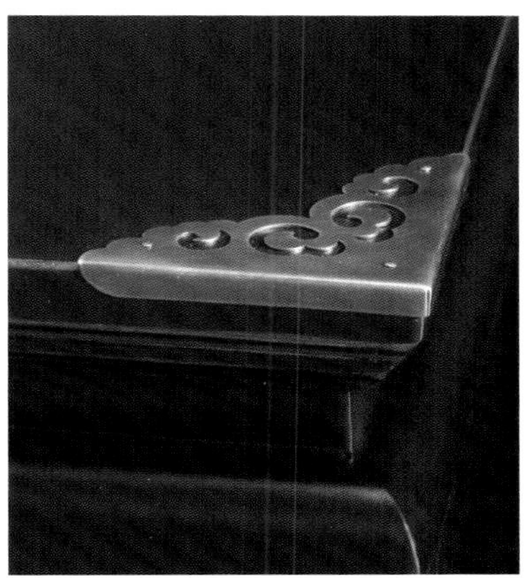

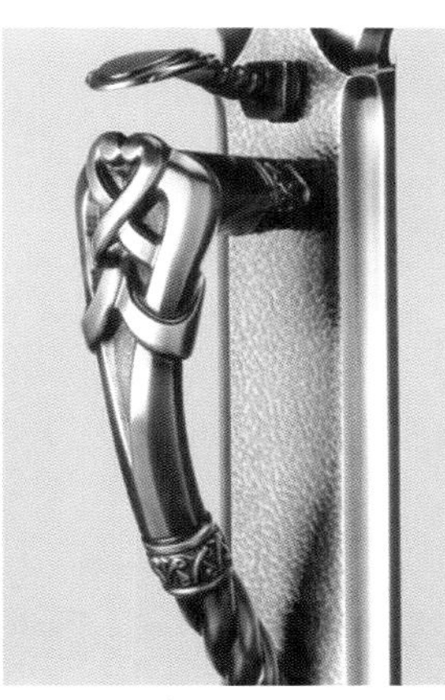

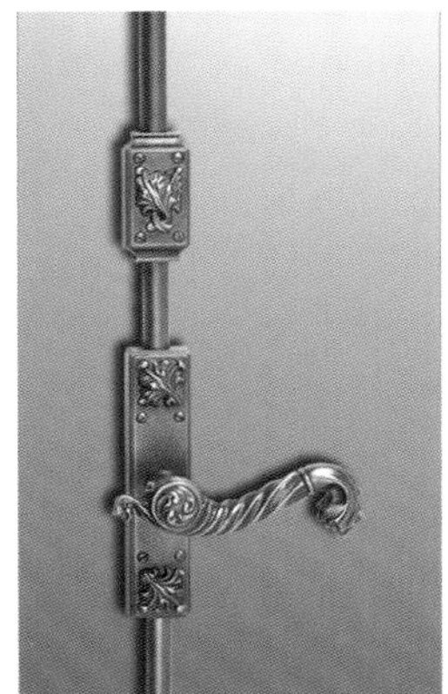

图片来源：ANTOLINI

功能性 / 装饰性 / 收纳性五金 | Functional/Decorative/Hardware

材料简介 | INTRODUCTION

建筑五金按三大性能可分为功能性五金、装饰性五金和收纳性五金。功能性五金就是门上的所有五金连接件，门有木、金属、玻璃、大理石等材质；装饰性五金就是所有看得见的外露的五金为装饰性五金；收纳性五金就是具有储藏功能和隐蔽功能，可利用空间功能的为收纳性五金。五金中常用的金属材料有：青铜、黄铜、铸铁、不锈钢、铝、锌及以上材料的各种合金。

材料性能及特征 | PERFORMANCE & CHARACTER

功能性五金、装饰性五金和收纳性五金，又可分为十大类系统五金：木门系统五金、玻璃系统五金、移门系统五金、电子系统五金、淋浴系统五金、卫浴系统五金、家具系统五金、总钥匙系统五金、订制系统五金、收纳系统五金。

（1）木门系统五金适用于悬挂、锁定、控制和保护，它不仅起到装饰作用，更是建筑安防及使用者生命安全的基础，能满足安全、耐用及符合管理等需要。

（2）玻璃系统五金适用于连接无框的玻璃与金属件的并能起到自如开启适度的重量和缓冲的作用，其多样性的功能与款式成为无框玻璃门脱颖而出的关键因素，拉手更是功能与设计点缀的亮点。

（3）移门系统五金适用于推拉门，可改善手感度和安全舒适度中，具有缓冲功能。

（4）电子系统五金包括电子锁、门禁系统、酒店锁系统、自动开门机等产品，能够提供高技术、多功能的安防解决方案中。

（5）淋浴系统五金的作用体现在玻璃与金属铰链之间的连接和承重，并具有防水功能。

（6）卫浴系统五金体现在整体卫生间的视觉和实用性能中。

（7）家具系统五金是连接人与家具的重要元素，其装饰与性能代表家具所散发而出的质感，合适的五金与高品质材料、完美设计结合能带来独特的效果。

（8）总钥匙系统五金适用于特定场所钥匙管理系统中，主要功能是分级制管理，使管理员无需用钥匙盘来管理一大堆钥匙。

（9）定制系统五金帮助设计理念到建筑作品呈现，着力于展示客户独特的审美情趣及个性需求。

（10）收纳系统五金可以帮助使空间变得能合理运用。收纳式的空间是一种多元化的家居形态，其形态的 变化能最大化利用空间，且多功能性使空间更加灵活，能尽量避免整体空间的拥挤及闭塞感，为新时代高端客户解决大城市市中心地段的空间紧缺问题。

产品工艺及分类 | TECHNIC & CATEGORY

五金的材质和表面处理方法往往对产品的使用和寿命有决定性的影响。天然的饰面体现原材料本身的外观，可以通过抛光或打磨处理来达到高亮光的表面或者是拉丝（乌）的表面。

与五金件配合的节点材质主要有：木、皮、布、竹、玻璃、金属、水晶、陶瓷、大理石等。

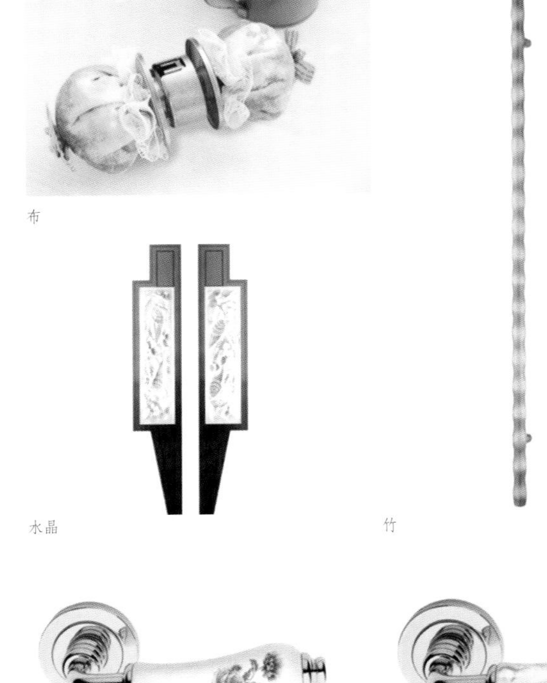

布

水晶

竹

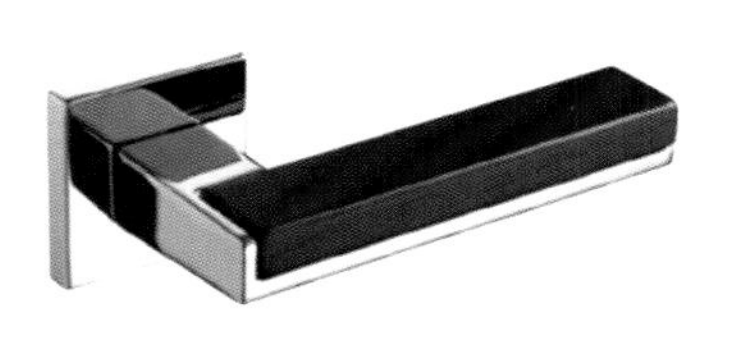

木

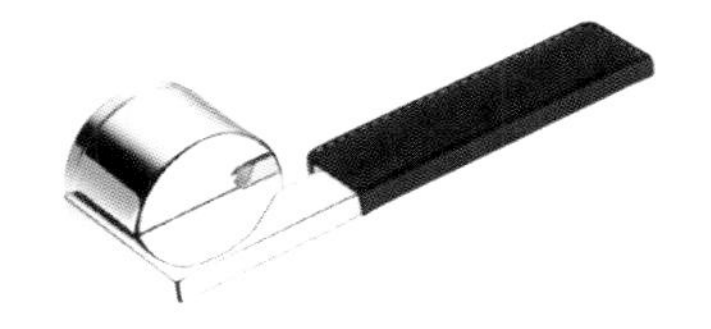

皮

玻璃

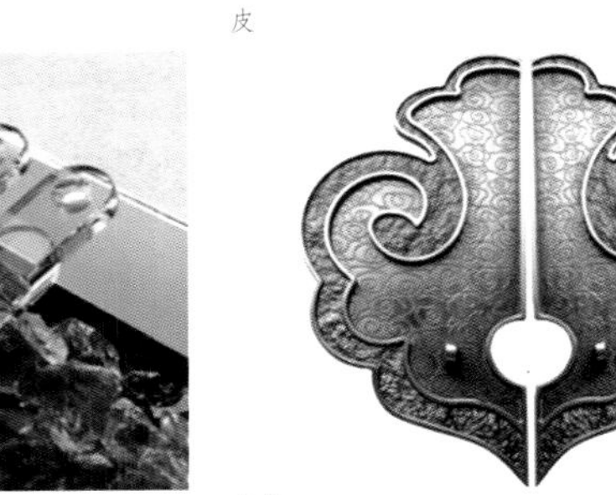

金属

青花瓷

大理石

常用参数 | COMMON PARAMETERS

全部替换如下：

暗藏式闭门器：闭合力度 EN3，门宽≤ 950mm，门重≤ 60kg，开启角度≤ 120°，停门角度调节范围 80° ~110°。

90°浴室夹：适用于 8~12mm 玻璃厚度，最大开启角度双向 90°，两只玻璃门夹最大承重 45kg。

门底自动挡尘条：封堵缝隙 3~13mm，产品长度 400mm，600mm，820mm，910mm，1070mm，1200mm，1500mm。

（以上数据为市场部分厂家产品参数，不同厂家各有差别，仅供参考）

价格区间 | PRICE RANGE

五金种类繁多，大小不一，所以价格的差异较大，根据不同的品牌、不同材质和采购数量的变化价格也会浮动较大。因为五金产品包括的系统种类很多，无法按统一的产品列举价格参考。

（以上价格仅为市场普通中端产品价格，材料价格会因不同项目、不同品牌以及订制等多方原因有较大浮动，仅供参考）

设计注意事项 | DESIGN KEY POINTS

要根据不同的应用场景，选择恰当的五金，极致发挥每个五金件应有的功能。

日常要正确使用五金件及重视五金的维护保养，不让五金受损，例如：合页漏油就无法满足正常使用的开启及闭合；执手配件方杆长度不符合门扇厚度，或长或短均会影响执手使用。所以要凭借专业的技术解决各类五金难题。

品牌推荐 | BRAND RECOMMENDATION

相关厂商详细信息，请参见附录品牌索引：

多玛、海维斯、海福乐、安朗杰、亚萨合莱。

（以上推荐仅为市场少数优秀品牌，供设计师参考学习。同一品牌实际可能涉及多种产品，更多详细内容可登录随书小程序）

施工及安装要点 | CONSTRUCTION INTRO

美式锁体内部结构示意图：

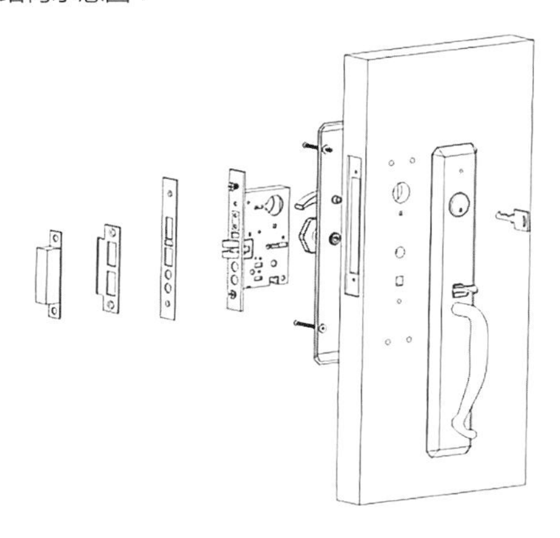

防盗扣安装步骤：

1. 在门扇和门框上适当位置划线，使门和主体座与扣舌座对齐。
2. 用螺钉将门扣主体固定在门框上。
3. 根据标记用螺钉在门扇上固定扣舌座。
4. 关上门，将扣舌插入门和主体。

A

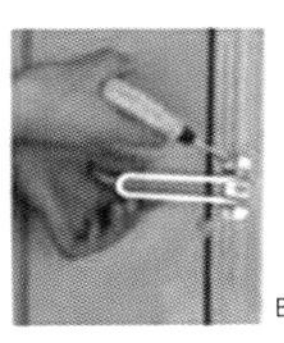

B

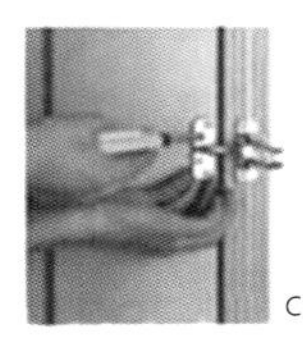

C

D

防盗扣安装步骤：

A. 在门扇和门框上适当位置划线，使门扣主体座与扣舌座对齐。

B. 用螺钉将门扣主体固定在门框上。

C. 根据标记用螺钉在门扇上固定扣舌座。

D. 关上门，将扣舌座入门扣主体。

门底自动挡尘条示意图：

1. 测量槽的宽度和高度

2. 测量门的长度

3. 把密封条插到槽里，固定好顶片

4. 把密封条固定在槽里

经典案例 | APPLICATION PROJECTS

北京四季酒店

设计：HBA

材料概况：订制拉手五金、活动隔断五金在五星级酒店的运用。

上海环贸广场及 iapm

设计：贝诺

材料概况：商业的扶手栏杆五金运用。

阿姆斯特丹 TSH Collab 联合办公空间

材料概况：办公空间的五金运用。

“手推车”家具系列

设计：Lim + Lu 林子设计

材料概况：康奈尔大学建筑艺术与规划学院推出了一款由 12 件作品组成的多功能订制家具系列。

卫浴五金 | Bathroom Hardware

材料简介 | INTRODUCTION

卫浴五金泛指浴室内所用的金属装饰品，准确的定义是以悬挂为特征的五金制品，用于放置毛巾、浴巾等 。市场上的卫浴五金以钛合金、纯铜镀铬、不锈钢镀铬三种材料为主，从色泽上看，这些新一代的卫浴五金产品大多摆脱原有生硬冰冷的不锈钢色，银白色和黄铜色占据了市场的主流。卫浴配件由于使用频繁、产品更新很快，属于易耗品。

材料性能及特征 | PERFORMANCE & CHARACTER

现在市面上五金材料用得最多的主要是不锈钢材质、铜镀铬材质、铝合金材质和锌合金材质。

（1）不锈钢材质卫浴五金：优点——不怕磨损，不生锈；缺点——样式单一。

（2）铜镀铬材质卫浴五金：现在市面上基本上以此类产品为主，杆分为空心、实心两种，电镀分为亮光和磨砂两种。

空心铜镀铬（多是圆杆，粗方杆）：优点——样式多，价格适中；缺点——怕磨损，再好的电镀常年在潮湿的环境下也会脱落，有些小厂家为了压低价格，电镀层很薄，用不了多长时间电镀会脱落。也有些厂家用的管外观看比较粗，但管壁很薄，用不了多久就会坏。

全铜实心铜镀铬（一般是方管）：优点——做工精细，电镀层比较厚，结实耐用；缺点——价格高，样式不如空心的多。

（3）铝合金材质卫浴五金：优点——不怕磨损，轻巧耐用；缺点——使用时间长了可能会发乌。

（4）锌合金材质卫浴五金：外表光洁度一般，因而电镀功能不好，镀层容易脱落；并且锌合金金属加工性能差，不能进行冲压成型加工，一般只能浇筑造型，所以底座一般比较笨重，款式较陈旧。

产品工艺及分类 | TECHNIC & CATEGORY

卫浴五金包括洗漱系列、浴室系列、淋浴房系列和卫生间隔断系列等。

洗漱系列包括：台盆、化妆镜、口杯架、肥皂碟、皂液器、烘手机等。

浴室系列包括：浴巾架、毛巾杆、毛巾环、地漏、龙头、花洒、清洁刷、厕纸架等。

淋浴房系列包括：整体淋浴房、门夹、固定夹、挡水条、淋浴房拉手、淋浴房配件等。

卫生间隔断系列包含：成品卫生间隔断五金系列、残疾人配套五金系列等。

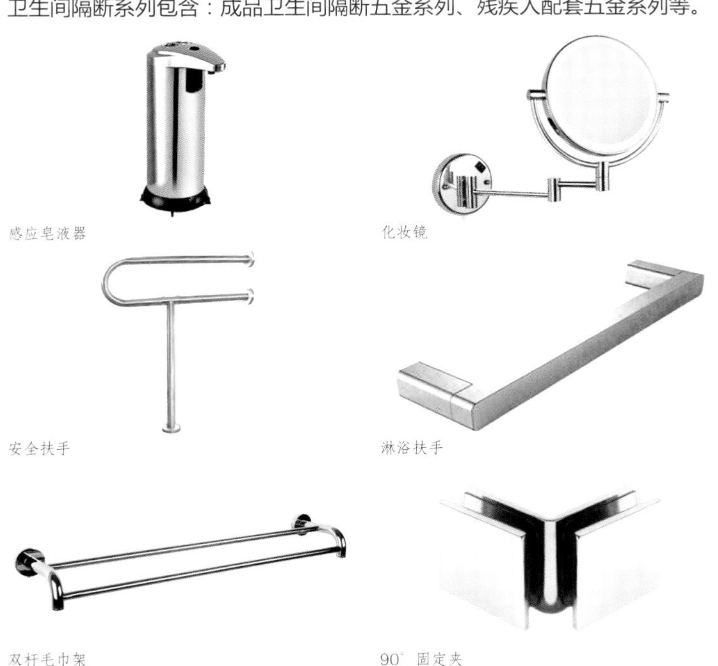

感应皂液器

化妆镜

安全扶手

淋浴扶手

双杆毛巾架

90° 固定夹

浴巾架

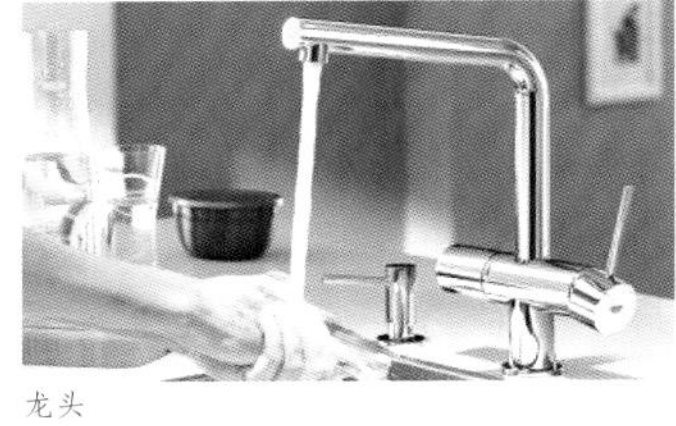

龙头

纸巾架

单杯架

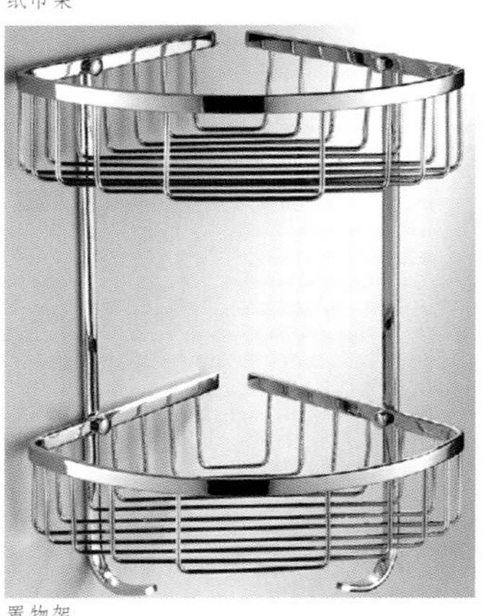

置物架

淋浴控制模块

常用参数 | COMMON PARAMETERS

毛巾杆、毛巾挂环：高度参照人体的身高（控制在 1 300 ~ 1 500mm）其中挂环高度为 900mm；

厕洁刷托架：通常安装在座便器附近的隐蔽处，距地高度 100mm；

浴缸毛巾架：通常安装在浴缸上方，高度在 1 800mm；

淋浴托盘：安装高度为 1 200mm；

浴袍挂钩：通常安装在淋浴屏或浴缸附近，安装高度为 1 800mm，安装间距为 200mm。

（以上数据为市场部分厂家产品参数，不同厂家各有差别，仅供参考）

价格区间 | PRICE RANGE

卫浴五金价格相差很大，从材质上看，钛合金的五金件最精致耐看，但价格最为昂贵，价格在几百乃至上万元；纯铜镀铬的产品可有效地防止氧化，质量有保证，是目市场的主流；不锈钢镀铬价格最低，但使用寿命也最短。

（以上价格仅为市场普通中端产品价格，材料价格会因不同项目、不同品牌以及订制等多方原因有较大浮动，仅供参考）

设计注意事项 | DESIGN KEY POINTS

由于卫浴环境潮湿、水汽重，选择的挂件需要极好的防水防潮性能，所以优质的五金挂件都是采用优质锌合金或钛合金作为原材料，其防水防潮性能好、结构严密、份量重、手感厚实。

由于卫浴是清理身体的地方，使用的五金挂件常与人体直接接触，所以其表面一定要平整光滑，不然在使用时会造成安全隐患。

五金挂件由于使用频繁，需要在潮湿的浴室环境频繁地使用，所以其表层的镀层需要保证经久耐用，长时间使用也不会磨损、锈蚀、起泡或剥落。

品牌推荐 | BRAND RECOMMENDATION

相关厂商详细信息，请参见附录品牌索引：

高仪、科勒。

（以上推荐仅为市场少数优秀品牌，供设计师参考学习。同一品牌实际可能涉及多种产品，更多详细内容可登录随书小程序）

施工及安装要点 | CONSTRUCTION INTRO

卫浴五金挂件的安装步骤：

（1）确定挂件安装位置并标注下来。为达到好的效果，最好避开在墙柱上的安装。

（2）在安装垫上标记出挂件底座安装所对应的螺孔位置。

（3）在螺孔标注点打孔，打孔的直径最好略大于螺钉直径，留一点空隙方便安装。

（4）将塑料膨胀管插入钻孔，再用不锈钢螺钉旋紧固定底座。

（5）将挂件套在底座上，拧紧螺钉固定挂件。

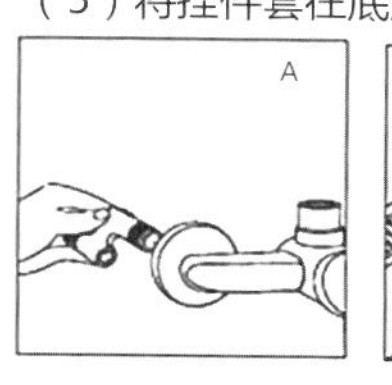

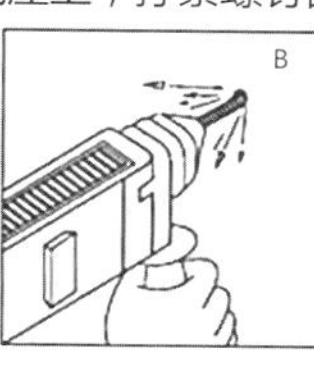

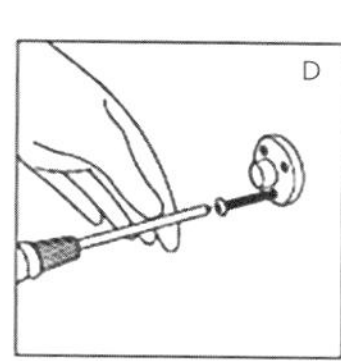

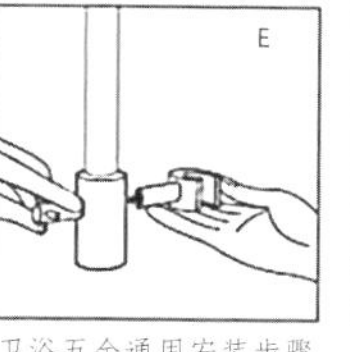

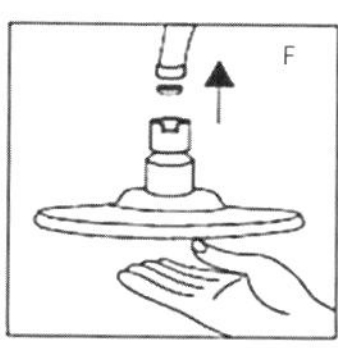

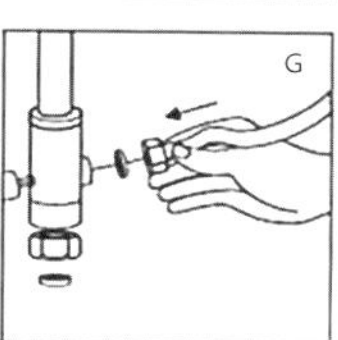

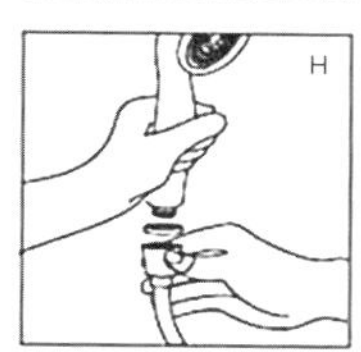

卫浴五金通用安装步骤

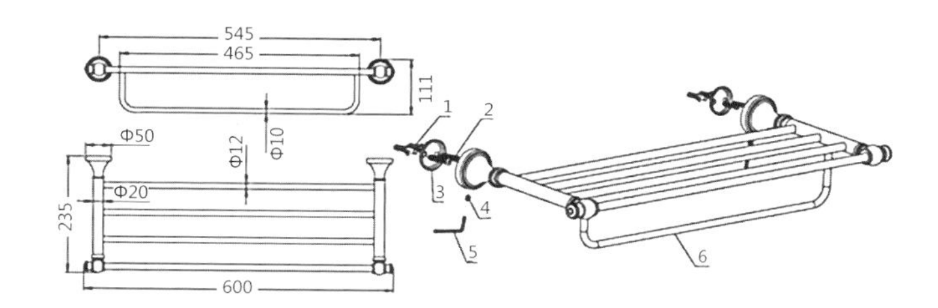

安装步骤图：

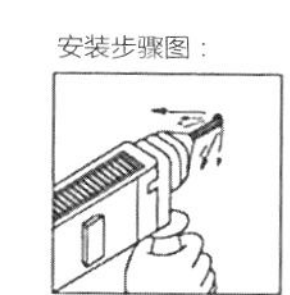

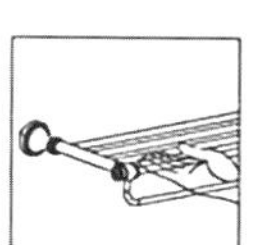
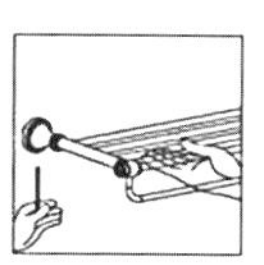

浴巾架安装

成品淋浴间

多彩之家

设计：水相设计

材料概况：玻璃镜面之透视实虚，卫浴五金通透明亮。

上海外滩英迪格酒店

设计：HBA

材料概况：奢华酒店配以精致的卫浴五金。

意大利乡间格调之居

设计：Archiplan Studio

材料概况：通高的玻璃立面为室内带来明亮的光线和一览无余的田园美景，洗手间开敞明亮。

东南亚酒店温泉 SPA

设计：JAYA

材料概况：订制家具和卫浴产品的材料及色彩都经过了精心的挑选。

N

稀有材料

STONE

“实用、美观”这两要素主要通过室内材料的功能性和材料形象加以体现。而使用稀有材料更是在确保适用的基础上，体现不一样的独特的价值。首先，原材料的稀缺带给了它独一无二的价值，许多天然稀有动物皮革、稀有矿石宝石、稀有珍贵木种等都是人类无法复制其触感和视觉效果的，运用在设计上时显得更加的新奇特；其次，使用稀有材料可以给予有需求的消费者一种特有的地位感和特殊服务感，这一点在奢侈品商店和高星级酒店被大量使用，与众不同的稀有的设计风格和材料品质更区别了不同的艺术鉴赏、心灵高度、水平层次；最后，稀有材料由于其珍贵性和材质本身的结构复杂性，需要工匠纯手工来精细加工处理，根本不可能大规模复制化流水化加工。也只有符合了这三点的装饰材料，才能称作结合了实用和美观的室内装饰稀有材料。

01 珍珠鱼皮

珍珠鱼又称珍珠马甲鱼，珍珠哥拉美，马赛克哥拉美，这种皮质主要来源于泰国、马来西亚和印尼的苏门答腊与加里曼丹的珍珠鱼，每一款都具有独一无二的纹路，雍容华贵，柔和迷人。鱼皮表面像一粒粒珍珠镶嵌在上面，人们就叫它珍珠鱼。全身布满银色珠点，游动时珠光绚丽，故此得名。珍珠鱼鳞片比较特别，系因石灰质沉集在鳞片上形成，外观由中央向外凸起成半球状，形似粒粒珍珠，用手抚之，有玉米棒感觉，十分奇特炫目，又称珍珠鳞。但是这种优质皮革的品质也是使它很难加工的原因，极致硬度和弹性柔软度的组合需要极大的耐心和技巧才能生产出无瑕疵的产品。

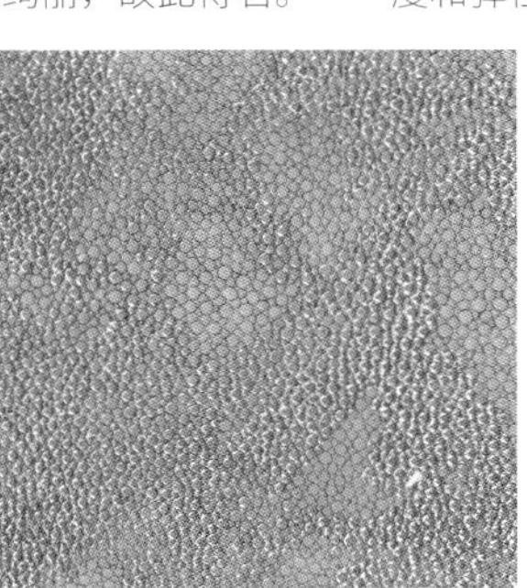
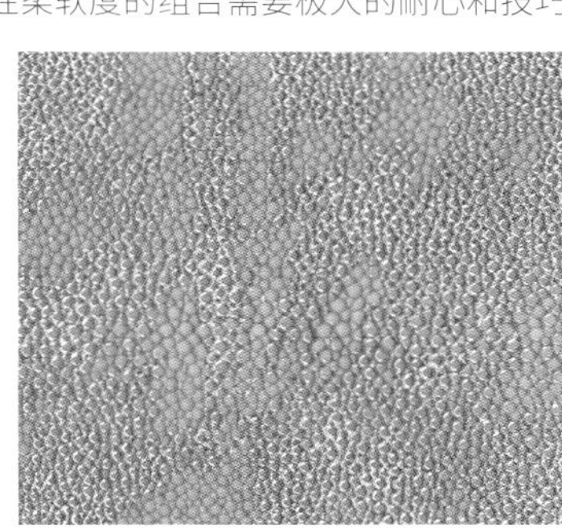
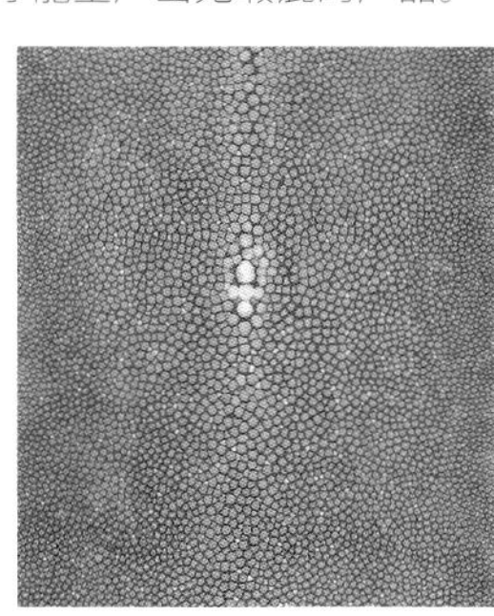

02 羊皮纸

羊皮纸是由皮革制成的薄材料，通常来自小牛，羊或山羊皮，最好的羊皮纸称做犊皮纸 vellum。羊皮纸是羊（或其他动物）的皮，在木框架上拉张到极致，用刀削薄，干燥而成的片状物。与植物纤维交缠成的“纸”有根本的差异，也与“鞣制”工艺制成的皮革制品有所差异。为了使羊皮纸更美观，工匠使用特殊的染色方法，将石灰，面粉，蛋清和牛奶混合的薄糊料涂抹到皮革上，使其光滑和变白。但是羊皮纸并不总是白色的，也配有淡紫色，靛蓝，绿色，红色和桃色等各种颜色的羊皮纸。

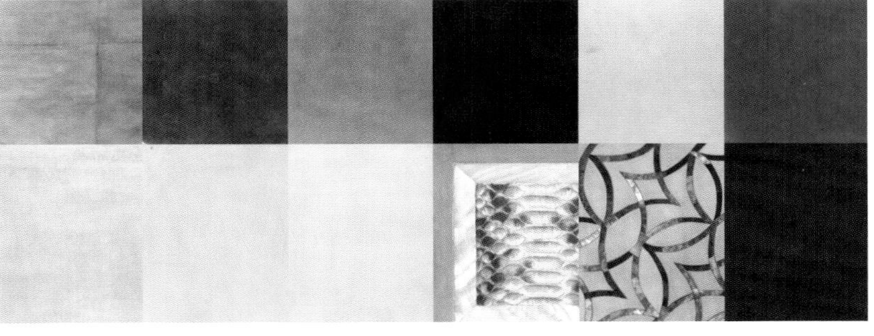

03 贝壳

贝壳是丰富的海洋生物的铠甲，保护着极其脆弱的软体动物。自史前以来，贝壳已被用作人造装饰品和珠宝首饰。贝壳的纹理和独特性使它们非常具有装饰性，适合于各种物体，如碗，花瓶和灯具等，每个物体都会像海洋宝藏一样闪闪发光，具有生命力。切割，成型，研磨和抛光贝壳的过程使他们绚丽壮观。大量不同颜色、不同形状大小的贝壳可用于镶嵌马赛克，装饰墙壁，家具，花瓶，箱子和配件。加工贝壳是一项艰巨的任务，只能由经验丰富的专家进行。因此，一名技术人员需要依靠从前辈传来的知识和多年的实习经验，并且充满实践，耐心和激情才可以掌握这种特殊工艺。

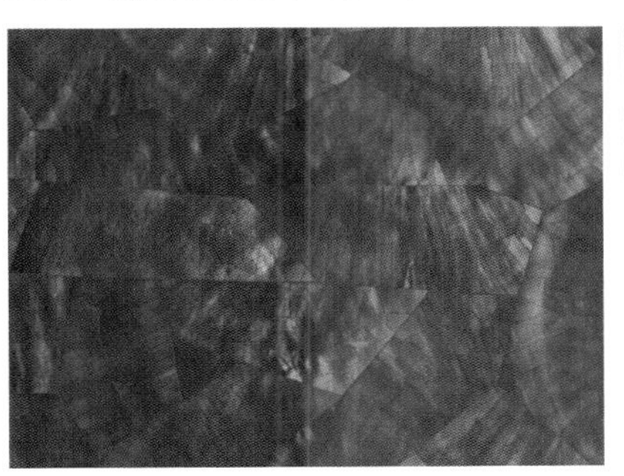

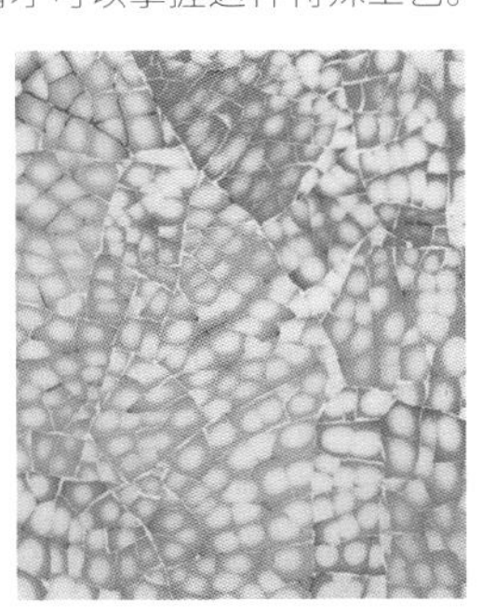

04 蛋壳漆

蛋壳镶嵌艺术始于唐代时期，这项技术通过韩国从中国传遍日本，最终成为越南最着名的传统手工艺之一。蛋壳镶嵌在自然界最耐用的产品之一：漆。通过数百年的技术研究才使这两种材料的结合，造就了今天手工制作的最精致和最原始的漆器。蛋壳镶嵌是使用已经孵化的鸭蛋壳，因为它们有一定的厚度和白度。壳被清洗，排列在锅中，并在一个热的木炭床上烤并且可以实现一系列的着色。当代工匠制造玻璃纤维模具，使他们能够创造出不同尺寸和异形的基体，如：巨大的花盆，超大的花瓶和碗，长桌子，椅子，游戏机，镜子，箱子，装饰板和框架等。每个蛋壳都粘在模具上，并且非常注意其对整体设计的影响，然后应用多层漆，最后应用纯净的蜂蜡抛光到高光泽。

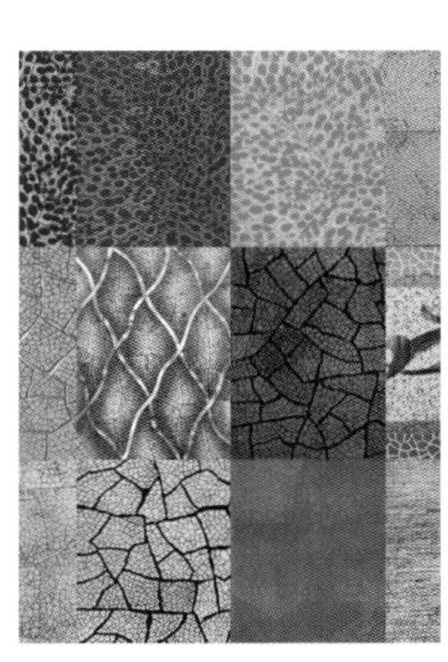

05 特殊油漆

漆的原料来自树脂，树龄至少 10 年以上才能切割出树脂。它通过“聚合”过程，吸收氧气，如果放置在潮湿的环境中，则可以从水的蒸发中吸收更多的氧气。生漆可以通过添加少量的氧化铁着色，根据氧化物的不同，产生红色或黑色的色调。另外，也可以添加颜料以制成其他的颜色或是添加珍珠母或蛋壳等装饰。通常使用三层（底漆，中涂和面漆）。漆也可以被雕刻，也可以装饰丰富的银和金镶嵌。

06 稀有皮革

稀有皮革材料的表面特征随动物品种及加工方法的不同而有所变化，羊皮、牛皮、猪皮及其它稀有动物兽皮如鳄鱼皮、鸵鸟皮、鱼皮的表面粒纹特征都有着不同程度的差异，由此决定了各自的视觉效果与风格。此外，新的皮革表面处理工艺技术层出不穷，如刺绣、缕空、雕刻、印染等加工工艺，还有利用皮革材料的不同肌理效果结合搓缩、热烙、热熨等各种工艺技法，赋予皮革制品独特的艺术魅力。甚至皮革还可以和其他材质饰件如金属饰件组合，而产生一种崭新的装饰效果风格。

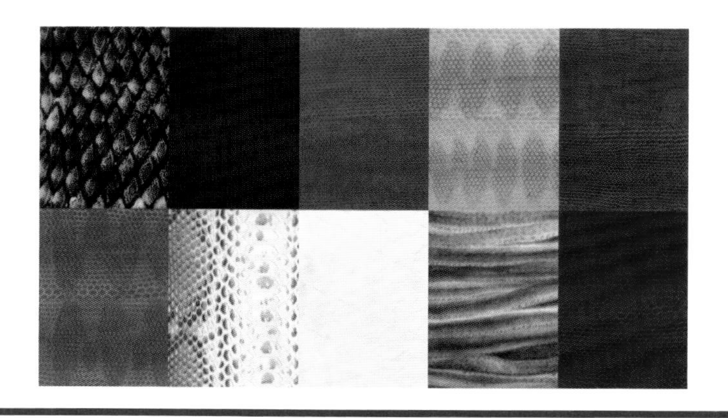

07 稀有石材

半宝石是一种切割和抛光的矿物，用于制作首饰或其他装饰品。除了珠宝，刻石和硬石雕刻是半宝石主要的艺术形式。大多数半宝石都很硬，然而，由于其光泽搭配或根据运用部位，有时候使用了一些软质矿物质。再通过磨轮和抛光剂的研磨，把粗石抛磨为所需的平滑圆顶形状。透明的半宝石通常是刻面的，因为可以最大优势的显示石材内部光学性能，可以让观察者认为是闪耀的反射光，非常精美。

08 木材特殊工艺

为了制作出令人耳目一新的木质产品，设计师持续在开发新型木材。椰壳便是其中之一，已经被使用了几代人，并且已经完善了工艺，把它带到了最高水平。除了椰子壳，各类树皮，如松木、半木，如柚木树的第一层、红木和肉桂木（切成块，并在镶嵌后抛光）等都是创意性的木质材料。工匠们的努力尝试和不断创新丰富了木材的自然外观，人体感觉和室内气味，将每个房间都变成一个温暖舒适的环境。

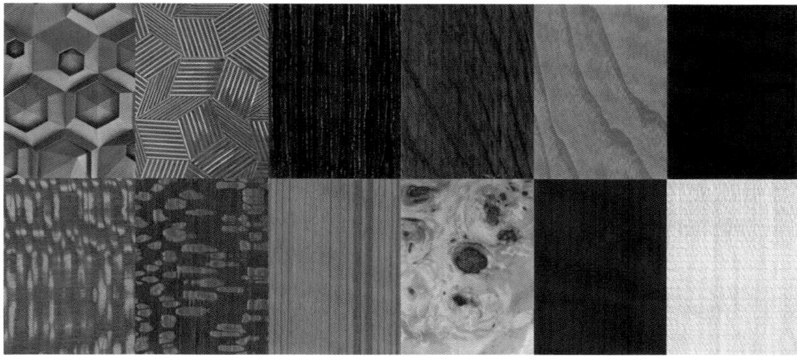

09 金属特殊工艺

不锈钢作为金属装饰品，坚固耐用，易于维护，还有无穷无尽的设计性和功能性，它的外观可以结合多种类型的室内设计。锤击将不锈钢零件弯曲成想要的形状，并且在镶嵌过程结束后，将不锈钢完全打磨或抛光，制成非常个性化的图案。金属锤击的艺术在印度文化和历史上发挥了重要作用，印度人已经在金属锤击艺术上拥有近 5000 年经验。这种工艺传统经受住了时间的蹂躏和战火的入侵，并持续蓬勃发展。传统上，印度工匠使用不同种类的金属，如铁，铜，银等的合金来生产锤击物品。典型的东西是锅，器具，相框，神雕，神话人物和动物。在金属加工领域，印度的不同地区都有不同的风格。

品牌索引 | Brand Index

多乐士

多乐士是阿克苏诺贝尔旗下的建筑装饰油漆品牌，品牌涵盖了乳胶漆、木器漆、专业防腐漆和地坪漆、辅料及工具等众多产品和一站式焕新服务，充分满足不同层次的需求。多乐士致力于通过为消费者提供专业的环保产品和色彩咨询及涂刷方案，为人们的生活增添色彩。

立邦

立邦中国隶属于新加坡立时集团，致力于成为涂料行业的全方位服务商，让消费者和客户在涂料功能、涂刷效果和环保、服务等方面有更多选择，满足社会和市场的需求。立邦业务范围广泛，涉及到多种领域，其中的建筑涂料、汽车涂料、一般工业涂料、卷材涂料、防护涂料、粉末涂料等更是在行业里名列前茅。

舒尔茨

德国舒尔茨油漆涂料生产有限公司主要从事生产建筑用油漆涂料产品。自创建以来即致力于环保型油漆涂料产品的研究、开发和生产，此举开创欧洲环保型同类建材产品之先河。目前，舒尔茨公司共生产2 100种不同类、系列化建筑用油漆及涂料产品，其中95%为环保型，获德国环保认证机构颁发的蓝天使证书和标识。

威罗

意大利威罗提供原装进口装饰艺术涂料、内外墙乳胶漆、建筑涂料等上百个产品品种，数千种花色。威罗所提供的方案结合了技术和多元的思考，将设计师、艺术家、高端业主的理想需求转化为现实。致力于提供高品质原装进口涂料，倡导环保健康个性化的居住空间，传播欧洲建筑装饰的风格理念，提升设计装饰品味。

四国化研

四国化研 SKK 是日本 SK 化研株式会社旗下的涂料名牌，总部位于日本大阪。自从 1955 年成立以来，在亚洲各地区设立了多个 SKK 的当地子公司、营业所及工厂。品牌包括内外墙建筑涂料、地板漆、屋顶用涂料、乳胶漆、合成树脂涂料、特殊涂材、意匠性涂材等各种产品。四国化研以满足客户为己任，以贡献社会为最大使命。

益涂

益涂是境洁环保科技（上海）有限公司旗下环保健康涂料的高端涂料品牌，"益代"表有益的漆膜，"涂旨"在激发灵感和创意，鼓励沟通和创造。益涂目前已经用于众多 500 强大型企业和国内外著名学府中，将学校和办公室内的墙面变成了画板，赋予了墙面更多功能，愿景成为创意墙面领域的领导者。

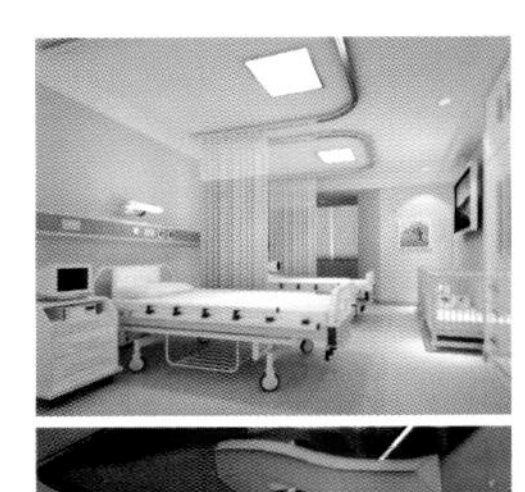

多拉

多拉漆 Dalek Paint，德国品牌，专注于功能水性漆的研究与发展，坚守为用户创造价值的理念，成就了高性能水性漆的著名品牌。多拉漆包括水性釉面漆、水性工业漆、水性地坪漆三个产品系列。自主研发生产的功能水性釉面漆、特种水性工业漆等处于行业领先水平，并且多项涂料技术获得国家发明专利。

大津

大津硅藻泥是中国硅藻泥行业开创者和领导者，是我国第一家集设计、研发、生产、营销、服务于一体的硅藻泥壁材专业制造商。硅藻泥系列产品享誉业界，被冠以全球领先的硅藻泥专家之美称。以为客户提供优质的产品与服务为己任，通过全员努力，把大津建成客户信赖、社会尊重、最具价值的国际环保壁材企业。

环球

环球石材集团有限公司是中国最大的石材公司之一，产品远销世界各地,UMGG 已成为国内装饰石材的第一品牌，并逐步成为国际装饰石材的一流品牌。公司多次荣获中国建筑行业最高奖项"鲁班奖"，同时是行业内华表杯优质石材装饰工程奖获奖次数最多的企业，并荣获中国房地产开发企业 500 强首选石材供应商称号。

高时

高时源于 1994 年，励精图治 20 载，成长为全球一体化石材解决方案的最佳服务商与专业化顶级石材的最佳供应商之一。高时以打造具有一流文化底蕴与思想深邃的"人居环境"为追求，通过绿色环保的矿山开采技术、引领时代的产品研发团队、标准化的生产系统等一体化的物流与服务系统，为客户提供优质产品与服务。

东成

公司始创于 1990 年，主要从事砂锯大板、异形加工、坯料、工程板的生产。公司引进意大利、德国先进水平的 CNC 机械设备一百多套，适用于加工各种规格的工程大板、造型复杂的各种柱头、柱座、圆球、扭纹柱、空心圆柱、锥形柱、椭圆柱、弧形板拼花及复杂拼图等工艺品，实现了产品的结构多元化发展。

荣冠

佛山市荣冠玻璃建材有限公司，始建于 1986 年，专注大型装饰建材 31 载，并成功进驻 2010 年上海世博会。荣冠主要生产玻璃马赛克、石英石、岗石、微晶石和陶瓦，主要销往全国各地和出口欧洲、美洲、澳洲、南非、西亚、东南亚等国家和地区，在国外颇具影响力。

罗马岗石

罗马集团光联兴业是少数以自创品牌"ROMA"成功打入全球市场的华人企业，成功赢得国内外大型建筑设计个案指定使用。在为实现"让人们拥有更美好的居住空间"的理想下，罗马集团光联兴业历经40载的耕耘，至今终成为国际建材业人造石的知名厂商。

杜邦

成立于1802年的杜邦公司是一家科学企业，凭借创新的产品、材料和服务，为全球市场提供世界级的科学和工程能力，协助应对各种全球性挑战。建筑创新业务将重点放在不断变化的科学上，旗下拥有Tyvek® 特卫强 ®、Typar® 土工布、Corian® 可丽耐 ® 和 Montelli® 蒙特利 ® 等品牌。

冠军

冠军磁砖创立于1972年，坚持不完美的不留人间的中国瓷精神，坚定不移推行绿色建材，倡导健康消费，鼎力打造中国绿色建筑磁砖第一品牌。冠军磁砖拥有外墙砖、内墙壁砖、地砖、广场砖、玻化砖等多元化全系列产品，其中领先业界的冠军钻石及ROTOCOLOR科技新石材系列更是深得市场赞誉与青睐。

马拉奇

马拉奇 MARAZZI 是瓷砖领域的国际领先者，公司从1935年起就开始致力于打造家居空间，将美学与材料的高品质融为一体。3 500 余款产品，包括釉面粗陶瓷砖、结晶粗陶瓷砖、单面烧结瓷砖，以及马赛克、大理石、花岗岩和天然石材，规格、色彩、厚度和图案系列丰富。

斯米克

上海斯米克建筑陶瓷股份有限公司成立于1993年，公司先后从意大利、瑞士引进全套专业瓷砖生产线，通过智能仿真的生产设备及精选不含辐射物质的材料，生产出自然亮丽的安全建材。斯米克磁砖开发推广的外墙干挂、挂贴产品和防静电地板得到广泛赞誉，其中，保温节能外墙干挂磁板为国内首创。

东鹏

东鹏集团始创于1972年，是行业整体家居一站式服务供应商，致力于向消费者提供舒适的空间解决方案、高品质的产品配置和人性化的真情服务。参与起草多达30多项瓷砖及卫浴产品标准，先后获得国家专利780项，在玻化砖、釉面砖、仿古砖、幕墙瓷板、洁具、水晶瓷等陶瓷产品体系方面具有绝对的领先优势。

博德

广东博德精工建材有限公司创立于2002年，自2006年起被认定为国家高新技术企业，是我国建筑陶瓷行业高科技新型环保磁砖产品设计、研发、生产的重要基地。自主研发生产的"精工玉石"在国际上率先攻克微晶玻璃陶瓷复合板材规模化生产难关，已获得多项国家发明专利，开创了一类全新的绿色环保新型陶瓷产品。

费罗娜

佛山市卡烁进出口有限公司是家多年从事出口瓷砖的佛山本土企业，产品风格与国际接轨。2012年起以"灵感的美学"的理念专注于研发和生产还原水泥质感的水泥砖。2013年正式推入国内市场，费罗娜水泥砖通过系列、搭配和规格等完整产品体系，为顾客提供丰富多样的产品选择，同时满足全球不同客户的需求。

JNJ

伟祺企业创建于1992年，与中国艺术马赛克市场同步而行。JNJ是伟祺企业旗下的面向国际高端市场的马赛克品牌，在全国各大城市已经建立了数百家服务商，并远销美国、欧洲、中东等近100多个国家和地区，更是国内乃至全世界为数不多的集马赛克生产、研发、设计、销售于一体的大型现代化企业之一。

Bisazza

Bisazza 碧莎马赛克是时尚设计界的顶级奢侈品牌之一，也是为室内及户外装修提供玻璃马赛克的行业领先生产商，是世界上生产\销售马赛克规模最大的全球性公司。半世纪以来，Bisazza以其独特的威尼斯玻璃生产工艺和引领潮流的时尚风格设计，始终站在市场和时尚的前沿。

SICIS

SICIS 公司成立于1987年，是意大利最优秀的马赛克及家具生产商，以设计理念著称，将精细的人物花鸟和历史题材演绎得淋漓尽致。每一件SICIS的产品都是一件独特的艺术品，是拉文纳工作室的艺术大师专注和精细的手工创作成果，拉文纳是所有所有系列的原产地，SICIS的产品100%为意大利制造。

AGP

AGP晶瓷玻璃科技（上海）有限公司是国外高端品牌玻璃主要运作平台。主要代理了英国皮尔金顿系列玻璃、德国肖特系列玻璃、美国PPG、日本NSG、法国圣戈班、美国维尔康、美国佳殿等世界高端玻璃品牌。公司成立10多年来，已为多个国际知名项目提供过不同的特种玻璃解决方案。

申板

申板玻璃与 Solutia 公司富有前瞻性的合作，开创了中国建筑装饰玻璃之先河，推动了个性化艺术玻璃应用于室内装饰的进程。申板玻璃通过与上海现代设计集团、美国 KPF 等国内外众多设计大师的合作，将大师们的创意付诸实现。申板玻璃独成体系、自创品牌，荣获多项国家专利，在装饰玻璃市场上占有重要份额。

巨钿

上海巨钿玻璃建材有限公司是专门从事玻璃深加工服务的公司，随着市场的步伐不断引进世界各地尖端的加工技术，建立国际级玻璃加工工业。为凝造出晶莹璀璨、色彩缤纷的特色效果，巨钿玻璃具有烤瓷、幻彩、深雕、酸蚀、丝印、金属线夹层、金、银、箔夹层玻璃等工艺，均可按照设计要求加工制品。

科定

科定企业股份有限公司成立至今，专注于木材制品的生产与应用；不断研发创新，以严谨细心的态度，坚持创造最好的产品。在装饰建材的领域里，科定一步一脚印，不断累积口碑及扩大经营规模，员工人数已达 900 人以上，并在国际上成为业界领导品牌。

TABU

TABU 于 1927 年在意大利坎图成立，现已成为世界染色木料行业的领导者。历经三代人不断积累和发展，TABU 公司通过引进尖端先进技术，最大程度上满足了市场的需求。TABU 始终用科技进步完善其对木材的深入理解，以发展新的木材处理工艺，这些工艺一直处于行业领先地位并适用于任何种类的木材。

得高

得高产品定位为＂健康精品＂，所经营的产品涵盖地面装饰材料、墙面装饰材料等中高档健康家居。迄今为止，成功引进并销售多款国际健康精品，赢得业内外良好口碑。所有的环保地板产品都是原装进口、原厂品牌销售，选取的各个进口品牌都是能代表本行业发展水平的环保地板厂家，其中不乏行业标准的制定者和起草者。

CORKSRIBAS

葡萄牙 CORKSRIBAS 公司成立于 1980 年，已有 35 年历史，全球领先的软木地板制造企业。公司在全球颇具影响力，产品活跃行销 70 多个国家和地区。CORKSRIBAS 提供了世界环保的解决方案，结合软木的真正可持续的原料和采用先进的设备，生产高质量的标准组合产品。

臻藏古木

上海臻藏装饰有限公司位于中国第一大城市，中国的经济、金融中心上海。旗下拥有臻藏古木品牌，一个专注于老木头加工和创意的平台，主要经营回收木质复古地板，并且与多家上海地板公司零售商和代理商建立了长期稳定的合作关系，实力和质量均获得业界的高度认可。

港英建科

港英建科是国内建筑装饰领域首家提出“异形订制系统服务”的公司，与传统制造的差异在于，港英建科不仅可以提供按图生产的服务，更重要的是从项目方案设计开始介入，提供专业的三维设计，规范的钢结构设计以及施工节点设计，精准的 CNC 加工制造，提供从设计、深化、到施工、管理、安装的全系统专业级服务。

恒豪

恒豪国际（上海）贸易有限公司专注于提供世界一等一的建筑材料和提供最先进的技术解决方法给有挑战性的项目。恒豪主要致力于复合性材料（GRG、GRP、GRC）的设计、开发、生产及安装，拥有国内一流的现代化流水生产线。为客户提供从设计深化、优化到施工、管理、安装的全面专业级产品。

盈创

盈创是中国最早的 GRG 生产企业，是中国 GRG 行业的发起者，拥有数项 GRG 方面的国家发明和新型实用技术专利。2009 年被认定为上海市高新技术成果转化项目。目前，公司 GRG 产品的技术能力、生产规模、产品质量、产品性价比、市场占有率、大型剧院工程采用率均属国内翘楚，是中国 GRG 行业的领跑者。

德瑞斯诺

德瑞斯诺专业从事聚氨酯装饰制品的生产加工及批发经营。公司创立多年，本着“服务用户，共同发展”的经营理念，贴近市场，与时俱进，不断创新。目前主营高档聚氨酯 PU 装饰线条、聚氨酯雕花角线条、平板线条、素面平线、灯盘、饰花梁托、壁饰板、镜框、镂空线条、玻璃钢罗马柱、砂岩、假山、玻璃钢浮雕等产品。

Interface

英特飞模块地毯是全球最大的模块地毯设计与生产商，其 75 个市场营销部门遍布全世界 30 多个国家。英特飞对设计的诠释，是一种贯穿于公司经营各层面的理性思维和产品设计之感性审美之间的和谐互动。1994 年，英特飞开始改变公司的经营模式并试图推动整个行业向可持续发展的方向迈进。

MILLIKEN

美利肯公司是一家创新型公司，自1865年成立起，一直致力于探索、发现和创造各种方法，以提高人们的生活水平。其创新者团队的努力使美利肯公司成为拥有美国专利最多的私有公司之一。通过专注于包括商业地毯和功能性材料等在内的广阔领域，美利肯让我们周围的世界变得更轻松、更安全、更可持续发展和更美丽。

太平

深圳太平地毯自1958年创立以来，致力为客户提供多样化的优质订制地毯，包括手织地毯、电脑编织地毯、机织地毯及威尔顿地毯等。现已发展成为全球最大的订制地毯制造商之一，业务遍及世界各地。在订制大型地毯工程方面，经验丰富，成绩享誉业内，业务范围涉及豪华宫廷、高级酒店、会所、商业中心及私人住宅等。

安信

安信企业成立于1994，总部位于上海，是一家整合木材产业链，提供全方位一体化服务的综合木制品企业。安信从成立至今专注深耕全球森林可采木材资源，更加懂得木材的性能。安信地板参加《实木地板国家标准》起草工作，成为中国木地板行业标准的制定者，并且是9项国家及行业标准的制定企业。

大庄

大庄品牌创建于1993年，是中国最早从事毛竹资源研究、开发和利用的高新技术品牌。为全球40多个国家和地区提供竹整体应用解决方案。把竹材的用途及功能从简单的室内运用发展为防火用竹材、防腐户外竹材及高强度力学材料。并成功使用在无锡大剧院、山东大剧院、深圳万科总部大楼与西班牙马德里国际机场。

永裕

永裕始创于2000年，总部位于"中国竹乡"浙江安吉，是一家专业研发、生产与销售竹制品的现代化企业，是中国竹产业中规模最大、技术设备最先进、生产能力最强的企业之一。公司是浙江省林业、农业龙头企业，国家林业局竹子研究开发中心试验基地，竹产业首批高新技术企业，竹产业发展的现代一流企业。

DeZign

缔奇 D.Z. 地板是财纳福诺木业集团下的品牌，致力于为建筑师和设计师的高端商业和住所项目提供独特高品质的绿色环保地板解决方案。公司的品牌理念是创造激发设计灵感的地板，所设计的地板不管在室内还是室外都对人体和环境无害。社会责任和环境保护是缔奇 D.Z. 奉行的基本价值观。

洁福

洁福是公认的地板解决方案的专家和全球领导者。集团不断创新和引导潮流，专业生产销售具有环保理念的地板和室内装修辅件。已在全球100多个国家开展业务，并持续地在新领域开拓市场。使洁福成为客户独特和具价值的合作伙伴的原因在于：集团持续不断地提供更加全面的室内装饰解决方案。

他喜龙

日本他喜龙株式会社于1919年创业，正式成立于1935年，是日本四大化学建材制造商之一。主要生产和销售各种PVC、PC等塑料产品，应用于建筑、农业、工业、医疗以及土木工程领域。自公司成立以来，他喜龙通过塑料和塑料加工技术为实现社会的现代化而努力，并为社会繁荣作贡献。

FORBO

福尔波是全球弹性地板的领导者。致力于将环保性、实用性以及设计性相结合。福尔波地板是福尔波集团开发的弹性地材的一种，它的成分为：亚麻籽油、石灰石、软木、木粉、天然树脂、黄麻。天然环保是亚麻地板最突出的特点，具有良好的耐烟蒂性能和装饰性能，其是目前市面上最环保的地面材料。

NORA

NORA诺拉橡胶地板是一款世界领先的弹性地材，产品中包含了众多的专利技术和独创设计。制造商德国科德宝建筑系统公司是世界首选的橡胶地板供应商，其生产的诺拉橡胶地板在欧美弹性地材领域的市场占有率已超过50%，公司注重新产品的研发和新工艺的运用，不断推陈出新满足市场的需求，领导着世界地材市场的潮流。

Bolon

来自瑞典的Bolon是PVC编织地板行业的创始品牌，至今已有60多年历史。Bolon多次荣获红点设计大奖等多种国际设计奖项。公司从过去单纯的生产制造商成功转变为以设计为主导，引领全球室内设计的创新领导者。公司与世界知名设计师、建筑师以及国际品牌商进行项目合作，不断求新求变是Bolon永远的目标。

大建

大建工业株式会社创立于1945年。自公司创立以来就专注于研制和开发，考虑到地球环境的保护，大建源源不断地提供环保原材料以及从消费者的立场出发的符合高品质居住环境的制品。大建开发环保原材料的同时，与居住的空间环境紧密衔接，把地板、墙材、吊顶、木门、收纳、声学建材等带给客户。

阿姆斯壮

阿姆斯壮世界工业是全球民用、商用地材产品的制造和市场领导者；全球民用、商用声学天花板及悬吊系统的制造和市场领导者；美国厨房及浴室橱柜的制造和销售领导者。公司总部设在美国宾夕法尼亚州。2010 年，公司全球净销售额总计约为 28 亿美元。阿姆斯壮不断创新和研发，始终保持产品和市场份额的领先。

金霸

广州金霸建材有限公司成立于 1994 年，是一家专业从事建筑金属装饰材料设计、加工制造与销售的股份制企业。金霸建材东源工厂是目前亚洲最大的金属建筑装饰材料加工及研发基地。金霸建材也已经发展成为国内最大的金属装饰材料制造商之一，跻身于中国建筑家居 18 大最具影响力民族品牌和百强企业之列。

乐思龙

乐思龙发源于欧美市场，亨特集团率先研发出的乐思龙铝合金条形吊顶产品，因其丰富的造型效果和完善的安装系统等特点，开始大量应用于欧美的大型公共建筑领域。20 世纪 90 年代初，乐思龙进入中国并迅速在国内市场占有大量份额。2010 年上海世博会中国国家馆的外装饰便应用了乐思龙红色肌理板来编织其“大红袍”外衣。

杜基膜材

杜基 Dukiee 是来自德国的高品质建筑产品供应商，也是全球最大的膜结构公司，产品销往全球各地，为建筑装饰行业开辟了全新的发展道路。杜基掌握国际领先的建筑膜类科技，拥有 20 多项国家的发明专利。在中国，杜基也已成为行业内美誉度最高的品牌，未来将逐步成为中国的膜材及工程第一品牌。

巴力天花

巴力天花是中国及亚洲地区最具影响力和竞争力的天花品牌。最早由瑞士人发明，20 世纪 70 年代由提倡浪漫主义法国设计师研究改良，开始在欧洲流行。20 世纪 80 年代中期，瑞士和德国相继开始投入生产制造。国际化设计师的推广应用，促使行业品牌性天花形成，巴力天花得到了众多国际知名设计师的推崇和认可。

富美家

富美家于 1913 年在美国俄亥俄州成立，至今有 100 多年的历史。富美家是一家生产美耐板的国际公司，不断研究开发表面饰材新技术，搭配流行色彩、花纹、天然石纹木纹等表面处理与应用，生产制造各式各样的表面饰材。富美家集团率先成为全球第一间荣获英国碳信托公司，授予减碳标签的表面装饰耐火板制造商。

Luxface

艾翰威公司成立于 2006 年，是国内首家生态树脂板料集成供应商，专业生产生态树脂板、透光材料等装饰材料，旗下拥有“Luxface”等多个著名注册商标，实施以“专注生态树脂运用解决方案”为核心的品牌战略。具有国际领先的生态树脂板生产线设备，是目前国内最具创新能力的生态树脂生产厂家。

德固赛

德固赛成立于 1873 年，是一家来自德国法兰克福的贵金属提炼公司，之后迅速发展成为一家大型跨国集团，经过多年的发展，其业务重心从冶金转向化工。2007 年，德固赛正式更名为赢创工业集团，成为全球领先的特种化工企业。其核心业务特种化工分为三大业务板块，即：营养与消费化学品，资源效率和功能材料。

3form

3fom 公司创立于 1991 年，以生产制造设计为导向的建筑材料为目标，坚定地承担起环境保护的责任。2007 年，3form 成为亨特道格拉斯集团的一部分。在围绕建筑的多层面学术、商业和评论支持下，3form 公司持续成为行业公认的强者，并专注于开发支持全球可持续发展的高品质设计材料。

达明

达明墙纸成立于 1981 年，至今已累积逾 30 年经验。货品主要来自美国、荷兰、比利时、西班牙等地，素质高达国际水平，现更引进时尚流行的新产品，如窗帘布艺、日式和纸胶片及专业墙纸胶浆等。2016 年，达明地板及达明数码印刷正式成立，进一步将业务版图扩展至更多不同种类的装饰材料市场，以迎合顾客需求。

长堤

长堤空间视觉(LaCanTouch)，全球领先的软装解决方案提供商，为墙纸、布艺等软装行业提供创新产品解决方案。通过将国外美学和艺术大师尽心设计的创新产品引进国内，客户能随时预览与国外时尚同步的墙面艺术品和家饰布。再借由长堤旗下品牌长堤墙纸、采馥布艺、长堤设计中心，让所有消费者享受全方位的服务。

乐思富

乐思富品牌发源于 20 世纪五六十年代的欧美市场，亨特集团率先设计出的乐思富轻质优、经久耐用的彩色铝合金百叶帘，从此拉开了简约窗饰产品进程的序幕。20 世纪 80 年代乐思富开始生产迪雅风琴帘、丝络雅丝柔百叶帘等时尚窗帘产品，并成为全球窗饰行业的第一品牌和时尚窗饰的代名词。

名成

上海名成建筑遮阳节能技术股份有限公司简称“名成企业”，经过 25 年的努力和发展，已经形成了名成建筑遮阳、名成智能窗饰和名成企业 OMC 国际营销中心三大核心品牌。主要从事窗饰产品，建筑遮阳产品及特种纺织面料的研发、设计、生产及销售服务，是中国建筑遮阳、建筑节能、遮阳智能化行业的市场领跑者。

尚飞

法国尚飞（Somfy）是全球领先的智能遮阳及家居自动化系统的专业制造商。公司总部位于欧洲传统精密仪表器件研发和生产中心的法国罗那阿尔卑斯地区，产品销往全球 100 多个国家和地区。迄今为止，尚飞共获得了 600 多项专利技术。尚飞致力于能耗节约和生态环境的保护，并提供给用户更舒适的居住及生活空间。

TATA

TATA 木门始建于 1999 年 5 月，是致力于成品居室门研发、生产、销售、服务的专业企业。TATA 产品设计在国内以简约风格著称，定位服务于都市白领的家居环境。TATA 静音门、推转门、平折门、写真门、会发热的暖芯门等深受消费者的广大好评。先后荣获国家工程鲁班奖、全国木门 30 强、时尚外观设计金奖等荣誉称号。

门老爷

门老爷是“门面建筑艺术”理念的提出者、践行者。门老爷科技，成立于 2002 年，总部位于深圳市，世界第一家“门面整体解决方案”的创造者，门面建筑艺术行业唯一的国家级高新技术企业，高端建筑的重要标志之一。主营门产品的研发、设计、生产和制造，致力于为客户提供系统的门面整体解决方案。

森林

森林是一家专门为全国高端建筑市场提供公共安全产品的专业制造企业，成立于 1988 年，并在 2001 年被认定为上海市高新技术企业。公司一直致力于防火、抗爆、隔音密闭等门窗产品的研制、生产、销售、安装和服务。多年的经验积累，公司已成功为国家重点工程项目、高科技项目、外商投资项目进行功能性配套。

赫福高

赫福高总部位于美国，拥有逾 110 年历史，是享誉国际的跨国企业，其优质隔断被广泛使用于各种行业领域。作为灵活空间管理之全球领导者，以及各类活动隔断之最大生产商，赫福高能提供由设计、生产、项目管理、产品安装及维保的一站式整体解决方案。赫福高致力于创新及研究，以确保提供高品质的环保产品。

卡莱司卓

1913 年，公司创始人，美国人 Hauserman 发明了第一组可移动式隔断，自此，Hauserman 建材在国际项目中登场。1990 年，集团更名为 Clestra。Clestra 与国际设计公司 HOK Product Design 携手打造的最新创意之作 IRYS，从来自全球 57 个国家的 5 000 余件产品中脱颖而出，一举斩获“2016 年红点奖”。

海维斯

上海海维斯五金是一家专业设计与生产五金系统的公司。海维斯依据其全球业务管理和多年来与国际著名建筑协会合作的丰富经验，凭借独特产品设计和持续开发能力，以及先进的生产工艺和设备，被中国高端的商务中心、星级酒店与高档住宅等客户所熟知。如今，海维斯已发展为全球建筑和五金产品的重要供应商之一。

高仪

德国高仪集团是世界著名的卫浴产品与系统供应商及环球性出口商。成立于 1936 年，在全球 140 个国家拥有代表办事处，另有 12 家生产工厂及 17 家营业附属公司。是全球卫浴唯一一个获得最佳设计团队红点大奖的品牌。高仪占有大约 8% 的世界市场份额，是欧洲以及世界最大的领先卫浴设施制造商。

Armourcoat

Armourcoat 是市场领先的装饰性表面处理的制造商和专业的承包商。30 多年来，公司与代理商和客户网络合作，在 80 个国家享有产品销售和安装服务。英国业务主导管理着广泛的产品系列、全球分销系统和技术支持。随着杰出和不断创新的产品系列，Armourcoat 仍然是可持续装饰表面解决方案的前沿。

Novacolor

NOVACOLOR 始创于 1982 年，公司位于意大利最具艺术创造力的核心地区——弗利。NOVACOLOR 所生产出来的均为环保水性涂料，产品不仅符合欧盟标准，而且以高端的、个性化的艺术质感著称，其销售网络已覆盖全球 50 多个国家，并成为很多国际奢侈品（如 LV、GUCCI、FENDI、ARMANI）旗舰店指定的涂料供应商。

Lithos Design

Lithos Design 公司经营历史悠久，拥有 30 多年的家族企业经验。Lithos Design 的成功主要是依靠石材的运用，像所有其他天然材料一样，石头的魅力与其独特性有关，这一特征与工业化过程和大规模生产都有关系。 公司只使用天然石材，特别是石灰石，砂岩和大理石，而不使用附聚物和合成石。

TINO

TINO 是天然石材服务提供商的领导者，在国际上处于领先地位，客户遍布全球著名的高档星级酒店，各类高档场馆、剧院等。由于质量和产品的独特设计，从地方起家开创至在国际上有一席之地。TINO 的团队满足客户的需求，给他们的想法和项目带来意义。为此，TINO 提供最珍贵的原料：石头，来构建设计的基本要素。

Antolini

意大利维罗纳的 Antolini，采用最新的技术，立足于加工优质精美天然石材行业的前沿，是天然石材的领先创新制造商，也是该行业的领军企业。Antolini 品质源于创新技术和有效的解决方案，展现天然石材制造的未来，适用于所有种类的石材，包括大理石、花岗岩、玛瑙和石灰石等。其使命是为客户提供与众不同、形式各样的石材颜色和装饰。

ZAIJIAN

ZAIJIAN 成立于 1993 年，是世界上最豪华的精品马赛克公司。ZAIJIAN 具有无限的创新精神，公司通过结合悠久的马赛克知识和现代科技，通过使用大理石、金属、玻璃、熔岩、椰子和皮革创造豪华马赛克。作为世界上最好的马赛克供应商，ZAIJIAN 提供灵活性和可靠性，同时确保无与伦比的质量和服务。

TheSize

TheSize 总部在西班牙，成立于 2009 年，其领导成员在天然石材行业有 40 多年的工作经验。在 2010 年，投入市场第一个 Neolith 品牌的台板，意图在建筑和内饰领域开创先河。这是一种性能卓越的新材料，内外装饰都十分适合。从此，TheSize 在世界市场的地位加固，一些 Neolith 产品，例如密质烧结表面，在行业内起到风向标的作用。

Glas Italia

Arosio 家族在 1970 年创立的玻璃家具品牌 GLAS ITALIA，风格简约现代，让人找不到一丝一毫冗余的装饰元素。同时，其简约也并非是简单，Glas Italia 注重和设计师的合作。GLAS ITALIA 的玻璃制品包括有边桌、餐桌、镜子、椅子、书架、储物柜等，这些几何家具在简约中融入了现代奢华，通透亮泽的玻璃反射出环境，从而带出时尚的气质。

LASVIT

LASVIT 成立于 2007 年，总部设在捷克。LASVIT 集团承接设计与制造，是订制灯饰配件领域、特色玻璃装饰领域以及获奖产品系列领域的佼佼者。其使命是将普通的玻璃打造成精美的灯饰和极具设计感的艺术品。在短短的几年中，LASVIT 已经确立了自己在由吹制玻璃制成的订制灯饰领域和艺术装饰领域中不可撼动的地位。

Alusion

Alusion 是创新材料科技公司 Cymat Technologies 的一个分支。Alusion 可以适应特定行业的需求，其创造了各种材料版本，可以广泛应用于建筑和室内设计。Alusion 对于建筑是一个具有无限的设计感和适用性的多功能材料。它具有独特的外观，具有良好的吸声性能，非常适合吸声，造型美观。

Delta Millworks

1985 年，Delta Millworks 通过重新利用回收的木材起家。以前投入垃圾填埋场的木材，反而成为了宝贵的资源，可以被用在许多具有里程碑意义的建筑和令人惊叹的新项目中。可持续发展是 Delta Millworks 的原则，公司对木材、设计和可持续发展的热忱表现在不断改进的工艺中，以实现与挑剔的客户分享的共同目标。

I Vassalletti

I Vassalletti 是托斯卡纳具有个性和创意的公司，是一家全能的动态性的公司。20 多年来，以传统的技术知识服务于 I Vassalletti 产品的设计中，抛弃过去专一的工艺知识木地板设计展现了无与伦比的独特。I Vassalletti 的产品由 Tuscan 工匠制造，采用经历时间的历练保存下来的技艺，致力于现代室内设计。

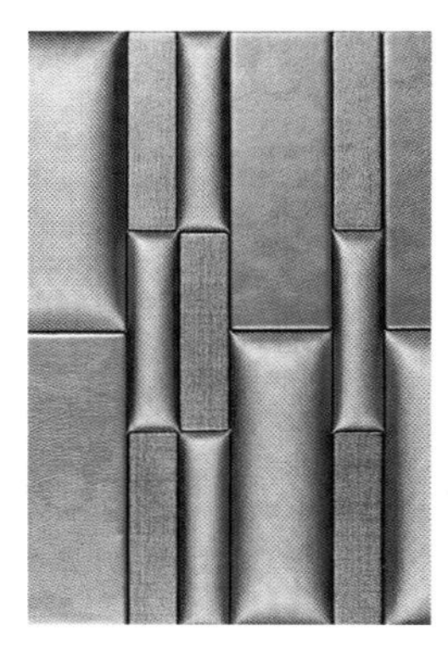

Nittobo

Nittobo 于 1923 年作为纺织品制造商建立。但经过多年积累下来的技术和经验，具有很强开拓精神的 Nittobo 公司扩大了许多业务，诸如：玻璃纤维业务等。随着经济全球化的发展，室内装饰材料竞争将更加激烈，因此 Nitobo 着重考虑"如何让顾客感受到新的价值"，并着力于提供社会所需的独特产品。

CRAVT Original

CRAVT Original 独家提供高档的室内物件、豪华家具、吸引眼球的灯光照明及精致配饰。结合了传统工艺和 CRAVT Original 的独特设计使其收藏品独一无二。其总部设于荷兰，向全球数以千计的客户提供独家的室内产品，涵盖超过 90 个国家。其产品材料来源于地球天然材料，CRAVT Original 懂得将它们巧妙地融入产品中。

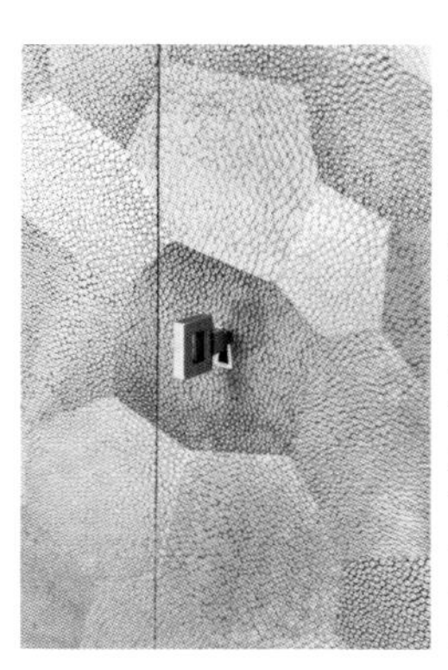

Atelier Viollet

Atelier Viollet 公司是一家从事木家俱的私有公司，位于纽约。它成立于 1980 年，在过去的一个世纪，公司专研镶嵌艺术，如装饰贴面革、稻草、羊皮纸、云母、石膏、角等工艺。Atelier Viollet 的成功不仅来自于材料和工艺，还包括公司对设计师、客户和其他工匠的热情奉献。

Bronces Mestre

Mestre意味着纯粹的奢侈品、工艺品和有质量的西班牙制造品。公司主要目标是将所有产品都达到卓越和最高品质，使客户的梦想成为一个美好的现实，让他们享受豪华的室内装饰，美化浴室配件和装饰门五金。Mestre 提供丰富的经典浴室水龙头和门配件及专属配件选择，以及所有的家具和窗及把手、旋钮。

Knoll

诺尔 Knoll 家具公司是一家具有德国设计文化渊源的家具公司，生产办公系统、座椅、文件和存储桌、纺织品，和用于办公、家居饰品、和高级教育设施的附件。从 20 世纪 50 年代起，诺尔公司在系统办公家具、办公座椅、家居家具和系统家具方面进行了大量的革新和创造，致力于构建现代工作空间，提高工作效率，创造商业需求。

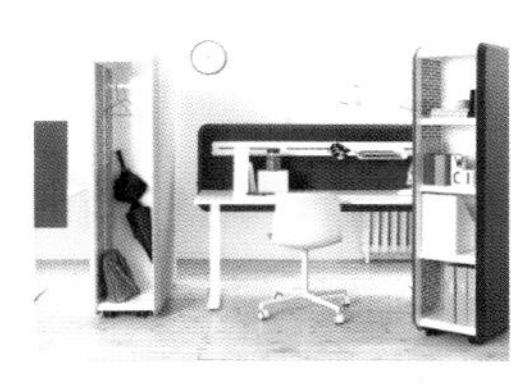

Abstracta

作为声学领域的先驱，Abstracta 对吸声和更高效的工作环境产生了越来越大的兴趣。不同于视觉景观，音景是不可见的。当我们闭上眼睛声音不会消失。包含在我们周围的音景是永恒的，其对我们的影响远多于我们所想。Abstracta利用此作为出发点，结合公司在此领域的知识，开发产品为不同的办公环境创造有效的音景。

De Vorm

荷兰当代家具公司 De Vorm 十分注重他们家具的用途和外观。"我们不是只为了坐而设计、生产。" 在过去的几年，De Vorm 邀请了年轻并富有才华的设计师为其设计产品，设计过程充满了技术的发展，技术中又产生了审美特征。这使得 De Vorm 的生产效率很高，使用产品的整个生命周期很短。

TOLI

1919 年，东理公司作为日本首家亚麻卷材地板的制造商，在乒库县伊丹开始了事业，相继通过开发塑胶片材地板、塑胶卷材地板、地毯，东理公司成为一家主要生产地材的专业公司。 后来，东理公司开始制造窗帘、壁纸等许多相关配套产品，进而发展成为一家室内装饰材料制造商。即使在竞争激烈的环境下，东理也遵循"一切为了客户"的行为守则。

东帝士

东帝士地毯于 1969 年成立，是一家地毯生产商和出口商。公司于之后的数十年里进行业务拓展，并于 1994 年于中国建立首家最具规模、生产设施最为完善的地毯工厂。东帝士作为中国领先的地毯制造商，致力于其绿色、环保的生产技术及方法。凭借其资深的行业背景，及不断生产高品质且具有环保意义的地毯，目前已上升至全球领先地位。

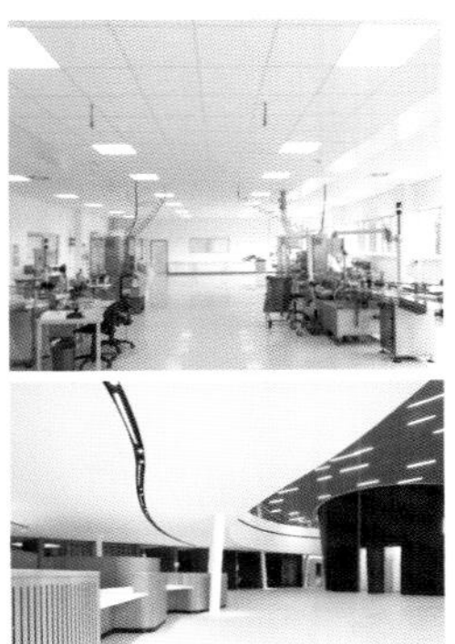

OWA

德国 OWA 公司建立于 1949 年，迄今已有 60 多年历史，总部设于德国法兰克福，是欧洲最大的吊顶天花系统的提供商，是欧洲第一品牌，产品销往世界 80 多个国家和地区。在深入了解客户的要求、规划设计、细化设计、产品施工状况、装饰效果等方面，OWA 关注得更深、更细、更精，充分考虑客户预算与施工结构。

USG

美国 USG 公司成立于 1902 年，在建筑领域已享誉一百多年，产品遍布 125 个国家，公司总部位于芝加哥，是美国 500 强企业之一。销售额超过 45 亿美元的 USG 是世界最大的石膏板生产企业，也是天花吊顶系统的领导制造公司。USG 的商标和名称就是高性能、高质量的象征。

诺菲博尔

诺菲博尔是全球第一家也是唯一一家"定向结构麦秸板 OSSB"的板业制造商，一种具备和木材相当的强度、稳定性和承载能力，同时又对环境友好的板材。秉承德国精神的执着进取，诺菲博尔成功研发生产出以 100% 纯天然麦秸原料制造的创新板材，产品品质稳定、甲醛和有机挥发物含量远低于任何其他板材，并有可能帮助千万株树木免于被砍伐。

优威斯特

优威斯特是国内生态透光板的早期研发者，也是中国生态透光板行业的领导者，拥有将近 20 年的板材生产经验。公司具有成熟的产品研发系统、先进的生产技术设备，产品线包括透光板、树脂板、生态艺术板、生态透光板。优威斯特品牌在同行和国内外市场都享有美誉，深受广大客户的喜爱。

坚朗

坚朗（KIN LONG），全球建筑五金领域的著名品牌，是广东坚朗五金制品股份有限公司旗下的品牌，是传统建筑五金品牌进入电子商务领域的成功典范之一。公司建立了以建筑门窗幕墙五金为核心的多元化产品体系，产品延伸至门控五金系统、不锈钢护栏构配件、智能家居与安防、自然消防排烟与智能通风窗、地下综合管廊及劳动安全防护类产品等。

林德纳

林德纳集团总部位于德国，成立于 1965 年，拥有 50 年的工程经验，是欧洲领先的保温工程、整体室内装修、外立面施工公司。公司致力于向客户提供个性化、高质量的项目解决方案。如今，公司以"概念 - 产品 - 服务"为主线，达到市场上最全面的服务范围，以满足所有可能的项目要求。

专家 / 顾问 | Experts / Consultants

无锡华灿·恩富特企业机构

杨华：无锡华灿·恩富特企业机构董事长。2002年国内首次引入美国安斯福妙乐混凝土密封固化剂，开创混凝土密封固化行业标准。其先后参编国家工程行业标准 GB5007《建筑地坪设计规范》、国家建筑标准图集 12J304《楼地坪建筑构造》，主编 13CJ39《混凝土密封固化楼地坪》图集。无锡华灿·恩富特为中国建材联合会地坪行业分会副理事长单位、绿色建筑协会常务理事单位、中国建筑装饰协会会员单位，产品入选中国绿色建材目录，是沃尔玛、麦德龙、东风汽车等知名工商企业的指定地坪材料品牌供应商兼施工商。

欧泽塔（南京）新型建材有限公司

徐里亚：欧泽塔（南京）新型建材有限公司技术经理。同济大学建筑学硕士，从事幕墙及建筑工程的设计和管理十年，经验丰富，作品突出，现持有国家一级建造师资格证、高级工程师证，中国混凝土与水泥制品协会装饰混凝土分会成员。长期从事混凝土产品及建筑工业化领域的研究工作，并参与编纂 QB/TY01-2015《建筑装饰预应力混凝土轻型挂板幕墙工程施工及验收规程》、欧泽塔（南京）新型建材有限公司企业标准 Q/320115 OZTJC 01-2016 及《建筑装饰用预应力混凝土轻型挂板应用技术图集》。

瑞高（浙江）建筑系统有限公司

张千里：浙江瑞高绿建科技有限公司董事长、瑞高（浙江）建筑系统有限公司董事长、瑞高品牌创始人、国内资深投资人、资深创业浙商、“南太湖精英计划”创业团队带头人及“建筑时装”概念创始人，目前同时担任中国建筑陶瓷协会陶瓷板分会副会长、中国工程建设标准化协会建筑与市政工程产品分会理事。曾多次参与多项国家标准和行业标准的制定，并在建筑相关领域获得 18 项专利。

帷森（厦门）建材工业有限公司

位占杭：帷森（厦门）建材工业有限公司副总经理、技术总监，从事建筑构件行业近 25 年，在幕墙及建筑构件领域获得了国内外 20 多项实用专利，并在实际项目中得到应用；被推选为厦门新材料产业技术创新联盟副理事长；作为专家组成员参与国家标准《建筑产品 III 型环境声明》；受聘为集美大学机械与能源学院机械设计制造及其自动化专业的咨询委员会委员。产品入选中国绿色建筑选用产品导向目录；自主研发出 21 项国家专利产品；公司获 ISO 管理体系认证、SGS（瑞士通标）国际认证。

马可尼化学建材（香港）有限公司

武守永：凯恩投资控股集团董事长，马可尼化学建材（香港）有限公司执行总裁，毕业于北京航空航天大学无机复合材料专业，工商管理硕士（MBA），先后就职于中航企业集团，德国 Schlenk,Degussa AG。1997 年创立凯恩公司，2004 年成立投资集团。凯恩集团专注于工业化学和建筑领域，产业涉及聚氨酯合成、高分子接枝、功能性助剂、手机涂料、建筑化学建材。深圳马可尼公司是国内领先的整体地坪企业，专注于产品开发、设计、工程与服务，马可尼以“创意生活空间”为公司使命，致力于成为整体地坪行业的领导品牌。

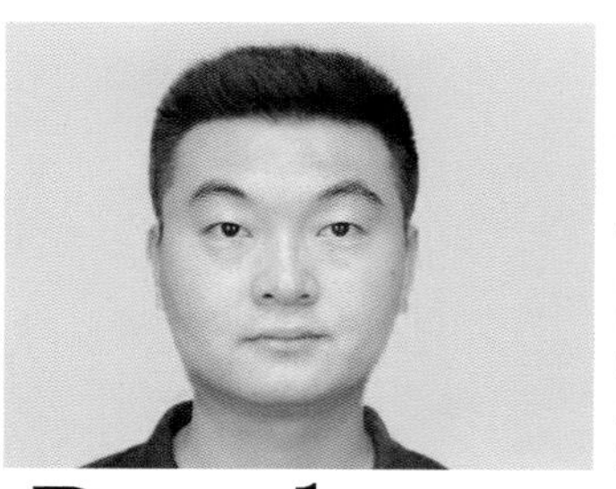

鑫瑞宸科技（北京）有限公司

李丹：鑫瑞宸科技（北京）有限公司的创始人兼 CEO，从事建筑幕墙用高压热固化木纤维板（树脂板）行业十余年，2012 年引入西班牙 Prodema 品牌进入中国，并在国家体育场鸟巢、唐山大剧院项目上使用。致力于为中国建筑设计师提供温暖、新颖、优雅、绿色、环保的高端建筑材料。2017 年响应国家号召，顺应时代发展潮流，推出 XRC 装配式新型墙材系统，坚持标准化设计、工厂化生产、装配化施工、一体化装修、信息化管理、智能化应用，充分发挥先进技术的引领作用，促进幕墙用高压热固化木纤维板产业的转型升级。

北京广懋金通材料科技有限公司

高道雄：北京广懋金通材料科技有限公司技术部经理，从事金属维护行业 12 年，对金属屋面的构造、防水处理有自己独特的见解，专门处理金属屋面各类疑难杂症；毕业于中国地质大学（北京）土木工程专业；先后担任《压型铝板屋面及墙面建筑构造图集》《建筑金属维护结构手册系列》书籍的校对和修正，并参与了一些大型国内外项目建设深化设计与维修改造，如台北大巨蛋、国家网球馆新馆、阿尔及利亚移动 ATM 报告厅、海拉尔体育馆等。对特殊造型建筑的金属维护体系及大型项目施工、深化设计、造价咨询等方面有丰富的经验。

上海汇丽 - 塔格板材有限公司

吴正宇：上海汇丽 - 塔格板材有限公司总经理，国内聚碳酸酯板行业标准的发起人，先后参编国家工业行业标准 JG/T 116-2012《聚碳酸酯 PC 中空板》和 JG/T347-2012《聚碳酸酯 PC 实心板》。2015 年在国内首次引入德国 RODECA PC 板墙面系统。上海汇丽 - 塔格板材有限公司为标识广告协会副理事单位，上海温室协会理事单位，绿色建筑行业理事单位，中国体育场馆协会会员单位。上海汇丽连续 20 年成为上海市名牌产品，汇丽产品先后应用于众多国内大型工程市政项目，是行业内的知名品牌。

蓝宝股份

北京市蓝宝新技术股份有限公司

江小平：北京市蓝宝新技术股份有限公司董事长，1986-1996 年任教于北京科技大学，1992 年创办北京市蓝宝新技术股份有限公司，这是一家集科研、开发、销售为一体的专业化清水混凝土技术服务企业。蓝宝股份一直执着于清水混凝土现代化的应用，开创清水混凝土全体系的技术、产品生产、批量化及清水混凝土在未来装配式建筑应用的技术研究。蓝宝股份与众多的科研单位共同合作，通过自主研发结合国内的市场需求，精心钻研，使企业在清水混凝土这个细分领域之中拥有众多专业技术。

Eternit

广州埃特尼特建筑系统有限公司

龚勇勤：广州埃特尼特建筑系统有限公司商务总监，多次远赴欧洲、南美等地学习纤维水泥板产品的应用技术和经验，领导研发了埃特尼特通风雨幕外墙系统以及多款引领行业发展潮流的外墙产品，并作为编制组成员参与国家建筑标准设计图集 13J 103-7《人造板材幕墙》的编制，是中国纤维水泥板外墙行业的先锋人物。广州埃特尼特隶属于比利时埃泰集团，是中国最早的纤维水泥板生产厂家，品牌自 1905 年创立至今已有超过 110 年悠久历史，是纤维水泥板生产与应用技术的世界先驱。

KOSHII WOODS 越秀木

越井木材工业株式会社

邱祚春：越井木材工业株式会社中国市场开拓部部长。毕业于南京林业大学，在京都大学留学后就职于越井木材工业株式会社，致力于室内外高耐久木制品的研发、主导公司 ISO 体系制订。曾先后在日本总公司多个事业部门及美国、马来西亚子公司担任部门主管，2010 年出任中国市场开拓部部长，负责开发包括中国大陆、港澳台等亚太市场。越井木材工业株式会社是一家具有 120 余年悠久历史的综合性木材企业集团公司，主要生产以木材的防腐防蚁、难燃、深层炭化及尺寸安定等技术为核心的高耐久木制品。

Hipaint 益涂

境洁环保科技（上海）有限公司

程思祺：境洁环保科技（上海）有限公司总经理，上海交通大学安泰经济与管理学院 MBA。携手英国牛津大学 Hazel 博士研发纳米书写膜，使墙体变为可书写的画板，并荣获全国 MBA 创业大赛冠军。次年在美国注册 HIPAINT 品牌，并带领团队不断提升产品性能，先后获得 Intertek 检测，通过美国 FDA 认证、SGS 检测。短短几年间，已获得多项国家发明专利，并为上百家世界 500 强企业、国有大型企业、国内外知名学府提供优质服务，开创了国内书写墙的先河，并在行业内稳居领军者地位。益涂的目标是要"成为全球书写墙领导者"。

PTC 中建美砼

北京中建美砼技术有限公司

郭海涛：15 年行业从业经验，2004 年通过北京市最高人民检察院项目开始了清水混凝土职业生涯。曾先后前往美国、日本、欧洲等国家学习施工工法及产品工艺，与国内多家建筑设计院进行沟通交流，了解建筑师理念，逐渐掌握现浇清水混凝土施工工艺技法，并成功将清水 / 彩色混凝土挂板应用发挥到极致，从产品的工艺到研发，品牌的创建到管理，先后研发室内外仿清水混凝土挂板"美砼板"和美砼清水混凝土保护剂。致力于用清水混凝土赋予建筑生命，给生活增添色彩。

杜基 dukiee 光幕照明系统

杜基新材料科技（苏州）有限公司

梁林：杜基新材料科技（苏州）有限公司 CEO。毕业于安徽大学，从业新材料与光学膜材开发与应用设计 12 年，已经获得 5 份国家技术专利。其中《隧道实景模拟照明系统》获得发明专利，首次将光幕照明引入隧道，解决影响隧道安全行驶的黑洞效应，有效提高隧道交通安全性；公司主导并参与面光源照明的特殊领域应用与标准制定。杜基新材料科技有限公司承担建筑膜类结构开发、生产及设计，杜基不仅仅提供材料，更注重产品设计与应用开发，售后服务等，为客户提供最佳产品及服务！

RECKLI® DESIGN YOUR CONCRETE

德国 RECKLI 艺术混凝土

钟小平：德国 RECKLI 艺术混凝土技术系统北京办事处技术总监，从事艺术混凝土领域技术及创作多年。德国 RECKLI 公司已经成立 49 年，它是全球混凝土弹性造型模具、混凝土剂、保护剂等领域的领导者。公司可以通过装饰造型模板给混凝土表面作出不同的纹理和肌理，另外可以使用着色技术来赋予它不同的颜色。RECKLI 生产装饰造型模板的原料和模板的主要工厂在德国，考虑到灵活性和运输方面的情况，RECKLI 还在迪拜、澳大利亚、美国、印度、北京和上海设立了分支生产机构。RECKLI 全球的合作伙伴遍及 43 个国家和地区。

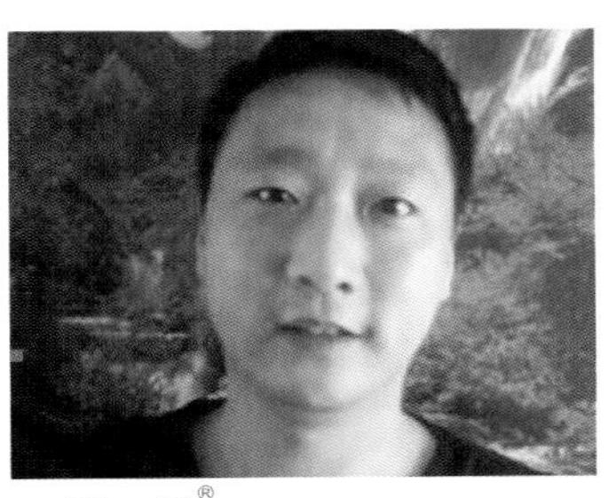

WHOLETOPS® 华途仕 金属建材专家

广东华途仕建材实业有限公司

徐国辉：广东华途仕集团技术顾问，耐德锌建材发展有限公司技术总监、中国幕墙协会会员。先后参与完成各类金属板材类专利 30 余项，参与设计项目中，获鲁班奖 3 个、质优工程奖 6 个。致力于金属制品板材研究十几年，对板块拼接、连接方式形成独到观点，提出蜂窝屋面板的大胆创新，使得国内乃至国际上开始由单薄板屋面系统向单元式、集成式系统发生转变。擅长金属屋面 / 金属墙面系统技术研究，尤其在异型结构的疑难点处理方面。国内首次提出金属屋面 / 墙面系统的理论体系架构，为行业发展起到重要的推动作用。

此前与主编方对地坪材料的相关内容进行了探讨，并受邀为此书撰写寄语，我深感荣幸。时光荏苒，我从事地坪行业至今已 18 年，这期间，积累了自身经验与技术的同时，也经历了市场中各类地坪材料的更迭。

地坪承受着建筑物底层的荷载，保护结构层，且需满足一定的装饰要求，它是一栋建筑不可或缺、极为重要的一部分。虽然混凝土具有较好的硬度，但混凝土本身有很多孔隙，且混凝土含水、有碱性，因此自身的耐磨抗压性相对比较弱且缺乏美观，达不到各类场所对地坪各方面性能的要求。地坪材料的出现，弥补了混凝土地坪的各种缺憾。地坪设计要与建筑周围的其他元素相得益彰，并且还需兼具美观、耐磨、抗压、易清洁、耐用等性能特点。工业地坪需长期承受重型车辆及叉车等的工作负荷；商业地坪则需洁净美观、易于维护等。时代的飞速发展，使人们对地坪也提出更高的要求，选择合适的地坪材料显得尤为重要。

相对于国外工业发达国家，我国地坪行业起步较晚。起步初期，我国大量引入国外地坪产品，后来国内开始自主研发、推广、直到普及。如磨石因材料装饰性强，起初在国外广为推行，目前中国北上广地区部分项目也开始应用。从最初的追求实用，后又开始追求美观、艺术、工艺，绿色理念也已成为时代发展的主题，日渐深入人心，越发备受推崇，地坪材料不断朝新的方向发展，升级换代，种类及施工技术层出不穷。业主和设计师在多样化的地坪材料面前有了众多选择，然而必须了解地坪材料的各个参数，对各种材料有清晰明确的认识，才能事半功倍，有效选取到理想的地坪材料。

本书收集了目前国际上已经取得较好实际应用的磨石系统，包括水泥基磨石系统、环氧磨石系统及其他一些地坪材料及施工工艺，以图文并茂的形式，供业主及设计师对各类地坪材料直观选择。每种地坪材料的页面都包含材料简介、材料性能、产品工艺分类、常用参数、价格区间、施工节点、设计的注意事项以及一些经典的项目案例，可以让业主和设计师从各个维度去比较，有一个明确清晰的参数去进行参考，对各类地坪材料的性能特点一目了然，这样能够更加快速有效地按照自己的需求，节约了查阅资料与咨询的时间，能够更简便地去选择地坪材料。

编者在编写此书的过程中，征求了各地坪材料供应商的意见与建议，获得了各地坪材料供应商的强力支持及指导，使此书具有一定权威性和专业性。市面上类似这种较系统的出版物不多。此书直白明了，在阅读过程中很容易抓住读者的兴趣，不会索然无味，可充当业主和设计师面临地坪材料选择的“咨询助理 ”，甚至初次接触地坪材料的人士都能够迅速抓住重点，提纲挈领，对常见地坪材料能够有概括的认识与了解。

很感谢编者的初衷及各位同行，共同对地坪行业的支持与推动。此书站在业主及设计师的角度考虑得很全面，如果正在踌躇不知该如何选择地坪材料，或者想得到各类地坪材料的直观比较，又或是想迅速对各类地坪材料有概括性的了解，此书不失为一个很好的选择，必定能够广为传阅。

——杨华
无锡华灿化工有限公司董事长

在人类的整个文明史中，创新扮演着重要的角色。人类的每一次进步都是一个创新的过程，可以说，创新是推动人类社会发展的强大动力。无论是古文明的造纸印刷，还是现代文明的人工智能，人类从没有停止过对创新的追求。

计算机和互联网技术的普及的确使人们进入了一个数字化生存的时代。然而操作他们却是反复机械的劳作，从此我们失去了挥毫的愉悦和泼墨的潇洒。技术和机器疯长的时代，过剩的电子设备不仅阻隔了人与人之间的感情交流，也熄灭了通过头脑碰撞而引发的创新思维火花。

在这纷繁忙碌的都市中，如何借助创新产品来重新链接人类的情感，转换被动消极的学习工作状态，最终增加企业销售产出，提升社会创新的价值。基于这样的思考，HIPAINT 益涂的纳米磁力投影书写膜的概念便应运而生。

我们用白板的概念，遇见了涂料的产品。HIPAINT 益涂这个产品是一种透明的保护膜，我们更倾向于把它定义为一种新材料。它是一种致密的纳米级保护膜，涂了这层保护膜之后，墙面不仅可以写字，对于污渍、水、霉菌和一些有害细菌，都有很好的抵御作用。所以这款产品目前在全球各地都在使用，开放空间是我们产品典型的使用场所。

它是一款具有革命性四源共聚的体系的创新工具，因为它不仅允许更有效地发挥创造力，让人在轻快便捷积极主动性工作中体验创造的喜悦，它更引领未来办空间设计概念的潮流趋势。未来的办公场所将是公共空间和私人空间的结合，将工作和生活交织在一起，按照这种模式设计的企业将会更加高效和具备创新能力。从长远看，甚至将提升战略上的优势。 “公司内部的人际互动与个人绩效和创新之间的关系密不可分” ，这点在硅谷已经成为信仰，相伴随的便是硅谷中数以百计的公司，无论是 Facebook、Google、三星等，无一不是使用书写墙来提升企业办公效率。让企业脑洞大开，增加员工工作的积极性和爆发效能产出 ,那绝不能缺少书写墙的运用 ,书写墙为办公环境和战略发展提供不受限制的讨论空间 ,也必将成为每一家高端企业都必不可少的“办公利器” 。

在学校中，我们也能替代白板和普通的黑板，以达到无尘的教学。因为粉尘的污染，对于孩子和老师，却是一个很大的隐患。通过益涂的使用，我们只要简单地涂刷在现有的墙面上，就可以给到教室一个无尘化的改造。我们有很多的外籍学校，它的四面墙都是可以写的，老师可以走到哪写到哪，写到哪讲到哪，让整个教学变得更加有趣，学生参与度变得更加灵活。

我们还赋予书写墙面磁力和投影功能。老师在上课的时候，不仅可以用这个墙面进行书写，还能在投影的内容上进行书写，以及吸附教学工具及材料等。它没有任何边界，它是更大的书写空间，让整个工作效率可以提高，让人可以没有边界地去想像，去思考，去讨论。同时，益涂可以有各种颜色，可以涂刷成任意形状，整个的环境可以更加自由，更加定制化。

在产品性能方面，益涂产品经过国家级涂料研究所认证，产品健康环保，有优异的致密性可以将墙面原有的有害物质隔绝；同时可以耐粉化，防水并延迟墙面装修寿命。高分子漆膜经过国家建筑工程材料质量监督检验中心检验，该产品是第一款能达到接近 3 个满分的涂料产品。其中耐擦洗次数十万次（国标为 5000 次）、VOC 测试结果零、耐沾污综合能力 90 分以上（市场知名品牌最高为 40 左右），综合性能遥遥领先于市面任何一款涂料。目前已经达到 GB18582-2008,GB/T9756-2009 和 GB/T9780 标准。益涂产品中关键技术已经拥有六项国家发明专利。

“益涂”开辟了涂料行业的蓝海模式，在原有涂料行业的基础上以环保、创新、实用等元素上又叠加了主材 + 辅材的组合销售模式，创造出了全新的市场需求。

——程思祺
境洁环保科技（上海）有限公司总经理

有历史就有传奇。大约在 1 万年以前，人类最早的一项创造就是烧制陶器皿。这项发明遍布全球每一处史前文化的发源地，而这最初的文明，也一直伴随着人类的进化而演化到现在，以一种现代的方式演绎在建筑上。

陶板的历史可以追溯到 100 多年前美国的伍尔沃斯大厦 ，一幢典型的新哥特式建筑，始建于 1910 年，完工于 1913 年，在 1930 年之前一直是纽约最高的摩天大楼。美国于 1927 年制定了陶板产品在建筑上应用的相关标准。在 20 世纪 80 年代，欧洲一些企业在传统陶瓷材料的基础上，结合现代陶瓷的技术和建筑构造，根据建筑师的需求，深度开发陶板在新建筑中的应用，让建筑变得更加时尚。20 世纪末，中国在引进德国 AGROB BUCHTAL 陶板之后，国外其他品牌的陶板也陆续开始在国内使用。陶板材料的使用，标志着幕墙产业在节能材料利用上又迈上了一个新的台阶。陶板幕墙的各项优势逐渐表现出来，得到了全世界建筑设计师的青睐。2006 年，浙江的瑞高集团作为中国第一家陶板制造企业开始进入国人的视野，当年 10 月，央视 4 套为此作了专门报道，瑞高书写了中国陶板从无到有的历史。在北京东四环华翰国际的高端住宅项目上，瑞高陶板在和欧洲众多家陶板企业竞争中一举中标，这也标志着国人的陶板开始在市场得到认可。在随后几年中，国内其他陶板企业也相继投产，中国的陶板产业目前已经形成相当规模，产品也逐渐成熟，款式更趋多样化，也逐渐走向世界。

陶板作为一种新型的幕墙装饰材料，在中国使用已经超过 10 年的历史，因其优良的性能与质感能够赋予建筑物庄重而强烈的艺术美感，能使传统原料与现代建筑巧妙而完美地有机结合，因而深受越来越多的建筑师喜爱。陶板具有良好的耐候性，颜色日久弥新，给建筑幕墙带来了持久的生命力。在陶板企业和行业专家的共同努力下，我国相继出台了陶板产品的行业标准、国家标准和陶板幕墙的施工规范及标准图集，推动了陶板在建筑上的使用。陶板的颜色是通过天然陶土原料本身的氧化物来还原陶土的自然本色，自然且经久耐用。这种新型材料以陶板幕墙的表现方式被大量使用，已经成为高端建筑外墙的主要用材。近几年来，随着国家大力推进装配式建筑，陶板也开始作为一种全新的饰面材料，开始结合“反打”工艺应用于装配式外墙，其陶板的挤出工艺可以成型燕尾槽口，与混凝土紧密结合，可以彻底解决混凝土和陶板结合可能出现的安全问题。

陶板在我国的应用已有相当长的时间，随着陶板幕墙和装配式建筑的发展和人们对其加深理解，陶板必将以它优良的质地、独特的建筑表现力、优越的性能在我国更加广泛地应用。

陶板是世界建筑史上的一项革命性发明，是传统材料在现代建筑上的应用，它将传统材料与现代建筑符号有机结合，更新了建筑语言。陶土材料蕴含着几千年古老中国的文化传统，将传统材料以现代的建筑语言表达出来。当然，真正能够唤起人们历史情怀的，不仅仅是简单样式上的模仿，而是材料的历史文化意义，它能激发人们对传统文化的共鸣，因此建筑师更愿意去运用传统材料来表达今天的文化，同时也是对建筑的出处的一种暗示。目前国内、外幕墙饰面的选材已经由以前的单一追求现代化、科技含量的势头，逐渐转向追求人文艺术气息、天然环保、以人为本的趋势。陶板所特有的人文气息、自然的色彩和环保的材料优势，更是适应了幕墙材料人性化目标。陶板材料具有独特的艺术气息，质感淳朴耐看，是打造城市建筑新形象的理想材料。

——张千里
浙江瑞高集团董事长

特别感谢 | Achnowledgement

正如本书前言所说，这本书的修订经历了 6 个月的时间，起草经历了大约 1 年时间，而从主观关注到有这样的想法至少经历了 3 年的时间。这些时间中我们阅读了众多国内外材料和相关书籍，学习了各种新的材料名词、各种新奇特的创意想法和令人意想不到的工艺做法，更是接触了来自世界各地大量的不同材料的品牌，有了对材料结合市场更深入的认识。最后在得到众多设计师朋友的鼓舞和实际帮助下才笃定地完成了这本书的编撰工作。

首先需要说明的是，材料是个极其庞大而又丰富的范畴和科学，每一种材料，其中的原理及工艺不是一两句话就能阐释清楚的，所以本书可以作为设计师、材料相关人士、在校设计学生等人群的一本入门普及读物，专业上的精进还需要大家更多地自行补充拓展。同时更是受限于水平和时间，书中不免有疏漏和不当，也敬请相关专业人士指正。我们把这本书称之为 1.0 版本，它既是基础版，也代表着我们会不断地修改升级这本新书。因为材料的更新本身就是以日新月异的速度在发展，我们的书也会以一种不断迭代升级的产品形式不断进化。

其次，在这个过程中最让我感慨的是，在我接触的众多材料朋友和品牌当中，他们很多是某种材料品类的开创者或者是行业标准的制订者，或者是将新材料引入国内的先行者。他们都对材料有着深刻认识，同时体现出很高的专业素养，且他们都有一个共同点，那就是都对设计工作的极其敬重。他们不仅把设计师视为最重要的工作伙伴，更是希望与设计师一起，创造出的高质量的建筑精品，这种对专业的执着令人尊敬。

最后，让我们最为惊喜的是，在这本新书出版之前，我们进行了小范围的预售。通过公众号的简单公告，却迎来了远超我们想象的购买人群。我们的后台更是一度出现中断，导致客服无法一一回复。这些都是我们所没有想到的。设计师的热情和对我们的信任让我们心中的担忧稍许落地，也再次真切地感受到行业空白和痛点需求的强烈！

所以，在我们看来，这既是一本集和了众多专业人士共同努力的成果之书，我们称之为“众编之书”，也是一本高度“结合设计，结合市场”的创新之书，同时更是承载了众多人期盼和填补行业需求空白的一本行业之书！我们希望通过不断努力将这本书做得越来越好，让更多的人，更多的设计师朋友从中受益，这也是我们继续努力的目标！

我们要再次感谢在这个过程中，为我们提供了广泛技术帮助的李贤华、蒋勇平、陈增华、蒋缪奕、黄静、简哲希等设计师朋友、相关材料专家们和装饰公司总经理。同时更要感谢，在这个过程中发挥重要作用的工作伙伴：舒祯，宋章燕，以及同济大学出版社的吕炜女士及胡毅老师，以及我的最重要的工作搭档朱小斌先生。他们对新书的编撰和审核都发挥了重要作用，在此表示衷心感谢！

林之昊　刘华江

2017 年 9 月

媒体合作 | Media Cooperation

“材料在线”是国内首个设计师创立的互联网材料知识新媒体平台，致力于帮助设计师解决室内外装饰材料问题，助力设计师呈现更好作品。目前材料在线发展迅速，汇集国内外众多优秀顶尖材料品牌，组建国内首个“最强材料顾问团”。每周三晚开展“设计师看，材料商说“主题分享直播，累计 60 余期，场均参与人次达 5 000 余人，得到设计师朋友和材料商朋友的广泛认可与支持！

材料在线公众号：助力设计师呈现更好作品

dop 设计，起源于高端知名设计项目的专业深化设计。自成立以来业绩倍增快速发展，现已发展成为国内最好的深化设计公司之一。完成的项目遍及国内一线城市，在圈内享有极高的信誉及口碑。同时，dop 设计注重知识研发，针对过往优秀项目进行梳理总结，制订出一系列设计体系标准，并通过公众号持续分享给广大年轻设计师。dop 是材料在线最重要的室内合作伙伴，共同为行业的发展贡献力量！

dop 设计公众号：室内深化设计学习第一选择

本书中主要资料及图片来源于相应厂商提供，对其内容真实性负责。部分案例图片来源于设计公司和部分网站及相关摄影师作品，在此一并表示感谢！以下另附摄影师名录（排名不分先后）。另外如有部分图片有所遗漏，欢迎作者联系我们，我们会第一时间妥善解决。联系电话 15900586506，电子邮箱：cailiaozaixian@163.com。

姚力：苏州市金日摄影广告有限公司，任艺术总监；姚力视觉工作室，任艺术总监、首席摄影师。
联系方式：http://www.yaolistudio.net
夏至：建筑不是一个孤立的个体，而是能够通过与环境和人物之间的交互关系，展现生活与建筑本身的社会理念、传达当代建筑的视觉意义与内涵。
联系方式：xiazhiimage@163.com
苏圣亮：在长久以来关于建筑的学习与旅行中习，惯以相机来系统地记录各种场所与建筑营造的空间意境与行为感知。
联系方式：howardchan@outlook.com
陈颢：上海陈颢摄影工作室，公司具体地址位于上海市徐汇区田林路 200 号 C 幢三层 307 室。
联系方式：18602171949
侯博文：南京都市建筑摄影有限公司创始人、首席摄影师。如何让观者通过照片去建立对一座建筑的认识成为侯博文深究的问题。
联系方式：http://www.sfap.com.cn
邵峰： 感知设计，感悟建筑；一横一竖，一知一悟。
联系方式：auph@qq.com
施峥：天顶建筑摄影事务所摄影总监。
联系方式：www.aogvision.com
贾方：贾方建筑摄影工作室摄影总监；中国摄影家协会商业摄影师专业委员会会员；美国 PPA 职业摄影师协会会员；北京电影学院摄影专业硕士；南京艺术学院摄影系教师。
方方田：设计房子的拍照达人。
联系方式：fangta.lofter.com

资料参考网站：
http://www.archdaily.com
http://www.archcollege.com
http://www.bmlink.com
http://www.gooood.hk
http://www.ideamsg.com
http://www.designboom.cn
http://news.dichan.sina.com.cn
http://www.ikuku.cn
http://www.cbtia.com